都市へのテクスト／ディスクールの地図

ポストグローバル化社会の都市と空間

後藤伸一

建築資料研究社

はじめに

２０１１年３月11日午後２時46分、東北地方三陸沖の海底を震源とするマグニチュード９・０という途方もない地震（このエネルギーは地球の自転にも影響を与え、当日は一日の長さが、わずかではあるが短くなったという）が、東北・関東地方の太平洋沿岸を襲い、津波や原子力発電所の重大事故を誘発して、東北から関東まで東日本の多くの人々の生命・財産を奪い、都市生活を直撃した。この東日本大震災では、最大波高10ｍを超える大津波によって東北地方を中心にいくつかの集落や都市が実際に消滅し、あるいは壊滅的な被害を受けたのである。

地震波周期の単なる偶然による微妙な間隔のおかげで、震度のわりには地震被害自体は少なかったといわれる首都東京でも、今まで机上の空論、単なる想定として描かれていた被災時の帰宅難民が現実のものとなり、当日は多くの人々が通りを埋め尽くして、深夜まで黙々と自宅を目指して歩き続けた。こうした都市生活の混乱はいまだ尾を引いている。

日本の諸地域、多くの都市や集落は有史以来、震災、津波、噴火、風水害、火事、戦禍などによって幾度も壊滅的な打撃を受けたが、その都度復興してきている。日本の都市のキーワードは「リセット」であるといっても決して過言ではあるまい。今般被災した都市や集落の多くはいまだ復興の端緒ではあるが、必ずや復興を果たすであろう。そのためには物的・財政的支援とともに国中、さらには世界中の英知をも集める必要があり、短期・中長期にわたるあらゆるビジョンや方法論、施策などが総動員されなければなるまい。

ひとたびこうした都市の危機や厄災に見舞われると、多くの人々は被災者へ寄せる思いと同時

「東日本大震災」は2011年3月11日に、東北地方三陸沖の牡鹿半島の東南東約130㎞付近、深さ約24㎞の海底を震源とする太平洋プレートが引き起こしたマグニチュード9.0の東北地方太平洋沖地震による大震災。阪神・淡路大震災（1995年）を引き起こした兵庫県南部地震の約350倍のエネルギーによって、東日本の都市部を含めた広い地域に地震・津波による大被害をもたらし、東京電力福島第一原子力発電所に危機的被災をもたらした。また電力不足などで都市機能が長期にわたり影響を受けている

に、自らの生活環境としての都市や、都市を基軸とする高度消費文明自体などについてもさまざまに考えをめぐらすようになる。すなわち、都市という場と自分たちが住まうことのかかわりについて、さらには都市とは何であるのか、都市は一体どこから来て、どこへ行こうとしているのか、などといったことを思わずにはいられなくなるのである。

本書は「都市」について、まさにこうした「都市」そのものをテーマとして、都市自体について考えることを意図して書かれたものである。したがって、例えば「都市復興」という個別の課題を取り上げ、直接的にその道筋や方法論、防災都市への提言などを論じているわけではない。

本書では、住まうための都市へ向けて、「都市に向けた全体性への眼差し」の確保と、そこから見えてくる、らしさ、風土、地域アイデンティティなどに着目することで、ポストグローバル化社会の都市において、住まうことや場所の回復を目指した空間の獲得などを示唆する。

大震災によって、実体としての都市や集落が損壊した状況を背景とする現在にあってなお、こうしたディスクールは有用、あるいは有効であろうか。たしかに都市の復興に向け、まず当座はすぐに役立つノウハウや施策が必要とされるであろう。しかし、同時に今だからこそ、多少婉曲的ではあっても、新たなビジョン、災害やエネルギー政策、移動や道路、交通網などの空間テクノロジーの再編などについてのさまざまな熟慮が、そして全体としての都市に向けた眼差しが必要とされるのではないか。なぜなら、そこに住まうのはあくまで人であり、「人が住み続けるための都市」について考えることが、どのような時代でも都市における最も基本的なテーマとなるはずだからである。

本書は、都市にかかわる広範な分野の、時空を超えた偏りのないテクストの拾遺やディスクールの分析を中心としているが、その上で将来の都市に向けた眼差しについても触れている。

21世紀の今日、少なくとも18世紀以降のモダニティの時代から20世紀後半までの成長期を支えた都市社会の様相は大きく様変わりしている。日本でも少子、高齢、人口減、低成長、高度情報化などによる成熟社会の実現や、フローからストック型へ、あるいは省資源・省エネルギーといった循環型社会への志向が人々の意識を大きく変えつつある。欲望や消費といった都市の成長を直接的に支えたモチベーションも変質してきている。こうした状況の中で、都市そのものの状況は今後も今と同じようにあり続けるのだろうか。

東日本大震災の直接・間接の影響による、エネルギー供給や移動のテクノロジーをはじめとする都市基盤の予想をはるかに上回る脆弱性、そして都市自体のカタストロフィのイメージが今後とも人々に与える長期的な影響（都市の負のイメージの増殖）は、都市に住まう人々のこれからの意識の変化にとっても決して無視できない要因になると思われる。

例えば本書でも取り上げているごとく、１９２０年代に柳田國男が標榜したまさに「農的なるもの」を基盤とする社会が、必ずしも「農村を中心とした全体主義的国家」に結び付かないかたちで、つまり被災やその復興に最も弱いといわれる低密度拡散型の集落に代わる本来の農本位（ここでは農林水産業全般を含んでいる）的な社会形態を中核にしたコンパクトシティとしての新たな都市集落や居住形態が、さまざまな空間テクノロジーの再編、整備などを背景に、将来の人々に総グローバル化社会の都市とはやや異なる居住環境（つまり新たな都市形態）として選択される可能性がまったくないとは言いきれまい。

本書では「人が住まう都市」に向けた、こうした全体性への眼差しを、可能な限り多様なテクストによって、あるいは広げたディスクールの地図を俯瞰することで、あらためて獲得していくことを目指したい。

装幀　坂　哲二（BANG! Design,inc.）

都市へのテクスト／ディスクールの地図

ポストグローバル化社会の都市と空間

註釈について
本書では、節を基本単位として脚註（解説、参考文献など）を付けました。
したがって、節が異なれば、同じ言葉に註釈（参照ページ含む）を付けています。
また、註釈番号、図番号は各章ごとで区切り、通し番号としています。

序章

都市の可視化へ

全体性への眼差しと都市へのテクスト

全体性への眼差しと都市へのテクスト

都市の可視化へ

ルイス・ワース★1は、「社会的実在としての都市にかんする有用な知識を体系化する理論を、都市についての豊富な文献のなかに求めようとしてもそれは無駄である」（「生活様式としてのアーバニズム」★2 高橋勇悦訳『都市化の社会学』鈴木広編、誠信書房、１９７８年増補版）と述べている。

このような都市にかかわる有用な知識を体系化する理論の構築といった試みを始め、目の前にある都市を可視化させたい、すなわち自分の、あるいはすべての人の眼に見えるものにしたい、という願望・希求（都市の全体性への眼差しの確保）の発露は、都市が誕生して以来、多くの神話、あるいは本書でも取り上げている描かれたユートピア★3、特にルネサンス以降の精緻化、多様化された地図や鳥瞰図の表現図1、さらには今日に至るまでのさまざまな統計の歴史などにも見て取れよう。それは、権力者であってもなくても、またあらゆる分野で都市にかかわる者も含めて、多くの人々に共通する古代から連綿と続く真摯な思いであっただろう。

★1　ルイス・ワース（1897-1952年）＝ドイツ生まれ、1911年米国に移住。シカゴ大学でR・E・パーク（→p.008★8）に学んだシカゴ学派の都市社会学者。アーバニズムを提唱した（ルイス・ワースのアーバニズムへの眼差し→p.034）

★2　Urbanism as a Way of Life（1938年）。本書では高橋勇悦訳（『都市化の社会学』鈴木広編、誠信書房、1978年増補版）によっているが、最近では松本康の訳などもある

★3　ユートピアの系譜と理想都市→p.122

特に現在のように世界的規模で、全地球などというグローバルなフィールドが意識されることのなかった近代より前の時代では、一つの都市の存在自体がそのまま人々の世界観の表出でもあったことから、全体像としての都市をイメージするということは、ほとんど世界を思い描くことと同義であったといえよう。

誰でも一度は眼前にある、そして自らの意識のうちにある都市について「ここにある都市とは、そして、それにかかわる自らの存在や生活とは、本当はどのようなものなのか、どのように成り立ち、どうやってここにあるのか、そして、これからどこへ行こうとしているのか」といった、いわば全体性としての都市にかかわった自己存在への眼差しに捉われたことがあるだろう。そうしたことをあまり考えることはなかったという人も、都市を自分の生活の舞台であるまちに置き換えてみれば、そこに自らの生きざまや生活の移ろう状況とかかわったさまざまな意味を見い出すといった経験が必ずあったはずである。

一方で、全体性としての都市の可視化（あるいは総体の記述、対立項のジンテーゼなど）へ向うためには、都市自体を直接の対象とする何らかの探究・分析の体系（学問体系のようなもの）が必要である。これを仮に「都市学」[★4]と呼ぶならば、この「都市学」の成立は多くの研究者の目指すところではあるが、あらゆる都市関連の学問を繋ぐこのような体系の構築は未だ道半ばである。あるいは冒頭の引用でL・ワースが言うように、そうした試み自体が実際には無駄であり、成立の可能性すら定かではない、つまり見果てぬ夢そのものであるのかもしれない。

確かに、「都市学」は諸学の総合化、統合化、学際化の頂点に近い存在であることから、現在でも「都市学」という体系の成立はきわめて困難であるともいわれており、こうした空間（場）とかかわった人間生活の分析を丸ごと記述するようなものはむしろ文学に任せておくべき、とい

図1　ジョヴァンニ・バッティスタ・ピラネージ（→p.123★33）による『古代ローマのカンポ・マルツィオ』（復元地図、1762年）

★4　都市社会学、都市地理学、都市工学など、都市自体を対象とするあらゆる学問の可能的な総合的体系や、対立概念のジンテーゼを含めた諸学の統合的体系を、ここでは「都市学」と仮称的に用いている

う見解も根強い。そうであれば都市の記述は、基本的には各々の分野における個別的な都市の分析や理論、ディスクール（都市論）などにとどまってしまう。従って、さまざまな都市論によって人間生活の分析視角（見かた）、あるいは参照系（探求のフィールド）としての都市を理解し、こうした積み上げ的な手法で、一歩ずつそれぞれ専門分化した分野ごとに都市概念（都市とは何か）を構築して、部分から全体としての都市を見ていくしかないことになる。

しかしながら、だからと言って「都市学」などの統合者（ジンテーゼ）の座の空位を理由として、都市という概念や表出されたイメージにおける全体性への眼差しを放棄してよいということにはなるまい。こうした眼差しのもとで、都市の可視化へ向かう試みとしての多様なディスクールを俯瞰することの重要性自体は、決して褪せてはいないのである。

アンリ・ルフェーヴル★5は、「示差的な領域（時間―空間）としての都市的なるものを理解するためには、おそらく言語学者や言語学が練りあげた差異 *différence* の概念を奪回し、精緻なものにしなければなるまい。こうした複雑性を研究するには、学際的な interdisciplinaire 共同作業がどうしても必要である」（『都市革命』今井成美訳、晶文社、１９７４年）あるいは「社会的実践が総体化するためには、また、みずからの非一貫性を乗り超えるためには、ジンテーゼが必要である。実際、工業的実践は、計画化とプログラム化という高度な一貫性と有効性とを獲得してきた」（前掲書）と述べている。そして、どのような科学も、学問的な専門分野も決してそれぞれ単独では都市という現象を汲み尽くし、支配することなどできないとする。しかし、一方で学際的な研究は、結局開かれたまま、結論のない空洞のままにとどまり、見せかけのジンテーゼのうちに自らを閉ざしがちである、とその困難性をも同時に指摘している。

★5　アンリ・ルフェーヴル（1901-91年）＝フランスの哲学者、マルクス主義を基盤とする社会学者でもある。徹底した反スターリン主義・ソビエト批判でフランス共産党を追われる。哲学の発展のみではなく、社会学、地理学、政治諸科学、そして文学批評の発展にも影響を与える

★6　「都市社会学」は1920年代から起こった都市の構造や機能、変遷や都市コミュニティ、社会解体など、都市を研究対象とする社会学の一分野。近代以降はヨーロッパのK・マルクス（p.009★9）やM・ウェーバー（→p.023★28）、G・ジンメル（→p.023★29）などの都市研究はあったが、より実証的、社会学的な研究体系である都市社会学として確立したのが、シカゴ大学を拠点とするシカゴ学派といわれる

★7　都市生態学と都市社会学→p.040

★8　ロバート・エズラ・パーク（1864-1944年）＝米国の都市社会学者。ジャーナリストから渡独などの後、シカゴ大学へ。シカゴ学派と呼ばれた一人。都市生態学で知られる。E・W・バージェスらとの共著『都市』がある（→p.041★78）

都市論の散逸

都市を直接学問の対象にする動きとしては、米国から起こった都市社会学[★6]などがある。この都市社会学の中心は後述[★7]するごとく米国シカゴで、研究者としてはシカゴ学派と呼ばれたロバート・エズラ・パーク[★8]、L・ワースらが挙げられよう。ヨーロッパではカール・マルクス[★9]の影響もあって都市研究が着目され、多くの研究がなされたが、それらはマルクス批判を含めてH・ルフェーヴルやデヴィッド・ハーヴェイ[★10]らに引き継がれた。1980年代以降にはマニュエル・カステル[★11]らのニュー・アーバン・ソシオロジー（新都市社会学[★12]）などが起こっている。

日本では1960年代後半以降、特に高度成長のひずみとして都市問題が注目され、L・ワースの「アーバニズム理論[★13]」や多くの共同体論などが流行した。こうした都市論とさまざまな共同体論は実際には表裏一体の関係にあるともいわれている[★14]。

近代以降の都市研究は、都市社会学などの社会学を始めとする社会理論の分野の動向に限って見ても、都市の捉え方自体が多様化し、1980年代には前述のニュー・アーバン・ソシオロジーなどの動きもあったが、その広すぎる範囲や論点の多様さによって、やがて拡散し、焦点を結びにくい散逸化、多焦点化の様相を呈していく。

こうした傾向は、建築デザインや都市デザインにおける都市への眼差しにおいてもまったく同様である。この分野でもすでに1970年代の半ば以降は、60年代に見られたようなある種の勢いや楽観主義的な傾向は影をひそめ、その表現は拡散し、都市への思いは内向的な沈思へと傾斜していったのである。

都市論、あるいは都市研究・探究や諸実践（都市計画など）の散逸状況と、一方でこうした散

★9　カール・ハインリヒ・マルクス（1818-83年）＝ドイツの経済学者、哲学者、思想家。科学的社会主義を唱え、その思想はマルクス主義と呼ばれる。主な著作に『資本論』など

★10　デヴィッド・ハーヴェイ（1935年-）＝英国生まれ、ケンブリッジ大学で博士号、現在は在米。人文地理学者、都市社会学者

★11　マニュエル・カステル（1942年-）＝スペイン生まれ、現在南カリフォルニア大学教授、社会学者。「フローの空間」と「場所の空間」の概念を提示した

★12　「新都市社会学」は、社会を単に空間に投影した分析にとどまっていた従来の都市社会学に対し、構造主義的マルクス主義の影響などを受けて、これをイデオロギー的視点から批判し、都市問題における権力構造、社会組成的権力の視点などの導入を主張した。M・カステルの都市的なるものは「集合的消費」であるなどの分析が知られている。D・ハーヴェイらに引き継がれる。吉原直樹『都市空間の社会理論』（東京大学出版会、1994年）などに詳しい

逸を繋ぎとめ、やはりその全体性において何とか都市の諸事象、表出した様相を可視化（あるいは総体的に記述）させたいという願望（との間で揺れ動く様相）を目の当たりにしたとき、例えば後述★15する如く、歴史的には「都市の時代は始まったばかり」という捉え方は、ある種の救いとなろう。都市は未だ黎明期にあるという事実は人々の心の驕《おご》りを沈め、雑多な成果の乏しいディスクールの消費による実りのない諦観《ていかん》（思考停止）を思いとどめるからである。

人々を取り巻くあらゆる出来事が繋がって、複雑多岐にわたる因果関係や多くの不整合・不条理と結び付いていくといった都市的な現象や諸実践の分析、記述については、その成果を丹念に一歩一歩積み重ねていくしか方法はないのかもしれない。散見される時流や流行に乗った都市論ではなく、その捉え方はさまざまであっても、来たるべきポストグローバル化の社会、あるいは後述★16するH・ルフェーヴルのいう「完全なる都市社会」★17（可能的な都市とその仮説を含む）に向けた全体性の眼差しを見失うことなく、個々の都市へのテクストにさらに頁を重ねていくことができるような、地道なディスクールの拾遺こそが今後ともますます重要となるであろう。

ディスクールの地図を携えて

本書では、こうした観点からさまざまな分野における都市をめぐる新旧のディスクールを参照しながら、都市の全体性を見通すために、より的確で公平な理解とそうした眼差しの涵養《かんよう》の一助となるべく、基本的な概念の整理やその関係性などについて見ながら、常に全体性の可視化への可能性に繋がる視点の構築に向けた都市論、そのテクストの縦覧を意図している。

すなわち、第1章ではまず便宜上都市を二つの時代に分類（前近代の都市と近代以降の都市）し

★13　ルイス・ワースのアーバニズムへの眼差し→p.034

★14　『都市社会学』（藤田弘夫・吉原直樹編、有斐閣、1999年）より

★15　人類史から見れば0.1％足らずの都市史→p.014

★16　アンリ・ルフェーヴルの「都市革命」の眼差し→p.070

★17　H・ルフェーヴルは著書『都市革命』（今井成美訳、晶文社、1974年）の冒頭で「社会の完全な都市化という仮説からはじめよう」と述べている。そして完全な都市化の結果として生ずる、今日では潜在的だが明日になれば現実となる社会を「都市社会」と呼ぶことにする、として、現在はまだこうした社会ではないとしており、それは21世紀の現在でも同様であるとする認識から、H・ルフェーヴルのいう社会の完全な都市化によって生まれる可能的な社会を「完全なる都市社会」とここでは表現している

た上で、都市の成り立ちやその生成過程などを概観し、主に近代以降の都市について、その時間的な生成と空間としての存在の両面にかかわる都市性や生活様式などのさまざまな概念（都市の表象と実体）を取り上げ、第2章の都市のイメージ言語でこれを補完している。

さらに第3章では、前章までに縦覧した概念的な都市論を下敷きとして、いくつかの実際の都市を見ながら、フロー（時間の流れ）やイゾトピーとしてではなく、これに対峙するヘテロトピーとしての空間[★18]、すなわちそこに人が住まう都市の空間の意味を、風景論的ディスクール[★19]や都市の空間言語（表現された空間とその背後の意味性）などを手掛かりとしてみていく。そして、すでに1970年初頭に筆者らが提示した「歩行圏都市[★20]」構築の道すじなどについても、その今日的な意味や可能性をあらためて検証する。

都市をめぐる個々のテーマについて、本書でディスクールとして参照した文献や著作、取り上げた多様なイメージ群（ディスクールの地図）の中にはすでに100年近く前に、あるいはそれ以前に書かれたものなども少なくないが、まだ始まったばかりの都市文明にかかわるあらゆる記述においては、実際にはこの程度の時間の経過は都市の可視化、全体性への眼差しの確保の趣旨からすれば、特に問題にはならないと思われる。なぜなら、基本的には近代という時代の成果によって見開かれ、多くの視点によって捉えられてきた都市のディスクールやイメージの中には、未だ古びてはいない有効な眼差し、有用な資産が数多く存在するからである。

一方で、そうした参照物においては、逆に都市の生きられた時間や空間[★21]がかかわっているが故に、時間の推移とともに現在ではすでに分析の対象とはなり得なくなった部分もある。だが、それ以上に現在の視点においてなおその論考や分析、眼差し自体の的確性、不変性に眼を見張らされる内容のほうがはるかに多いと思われるのである。

★18 都市のイゾトピー（同域）とヘテロトピー（異域）→p.236

★19 風景論とは何か→p.209

★20 歩行圏都市へ→p.305

★21 H・ルフェーヴルは、「それのみが唯一の現実世界であり、現実の知覚によって与えられそのつど経験された、また経験されうる世界」というE・フッサール（1859-1938年、ドイツの数学者・哲学者で現象学を提唱）の規定Lebenswelt（生活世界）を、M・メルロ=ポンティ（1908-61年、フランスの哲学者）を引用しつつ、生きられたもの＝生活世界として、日常生活批判の基礎におく（『都市革命』訳註より）。ここではこうした表現を受けて、生活世界を空間と時間に置き換えて、主体に経験され、自覚された現実の時間と空間の意として用いている都市は、人間が住まうために自ら創造し、選択した最も興味深い集落形態である。これからのポストグローバル化の社会の中で、生き残り、必要とされる都市とはどのようなものなのかを見通すために、ディスクールの地図を携え、今一度、都市というフィールドに向けて踏み出していこう。

第1章 都市へのテクスト

幼年期としての都市
——都市の時代は始まったばかり

人類史から見れば0.1％足らずの都市史

人類はおよそ700万年前頃、直立歩行をする霊長類としてアフリカで誕生した。20万年前頃に同じアフリカでホモ・サピエンスが出現し、圧倒的な知性と行動力で世界に広がった。判明しているだけで19種類にも及ぶといわれるわれら以外の人類の中から、ネアンデルタール人ら先住人類を圧倒して、2万5000年前頃にホモ・サピエンスが今の繁栄を得たというのが、今わかっている人類の出自であるという。★1

一方で、現在わかっている都市発生の歴史年代はどのくらいまで遡るのであろうか。先史時代の集落や都市の遺構などは現在も発掘や研究が進んでおり、図1 活発にその推定年代が書き換えられてはいるが、概ね紀元前6000年頃のものが発見されており、遺跡年代による都市（定住集落）の歴史は、推定される範囲でも7000年〜8000年前くらいまで遡るのではないかといわれている。★2

★1　内村直之『われら以外の人類』（朝日新聞社、2005年）より。ネアンデルタール人などの複数の人類の中からホモ・サピエンスが競争に勝ち抜いて生き残った理由の一つは、その能力によってよく移動することができたので、各地に分散していたことから、運よく小惑星の衝突などのカタストロフィから逃れ得たという説がある

★2　日本建築学会編『西洋建築史図集　三訂版』（彰国社、1983年）などより

少なくとも5000年前までにはトルコ、イラクなどに、4500年前頃にはエジプトに、4000年前頃にはメソポタミアに、そして3000年前から紀元頃には規模や形態、設えなどの相違はあるものの、古代ローマ帝国を頂点とする神殿や王宮、墳墓、住居などを中心とした、すでに十分壮麗・壮大な大都市をイメージさせるような威容を誇ったと思われる古代都市が存在した可能性があり、それらの遺構は世界の文明発祥地の随所で見られるのである。

こうした先史時代を起源とする都市の歴史を、いささか強引ではあるが前述の人類の歴史と比較してみよう。約700万年とする霊長類・人類史から見れば、都市の歴史は概ね7000年としてそのおよそ0・1%、ホモ・サピエンス誕生の20万年前からの歴史時間と比較しても、それは約3・5%程度である。例えばこれを人の寿命に換算してみると、仮に人生80年とした場合、それぞれ約1カ月、あるいは約2歳と10カ月の期間ということになる。

つまり霊長類やホモ・サピエンスとしての長い狩猟採取文明の時代、その歴史から見れば、約1万年前から始まったといわれる農耕文明（定住）の時代、そして定住社会から誕生したといわれる都市の時代、都市文明は、本当に始まったばかりの、いわば未だ幼年期にあることが理解されよう。

このことは、実はとても重要である。人々は定住型の居住以降の歴史の時代において、あわただしく農業空間、商業空間、また近代以降は工業空間、さらに脱工業化★3による情報化空間を手にしてきた。そして、現在の東京や欧米などの先進的な諸都市は、すでに近代以降の時代における都市のある種の完成形に近いものであるとされているが、実際には後述する★4ポスト工業化による後期近代という時代にあっても、定住型の居住形態としての都市の時間は人類の歴史からすればごくわずかの期間、せいぜい数千年しか経過していない。つまり都市としての社会や空間はまだ

図1 チャタル・ヒュユックVIB層集落、部分平面図（紀元前6000年頃、トルコ）。南アナトリアのコニヤ平原に位置し、これまで発見された新石器時代の集落址で最も大規模で複雑とされる

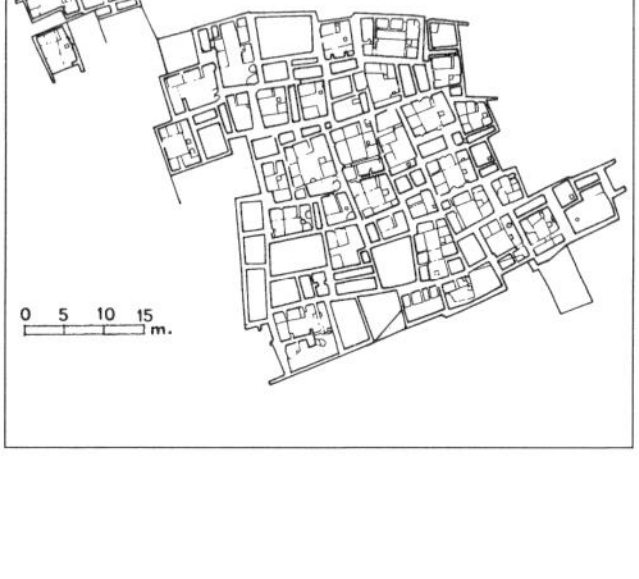

★3 「脱工業化社会」はアメリカの社会学者ダニエル・ベル（1919-2011年）らによって、1960年代以降提唱された時代区分で、伝統社会＝第一次産業中心、産業化社会＝第二次産業中心のあとにくる社会、すなわち後期近代は財の生産からサービス（第三次産業）を中心とした社会へ移行するというもの。情報化社会と密接に関連し、情報や知、サービスを扱う産業によって社会が変容するという考え方

★4 第二の都市の時代→p.018

ほんの黎明期にあり、今後さらに本来の「都市のための都市」★5の構築に向けた多くの変貌、例えばモダニズム的な価値観を凌駕するような大きな変革や外在的な要因による社会変動など、さまざまな都市の時代の多様な変遷を人々は体験していくはずである。

都市は今後もさらにさまざまな消長を繰り返し、そこに住まう未来の人々とともにその様相を変え続けていくことであろう。そしていつかまったく別の都市の時代、本書では第三の都市以降の時代と呼んでいる都市社会に辿り着くのかもしれない。★6それが必ずしも輝ける未来において実現する、人々にとって真の意味での「本来の都市」であるという保証はないが、今の都市にその萌芽はあり、さらにその実現に向かうべくいくつかの分析や、さまざまな方向性などの予測は現在でも十分可能である。

二つの都市の時代

都市の始まりから現在まで、都市の通時的な歴史性（主に時間的生成としての都市の様相）と、分析の視点について考えるとき、その論考のポイントは以下のとおり三つあると思われる。

①すでに見てきたとおり、人間にとって都市の歴史は始まったばかりであること。人類史という観点から生存の舞台として都市を見れば、人々の未来（やその終焉）の想定の仕方にもよるが、明らかに都市は未だその幼年期にある（今後どうなるのかは未だわからない）。従って常に都市にかんする不断のテクスト（継続的な都市論の発信）が必要とされている。

②現在知られている都市の起源には大きく二つのルーツ★7（区分）がある。一つは先史時代から始まった前近代までの都市、そして他の一つは近代以降の都市である。基本的にそれらの都市は

★5　「都市のための都市」とは、基本的には脱工業化社会以降の都市を指すが、農、商、工などの原理による都市ではなく、まさに「都市による都市のための原理」によって構築されるポストグローバル化社会などにおいて可能的な都市社会やその空間を指す

★6　第三の都市の時代へ——有限性の果てと都市の様相→p.099

18～19世紀を境に異なった原理（工業化の合理性とそれ以外の原理）で生成されたもの、それによって変成されたものであり、両者にはかなり異質な部分、すなわち規模や空間の相、生活様式などにおいて非連続な部分が多く含まれていることから、区別して考えるとわかりやすい。そして多くの都市はすでに脱・工業空間を中核とする後期近代の時代にある。従って都市の歴史は単なる通史ではなく、こうした生成起源の観点からの分析が必要となる。

③しかしながら、二つのルーツという仮説によるそれぞれの都市は、住み手や実在のコミュニティからすれば、その意味性や生活の場としての空間的表出、生活のスタイルなどがまったく分断され、不連続であるというわけではない。そこに通底し、通時的に連続しているもの、あるいは共時態としての類似の様相などが確実に存在する。それこそが都市性（後述★8する都市的なるものや都市的生活様式などを含む）であり、具体の場所としての都市性を涵養した空間である。こうした都市性は伝統的、固定的な様式や空間に準拠するものばかりではなく、それ自体も変化していくものであり、むしろここに都市の本質があるという考え方もある。

このうち、特に具体の場所としての「都市の空間」やその位置付けについてのディスクール（論考）が、本書で見ていく中心的なテーマとなる。

第一の都市の時代

すでに見てきたように、人類は700万年前頃誕生し、いくつかの人類のうちからおよそ20万年前に誕生したホモ・サピエンスが自らの能力を駆使した移動や地域的な拡散を武器にして他を圧倒して、あるいは運良く生き残り、長期にわたる狩猟採取文明の時期を経て、約1万年前頃に農耕技術を発明し、それが定住という居住形態を生んだとされている。

★7 ここではH・ルフェーヴル（→p.008★5）のいう農業都市と工業都市を指すが（都市の起源と変遷→p.070）、本書では、現在の都市はまだその構成原理や空間を含めて工業都市、つまり産業化による「第二の都市の時代」（→p.018）の延長上にあるとしている。一般には伝統社会、産業化社会、脱工業化の社会形態の変遷に合わせて、後期近代の時代を「第三の都市の時代」という考え方もあるが、基本的には後期近代の都市は、未だ工業化を中心とした産業化による都市の手法や技術で構成されており、都市の時代区分としては、後期近代の現在を第二の都市の時代の延長上と見なしている。脱工業化時代にあって、例えば情報化都市の様相は濃くなってきているが、空間形態としての後期近代の都市は、まだ工業化の合理性のもとに成立していると言うべきであろう

★8 都市的なるもの——いくつかの概念規定→p.073 アーバニズム——都市的生活様式→p.034

やがて集住や人口の密集によって、集落が発生する。そして、農空間に対するヘテロトピー（異域★9）として生まれた市《いち》、すなわち都市の原形となる余剰の処理などを目的とする空間にさまざまな政治的な中枢性が生成、付与されて都市が興ったという考え方がある。

このような都市の原形となったとされる「市」は、一時性（ハレ＝非日常的な空間として「発生する」場）、匿名性、界隈性などを特質としており、当初は農空間に対峙する異空間としてあったが、やがて貨幣の発明と付帯する情報の発生などによって、ここに流通、技術、情報、権力、政治の集中が起こり、非日常的な場が日常的、恒常的な場としての都市に生成され、囲われた空間として存在していく。

ただし、その人口規模はせいぜい10万人のオーダー、多くても70～80万人程度（近世以前の世界最大規模の都市である古代ローマ帝国時代のローマは、100万人をはるかに超えていたという説もあるが）までであった。また囲われた空間とは文字通り石垣や煉瓦塀などで囲われていた城壁・城塞都市★10を指している。その場合、塀の外、城外は主に農村であり、この形態は産業革命以前の西洋や中国などの都市のものであるが、日本には基本的に城壁都市はなかったといわれている。

これが理念的に考えられる本書で言う第一の都市、すなわち前近代までの都市の発生起源とその変遷である。後述する★11ようにH・ルフェーヴルはこうした都市発生の捉え方には異を唱えているが、本書では、先史時代に都市が誕生してから前近代までの都市の時代を、その時間的・空間的な相を含めて便宜的に「第一の都市の時代」と呼んでいる。

第二の都市の時代

もちろん第一の都市の時代に「工業」がなかったわけではない。しかしそれは農村や都市に寄

★9　都市のイゾトピー（同域）とヘテロトピー（異域）→p.236

★10　現存する城塞都市の例としてはフランスのカルカソンヌがある（写真）。カルカソンヌはフランス南部のオード県の県庁所在地。1世紀に古代ローマ軍の要塞、5世紀には西ゴート王国、13世紀にはフランス国王領となったが、こうした時代を経て徐々に形成された難攻不落といわれた要塞都市が現存している。1997年にユネスコ世界遺産に登録

★11　都市の起源と変遷→p.070

り添ってささやかな空間を獲得していたにすぎなかった。少なくとも来るべき工業社会の時代のそれに比べるならば。

英国が発祥の地とされる18世紀の産業革命以降、産業化＝都市化の近代がはじまる。日本でも明治の初年には国民の85％が農民であったといわれるが、やがて資本による産業化の要請で都市に集中した大規模な労働者群（こうした人々は主に農村や城外エリアなどから供給された）などによる都市の生活は、第一の都市の時代とはまったく異なった様相を呈する新規の時代に入っていく。すなわち急激な工業化、生産の拡大などによってヒト・モノ・コトの過剰な集積が起こり、この大集積は前近代の都市、つまり第一の時代の都市を圧倒し、凌駕して進行する。人々は、こうした事態に対応し、呼応する新たな生活様式や空間を生成し、構築しはじめる。

それに伴って、特に人口の爆発的な増大によって都市の空間が変質していく。いわゆるメトロポリス★12の誕生である。19世紀の初めまでに人類が目撃した都市と呼ばれる集落の規模は、いかに巨大でも１００万人をはるかに超えることはなかったという。また、G・ショウバーグ★13によれば18世紀までは前産業型の都市であり、19世紀から新しい都市（１８５０年頃）の時代が始まったとされている。★14

こうした見方からすれば、１７６０年代から始まった産業革命以降、18世紀後半から19世紀半ばまでの時代は、漸次進行した産業革命＝工業化に伴って第一の都市から徐々に第二の都市に移行した過渡期であり、19世紀半ばからが、「空間の工業化」を契機とした本来の第二の都市の時代ということになろう。例えば１８００年には86万人であった英国ロンドンの人口は、１９００年には６５０万人、１９００年に１５０万人であった東京（横浜を含む東京圏）は２０１０年で３４５０万人と推定され、第二の都市の時代以降の都市人口は１９５０年には世界の総人口の29

★12 「メトロポリス」とは、ギリシャ語の母都市に由来する大都市のこと。大都市圏＝メトロポリタン・エリアを構成する経済文化の中心となるような都市。例えばDID（人口集中地区）とは、1平方km当たり4,000人以上になる地域が隣接して人口5,000人を超える地域（市街地）を指す（町村敬志・西澤晃彦『都市の社会学』［有斐閣、2000年］より）

★13 ギデオン・ショウバーグ（1922年-）＝フィンランド生まれの米国の社会学者

★14 G・ショウバーグ『前産業型都市』（倉沢進訳、鹿島研究所出版会、1968年）より

％、２００５年にはその49％、２０３０年では予測値で60％（49億人）とされており、[★15]いかにわずかな時間で急激に第二の時代の諸都市が拡大していったかが見て取れよう。

　このような、第一の時代の都市やその周辺領域の工業空間形態への移行による第二の都市の時代の到来、すなわち爆発的な都市膨張や高密度化する生活環境を支えていたのは各種インフラストラクチャー（街路や上下水道などの都市の基幹施設群）と集合住宅であった。さらに産業革命＝工業化が城壁を取り払い、都市空間の形態は郊外や衛星都市、市街地連担などを巻き込んで増殖・変貌を遂げていく。やがて１００万人単位の都市やその連関によって、メトロポリタン・エリア（都市圏）、あるいはメガロポリス（帯状の都市連関）などが形成されていくのである。

　こうした近代以降の都市の時代（西洋では城壁都市が解体された以降、日本では明治時代以降）を、本書では「第二の都市の時代」と呼んでいるが、基本的にはこの時代は21世紀の現在まで継続している。[★16]しかしながら、後期近代（つまり工業化を契機とする都市生成の陰りによる脱工業化の様相を呈する社会）といわれる20世紀後半からの時代（ポスト近代論は１９８０～90年代に盛んになったといわれている）では、情報化（情報技術の飛躍的進歩による第二次産業革命などと呼ばれた情報環境の急激な変化）やグローバル化、[★17]あるいは時間―空間の圧縮[★18]と呼ばれるような状況によって、空間の同質化と場所性（ローカル）の対峙の問題や、都市内部の階層化による二重都市などの新たな都市の様相や諸問題が認識されるようになったのである。

　今後の、すなわち脱工業化以降の、またポストグローバル化の都市の時代の変化やその方向性については、後述するように[★19]地球的規模での有限性の認識や、近代社会そのものの大きな転換・大変革などと関連するさまざまな議論、予測などはあるが、工業化を契機とする都市の後に、人々にとって果たしてどのような都市の時代が待っているのかという点については、今の時点で必ず

★15　「国連世界都市化予測」報告（2005年版）および国連人口部（UNPD）の「世界の将来人口推計2009年版」などによる

★16　→p.017★7

★17　「グローバル」は（国家の枠を超えた）世界的規模の環境などを指す概念。「グローバル化」は地球規模化のことで、グローバル化の進行を「グローバリゼーション」ともいう。国際化（国と国との環境を指す）とは異なる概念。現代のグローバル化は主に第二次世界大戦後の米国などを中心とした多国籍企業の急成長と、1991年末のソ連邦崩壊後に加速化した状況などによっているとされ、グローバル化の実体であるグローバル資本主義が批判されることもある。また、「グローバリズム」は地球主義などと呼ばれ、グローバリゼーションによって地球を一つの共同体として一体化するような考え方

★18　時間―空間の圧縮→p.095

★19　第三の都市の時代へ――有限性の果てと都市の様相→p.099

しもそれが判然としているわけではない。

一方で、民俗学者の柳田國男★20は『都市と農村』（朝日新聞社、1929年）で、日本においては人口量の増加と都市化は必ずしも一致した現象ではなく、単なる都鄙論★21そのものにも異を唱え、日本の場合、都《みやこ》を除けばあとは農村であって、西洋社会とは異なり、都市性自体が希薄であると、すでに前世紀の1920年代に分析していた（例えば江戸がほとんど無血で明治政府に引き渡された東京は、江戸の空間をさらに周縁まで巻き込んで急速に成長したため、現在でも都市というよりは「偉大な農村」であるという言い方をされることすらある★22）。

日本では1960年代の高度経済成長を支えた農村の過剰人口が1980年代以降、今度は逆に都市への大量流出によって農村の過疎化を招いたと言われている。

★20　やなぎた　くにお（1875-1962年）＝日本における民俗学の開拓者、日本民族学会初代会長。東京大学で農政学を学び農商務省のエリート官僚でもあった。主な著作に『遠野物語』（1910年）など

★21　都市と農村→p.031

★22　川添登『東京の原風景』（日本放送出版協会、1979年）より

都市の様相

――都市は三つのサブシステムの統合系

都市社会学に見る都市の概念

ここでは、都市の概念や様相などについて見てみよう。都市とは一体どのようなものなのか。例えば都市社会学[★23]において都市という概念は次のようないくつかの観点で捉えられている。[★24]

①人口集積としての都市……人が集まることによって都市が発生するのであるから、都市を人口量（人口の多寡）やその変数によって捉えるという、ルイス・ワース[★25]などに代表される考え方。

②機関の所在地としての都市……「性格と規模を異にするおびただしい統合機関の活動の舞台」「容器より先に磁力があった」という奥井復太郎[★26]の都市機関説（結節点的機能）などによる。政治、経済、宗教、教育、医療などの機関の活動とその集積が都市であるという考え方。

③施設物や容器としての都市……物理的空間としての都市という考え方（L・マンフォードら[★27]）。

④自治体としての都市……集落領域と自治体領域は異なることも多いが、西洋の基本的な都市国家の考え方である。ただし、日本では、都市の自治は西洋からの輸入品、つまり明治以降に制

★23　→p.008★6

★24　都市の概念の整理は、『都市社会学』（藤田弘夫・吉原直樹編、有斐閣、1999年）などによっている

★25　→p.006★1

★26　おくい　ふくたろう（1897-1965年）＝都市社会学者。都市をさまざまな統合機関の集積の舞台とする都市機関説で知られる

度として輸入されたもので、都市はあくまで国の下部機関であり、従来から経済的には三割自治といわれてきた背景などから、日本では比較的理解しにくい概念とされる。

⑤社会関係、心理的環境としての都市……都市の実態は、都市に住む人々の特徴的なパーソナリティそのものであるという考え方。M・ウェーバー[★28]によれば、都市の社会（人間）関係の特質は一時的、多面的、間接的、匿名的であり、都市の社会学的基礎は住民相互の「相識関係の欠如」にあるとされる。G・ジンメル[★29]は、大都市の心理学的基礎は「神経生活の高揚」にあるという。R・E・パーク[★30]は「都市とは、心の状態であり、慣習や伝統や、またこれらの慣習の中に本来含まれ、この伝統とともに伝達される、組織された態度や感情の集合体である」（「都市」笹森秀雄訳『都市化の社会学』鈴木広編、誠信書房、1978年増補版）としている。

⑥地域社会としての都市……コミュニティ・ソサエティ論、組織と近隣、地域社会、祭祀、祭儀などの概念が含まれる（地域社会の概念については後述する[★31]）。

⑦文化としての都市……アンリ・ルフェーヴル[★32]は文化の独占・情報の受発信こそが都市であり、L・マンフォードは文化の磁極化という。このように都市は、それ自体が文化的な所産として捉えられる。

都市のエリア、その範囲はさまざまな活動の集積、あるいは文化的、空間的な統合としてそこに見い出されるもので、それは必ずしも行政界とは一致していないとされる。鈴木榮太郎[★33]の都市関与圏説（さまざまな都市エリアの都市自体との距離＝影響力などのヒエラルキー）によると、▼都市生活圏（都市そのもの）▼都市依存圏（都市生活圏の周辺領域）▼都市利用圏（最寄りの都市）▼都市支配圏（本庁と支部、本店と支店・管轄圏など）▼都市勢力圏（新聞などのマスコミがカバー可能な地域）——という圏域の区別があるとされる。これらの圏域は当然ながら、交通・通信とい

★27 ルイス・マンフォード（1895-1990年）＝米国の建築評論家、文明批評などを手掛ける。幅広い知識で都市の全体性の眼差しを希求した先人の一人。主な著作に『歴史の都市 明日の都市』（生田勉訳、新潮社、1969年）など

★28 マックス・ウェーバー（1864-1920年）＝ドイツの社会・経済学者。主な著作に『都市の類型学』（世良晃志郎訳、創文社、1964年）など。ゲマインデ（地縁・血縁などによる共同体）の概念を提起した

★29 ゲオルク・ジンメル（1858-1918年）＝ドイツの哲学・社会学者、形式社会学を提唱。1903年に「大都市と精神生活」を発表

★30 →p.008★8

★31 地域社会について→p.066

★32 →p.008★5

った生活手段の変化やエリア面積の巨大化、社会のグローバリゼーション★34の動きなどで経時的に変動、変質してきている。

都市の成長――人口流入と権力装置としての都市

「死なせる権力」（死と死ならざるものを配置する権力［引用者註・生殺与奪の権限のこと］）に対して、フーコーが重視するのはちょうどその反対側にある権力、すなわち「生かす権力」としての生権力（生と生ならざるものを配置する権力）である。生権力とは、一言で言えば、生命を最大化する諸メカニズム、直接的には医療行為や社会保障制度、間接的には空港や駅の監視システムなどを通じて現れる力だとまとめてよい。（中略）生権力はむしろ、近代という時代の歩みのなかで育てられた、一つの力の形態なのだ。

実際、グローバルな視野に立ってみれば、現在は未曾有の都市の時代であり、大金を稼ぎ出す知的労働者から、世界を股にかける出稼ぎ労働者に到るまで、きわめて多種多様な人的資本が都市に集まっている。現代の都市の繁栄は、人的資本をいかに招き寄せ、またいかに適切に管理するかにかかっているという類の主張は、今やあちこちで繰り返されている。都市の権力は、必ずしも死の恐怖によってひとを動かすのではない。また、市民の一般的な規格化を強いるわけでもない。

（福嶋亮大『神話が考える』青土社、2010年）

実体としての都市の成長は、主に都市の人口増、つまり人口流入（による社会増）とその諸アウ

★33　すずき　えいたろう（1894-1966年）＝社会学者、農村社会と都市社会を研究した都鄙論の先駆けの一人。都市の9種類の結節的機関の提起で知られる（機関の集中＝結節性）。本文中の区別は『鈴木榮太郎著作集第6　都市社会学原理』（未來社、1969年）などによる

★34　→p.020★17

トプットなどによってもたらされる。第一の都市の時代[★35]には、富の集中がもたらした人口集中に伴って、また工業化を契機とする第二の都市の時代[★36]には、工業に従事する大量の労働者群の増加による都市膨張、さらにポストモダニティと呼ばれる脱工業化による後期近代以降の都市では、第三次産業に従事する人口増などに伴ってその成長がもたらされているが、特に管理的職業人口の占める割合が高いほど、つまり管理的機能が集中する都市が、そのまま成長する都市として位置付けられるという[★37]。

人口増については、社会的傾向を見れば、多産多死→多産少死（医学の進歩や社会整備による。日本では大正時代の半ば頃までこの傾向が見られる）→少産少死（19〜20世紀の先進国の一般的傾向）という変遷があるという。また実際には都市などの特定エリアの増加人口は、［自然増（出生数マイナス死亡数）＋社会増（転入数マイナス転出数）］の算定式で求められるが、特にこうした社会的な人口の変動については、人口移動（転出入）などが起こる理由についても見ていく必要があるだろう。

日本の場合、都市に向かう人口移動や流出入（都市間や地方の市町村などの地域から都市への移動）の理由については、①就学・卒業②転勤③転業・転職④就職⑤退職・廃業⑥婚姻⑦住宅・通勤事情⑧養子縁組・離婚・家事継承・親との同居、その他——などが挙げられるという。

さらに、大都市圏内への移動理由は、住宅事情、職業上、結婚、家族関係、また、大都市圏間の移動理由としては職業上、家族関係、就学、結婚が挙げられるが、こうした理由による移動は季節変動も大きい。また、地方の若年層の移動理由は就業・就学が、大都市近郊の若年層の移動理由には通勤・通学が挙げられるという。そして大都市圏内への人口流入の理由としては、職業上、就学、結婚、家族関係などが挙げられる[★38]。

★35　第一の都市の時代→p.017

★36　第二の都市の時代→p.018

★37　熊田俊郎「都市と全体社会」（藤田弘夫・吉原直樹編『都市社会学』有斐閣、1999年）より

★38　菊池芳樹「少子高齢化のなかの都市家族」（藤田弘夫・吉原直樹編『都市社会学』有斐閣、1999年）より

第一の時代、第二の時代のいずれにおいても、都市は成長（人口や事物の集中）を続けてきた。利便性、経済性、魅力、さまざまな欲望の充足やスペクタクル性★39などが、あるいは人口集中がさらに人を引き寄せるという集積（のメリット）論や、都市的生活様式の持つ潜在的な優位性などもこうした都市の成長の理由として挙げられているが、それらの理由を寄せ集めただけでは、実際に都市になぜ人が集まるのかを完全には説明できない。さらに都市が大規模になればなるほど疫病、地震や火災などの災害、飢餓、繁栄の陰の貧困、格差などの都市問題（生活を脅かす危険性）、さまざまな災厄や危機などの負の側面も増大するといった人口流入の阻害要因もある。

こうして見ると、なぜ都市に人が集まるのかについて、その理由を適確に説明するのはそれほど容易ではない。少なくとも前述の人口論（人口流入の現象面の分析）だけではこれを説明できないといわれている。このことについて、例えば藤田弘夫★40は、都市を一種の権力装置のようなものとみなし、それ（権力）による恩恵を受けるために人々は都市に集まると説明する。図2 すなわち、人間のあらゆる行為の目的は基本的には欲望の充足である。しかしながら、こうしたヒトやモノ、空間などを対象とするさまざまな欲望は、実際にはなかなか満たされることはない。従って欲望は欠如する。この欠如に対して欲望の充足を保証してくれるものが「権力」であり、「権力」はその対価として人々の支配を求める。その時、こうした欲望の充足と引き換えにその「権力」を行使する装置、すなわち最小の支配で最大の保障をもたらす装置となりうるのが都市である、という考え方である。さまざまな儀式を通じて、権力を生み出すもとであり、それを行使する装置（仕掛け）として文明に現れた存在こそが都市である、としている。

このように見れば、確かに欲望の充足を求めて、最もその可能性の高い権力行使装置である都市に人々は多く集まるだろう。そしてその恩恵は、権力とのかかわり方次第であると、藤田は指

★39　「スペクタクル」は見世物の意。H・ルフェーヴル（→ p.008 ★5）は「都市的なるものがつねに見世物（スペクタクル）として現われるのは、見る者が現実の、外的なタブローを知覚するからなのではなく、視線がオブジェを寄せ集めて一つのものに構成するからだ。つまり視線こそが、あばかれた都市形式そのものなのである」（『都市革命』今井成美訳、晶文社、1974 年）として、都市の商品や人々、出来事はそのスペクタクル性によって視線を集め、それこそが都市中枢の現実であるとする。「都市では常に権力による見せびらかしや多くの見世物、儀式が行われている」（藤田弘夫『都市の論理』［中央公論社、1993 年］より）

★40　ふじた　ひろお（1947-2009 年）＝社会学者、慶応義塾大学教授。日本を代表的する都市社会学者の一人。本文中の指摘は『都市の論理』（中央公論社、1993 年）より

摘する。

こうした都市の権力とは、実際にはどのような「権力」であるのか。特に第一の都市の時代では自治体や都市国家なども含めて、権力者は為政者、貴族、宗教指導者、高位の軍人、裕福な商人など比較的明瞭で可視的な存在であった。そしてまた支配のイメージについても、それは最も基本的な生への欲望、つまり生殺与奪の権利の対価として人々が引き受けた支配に近いものであったろう。第二の都市の時代、近代以降の都市では、この権力像、あるいは支配の概念は徐々に不明瞭で不可視的になってきている。国家、超国家、資本家、企業、グローバル機関のパワーエリート、エージェント（代理者）、情報管理者など、さまざまな分析視角によって権力の座に据えられるべく支配的立場が挙げられるが、多くの都市の人々は、M・フーコー★41のいう生権力ですら、それを権力や支配と結びつけて意識して生活しているということはないであろう。つまり実際には人々は都市に居さえすれば何とかなる、と考えているだけなのである。

しかしながら、たとえばエマニュエル・トッド★42が指摘するように、ポストモダニティの時代、つまり都市の時代における「権力」は、世界に広がっていく思想としての経済、つまり「自由貿易」が握っているという分析はやはり基本的には正鵠を得ているのではないか。人々の間で「自由貿易」こそ諸問題の唯一の解決策であるという思想が根強い現在では、権力はすべてそこに向いていくというのである。他方、E・トッドは特に欧米社会で民主主義や教育の普及が個人主義を先鋭化させ、超個人主義となって共同体的思考は希薄となり、逆に民主主義が機能しにくくなっているとも指摘する。こうした先鋭化した個人主義は、今後の都市において果たしてどのように権力と向き合っていくのであろうか。

冒頭の引用の後に福嶋亮大★43はさらにこう続けている。「現代の都市はむしろ、能力を十分に生

図2　藤田弘夫のいう権力装置としての都市（『都市の論理』中央公論社、1993年）などをもとに図示化

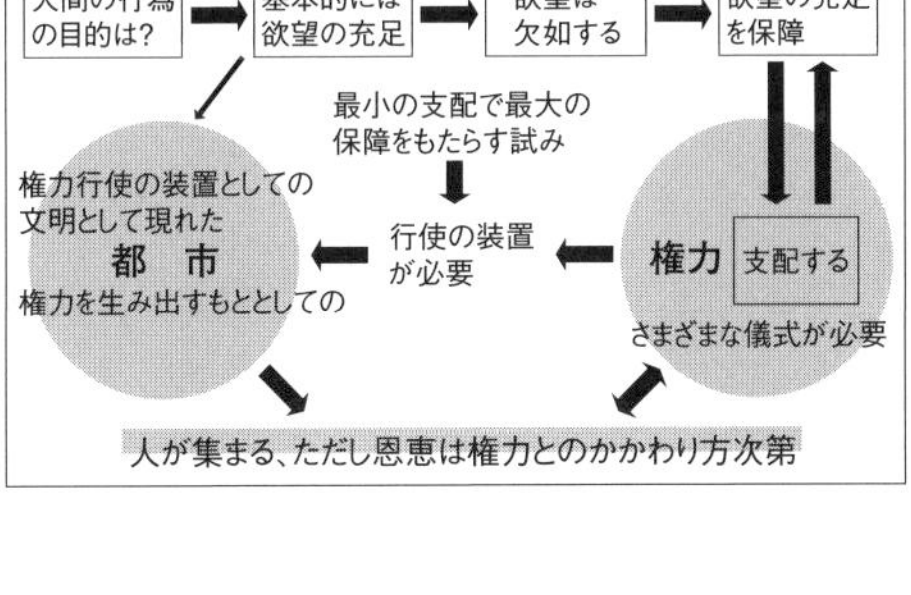

★41　ミシェル・フーコー（1926-84年）＝フランスの哲学者。『言葉と物』（1966年）、『狂気の歴史』（1961年）などの著書、晩年の「生権力」などで知られる

★42　エマニュエル・トッド『自由貿易は、民主主義を滅ぼす』（石崎晴己編、藤原書店、2010年）より。E・トッド（1951年-）＝フランスの人口統計学者、歴史学者

かせること、（中略）それによって全体の富を増そうと企てる。ミクロな『企業家』のミクロな生産行為まで貪欲に吸収しようとするこの統治の技術は、もはや先進国や途上国の別なく広がっているという意味で、今日の権力構造の姿をよく示していると言えるだろう」（『神話が考える』前掲）。

こうして今や権力は、死の恐怖や市民の規格化といった都市の一律的な支配におけるそのシニフィエ★44を喪失したまま、ポストモダニティのひとつの特徴である単なるシニフィアンとしての権力行使装置のシミュラークル★45として、終わりなき無限運動を、権力の連鎖を、それ（統治の技術の洗練）自体を目的として自動的に紡ぎ出しているようにさえ見えるのである。

統合システムとしての都市――ヒト系・モノ系・コト系

本書では、さまざまな都市のディスクールを取り上げて分析し、そこからまたさらなるディスクールの捉え返しによる都市のテクストの成立などを試みているが、そこでは都市を全体社会★46として、また定住空間★47として捉えるという前提がある。そしてこうしたかかわりの中から生み出されるさまざまな都市的な出来事や事実を同時に、都市の活動やその所産として見ている。これを言い換えると、ここでは大きく次のような三つの系によって、それらの統合系として都市を捉えていることになる。

①人やその関係性としての都市（論）。これを都市のヒト系と呼ぶ（個人・集団・都市組織論、コミュニティ、ゲマインシャフト★48＝共同社会などがかかわる）。

②空間としての都市（論）。ただし、ここでは空間に加えてあらゆる事象のうちの具体的なモ

★43　ふくしま　りょうた（1981年-）＝文芸批評家、専門は中国近代文学

★44　F・ド・ソシュール（→p.149★86）は、言葉などの記号には表現と内容がセットになっているとし、記号表現（表記）をシニフィアン、記号内容をシニフィエと呼んだ。記号内容は言葉が直接指し示す意味と、それにまとわる間接的な意味、イメージのようなものの二つがある（記号表現と記号内容→p.150）

★45　「シミュラークル」は、いわゆる無限に映り込む鏡像同士の如く、再生産されたオリジナル、実体のないモノによる連鎖を指す。J・ボードリヤール（→p.135★64）『象徴交換と死』（今村仁司・塚原史訳、筑摩書房、1982年）などによる。ボードリヤールの言うハイパーリアルな世界では、あらゆることは模造、複製からモデルのコピーであるシミュレーションとなり、そこから生じるあらゆるものは繰り返し再生産されるだけのシミュラークルである（生産の終焉）とされる

★46　「全体社会」とは、相対的に文化的な統一性を持ち、自足性、統一性を持った外部社会から区別される最大限の社会のこととされる

ノにかかわる概念を含む、という意味で都市のモノ系と呼ぶ（この空間はモノとしての実体空間であるが、その意味内容や空間と人がかかわる施設などを含む。モノ系にはさらにハードウエアからガジェットまで具体的なモノ＝物質としてのあらゆる存在が含まれる）。

③都市活動やその所産としての都市（論）。ここでは都市のコト系と呼ぶ（ゲゼルシャフト★49＝利益社会や諸機関などにおける都市の諸活動のアウトプット、出来事の系）。

これをもう一度まとめて関連する概念を示したものが図３である。

都市はこのように理念型としての人間のシステム（人間系）と空間のシステム（空間系）がかかわった統合的な「システム」として捉えられるが、さまざまな実践の場でもある都市においては、それぞれのサブシステム（人間系、空間系から誕生するそれぞれヒト系、モノ系）が時間とかかわって生成する所産である出来事の総体や、その基盤としての制度的なものが同時に含まれることから、これも一つのアウトプットと捉え、出来事の系、コト系としてサブシステムに加えているのである。

一方で、こうした「統合システムとしての都市」の把握は、単なるサイバネティクス★50や生態学のアナロジーとしての分析視角（操作主義的視点）に資するものではなく、あくまで都市の全体性の眼差しを担保するものとして、その参照系として捉えられるべきものである点に注意する必要がある。後述★51するようにデヴィッド・ハーヴェイ★52は時間と空間（さらにいえば言語）は社会的行為と無関係に理解することはできない、あるいは社会関係と無関係な空間の政治はあり得ないとしている。

実際に第二の都市初期の時代、その爆発的な人口集中によって、いわば資本

図３　統合システムとしての都市

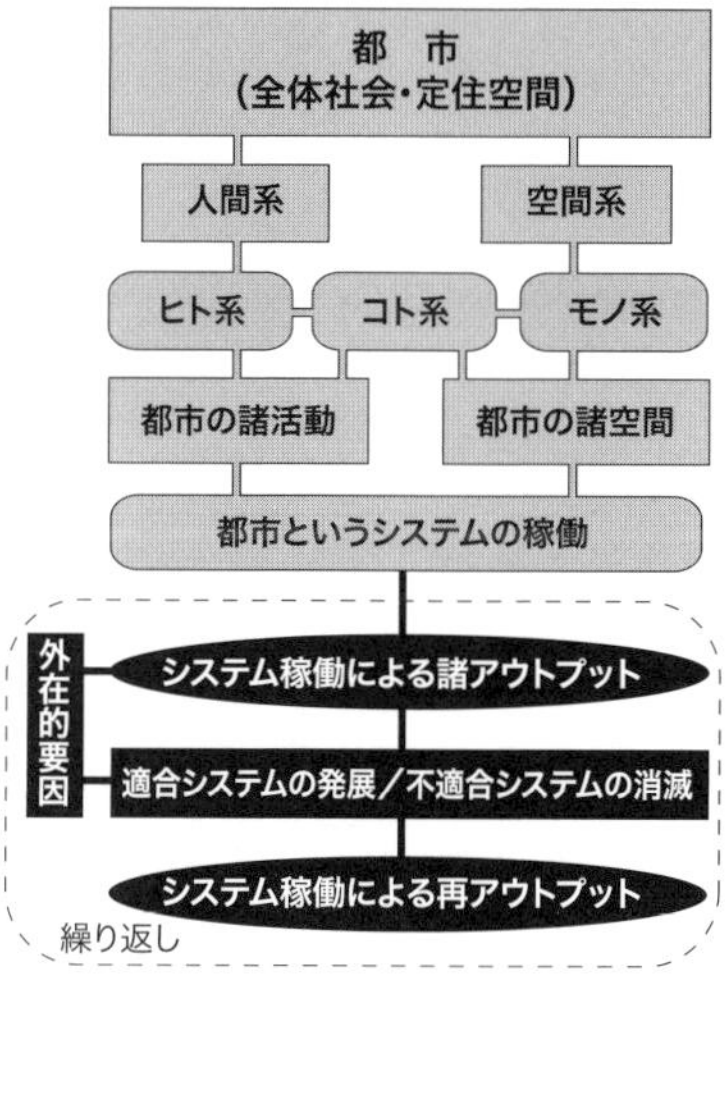

★47　「定住空間」とは、一般的な意味で定住する人々のいる空間を指すが、松本康（名古屋大学教授）らによれば、これを全体空間（マクロ社会学の分析対象）とあわせて空間準拠系ということがある。松本は都市的集住を、人々のネットワーク形成の機会と制約、集中や広域化などにより、場所に根差したネットワークと場所を超えたネットワークの二重化などによる下位文化生成の契機と捉える（『増殖するネットワーク』松本康編、勁草書房、1995年）

★48★49　ゲマインシャフトとゲゼルシャフト→p.054

主義の発達に起因する都市の病理が顕著になると、いわゆる都市社会主義といった社会主義の運動が起こり、さまざまな啓蒙的な社会理論に基づく理想都市づくりが提唱され、一部ではその実現も試みられたが、結局のところ、統合的視点を欠いた啓蒙主義によるユートピア的計画はほとんど失敗に終わっている。こうした「啓蒙主義」や「システム的アナロジー」といった操作主義の資源は、その基本的な思想のベクトルの違いなどによることなく、社会関係や社会的行為と切り離された途端に、いずれも単なる駄具と化すような観念論を導きやすいことにも留意すべきであろう。

　このようにヒト系とモノ系の統合システム、さらに時間とかかわった出来事の系（コト系）の稼動によって、都市の諸活動は展開されるのである。

★50　「サイバネティクス」は、生物と機械における制御と通信を統一的に認識し、研究する理論の体系。社会現象にも適用される。生物および機械における制御・通信・情報処理の問題・理論を、両者を区別せず統一的に扱う。第二次大戦後、アメリカの数学者ノーバート・ウィーナー（1894-1964年）によって創始された学問。「舵手（だしゅ）」の意のギリシャ語に由来する

★51　時間から空間へ→p.087

★52　→p.009★10

都鄙《とひ》論と都市的生活様式
――非農・無耕作への怖れが生み出したアーバニズム

都市と農村

今日の都市対農村の問題を、略して都鄙問題と称することは不用心である。都は都、都市は都市であつて、都市といふ中には大小雑多の都会、まだ雛鳥《ひなどり》の羽も揃《そろ》はぬやうなもの迄《まで》を含んで居る。さういふ片輪な幾つかの新都市に比べると、農村は何れの点から見ても決して鄙では無い。(中略) 其上に村が今日の都人《とじん》の血の水上《みなかみ》であつたと同時に、都は多くの田舎人の心の故郷《ふるさと》であつた。村の多くの旧家の系図を見ると、最初は必ず京に生れた人の、落ちぶれてヒナに入つて来たことになつて居る。

(柳田國男「都市と農村」『柳田國男全集　第四巻』筑摩書房、1998年、初版は朝日新聞社、1929年)★53

★53　引用文中、現代では用いない用語もあるが、表現は原文のままとしているここでは、《都市社会》という用語を、工業化によって誕生する社会のためにとっておこう。この語は、農業生産を支配・吸収する過程そのものによって構成される社会を指し示すのである。
（アンリ・ルフェーヴル『都市革命』今井成美訳、晶文社、1974年）

経済成長や工業化の影響が、地域、地方、国家、大陸のすみずみにまで及んでいる。その結果、農民生活に固有な伝統的集落である村が、変貌する。より大きな統一体《ユニテ》がそれを吸収し、それに覆いかぶさるのだ。村は、工業や工業生産物に統合されるのである。
（前掲書）

農村と都市——本書でも常に登場する、都市をめぐるディスクールのまさに永遠のテーマであり、都市について考える際にはまず浮上する基本的な命題の一つでもある。「都市とは何か」という問いかけに対し、常にアプリオリに含まれる「それでは、都市ではないものは何か」という問いの答えとして、通常イメージされる「非都市」、つまり都市ならざる集落の代表的な概念、実体としての存在は「農村」である。特に近代以降の社会で、農村と都市はそれぞれどのように位置付けられ、どのような関係にあるのか、あるいはあったのかという問いに答えることは、文学も含めたさまざまな学問分野においても、きわめて重要な課題であった。

アンリ・ルフェーヴル★54は、歴史において農村は、都市との対置的関係というよりはむしろ、「農村」自体が歴史の中で当初から権力中枢である「政治都市」によって農行為の場としてつくられた存在であると指摘する。近代以降にあっても工業化都市（新たな都市中枢）によって、農業的な集落（農村的なるもの）が工業や工業生産物に統合された農業都市（すなわち今日われわれが目の当たりにする農村）へ強制的に移行させられたごとく、そうした事態はまったく変わっていないという。こ

★54　→p.008★5

★55　都市の起源と変遷→p.070

★56　社会学者の高橋勇悦（→p.035★68）はアーバニズムを都市主義と訳すことも多い。都市的生活様式（アーバニズム）についてはその優位性を価値観として認める考え方（主義）と、相反する考え方（反都市主義）が当然存在する。一方で都市性（都市的な、つまり都市文化のようなもの＝Urbanity）と都市主義は区別され、この二つが都市化（社会変動）の両輪とする考え方もある。また、反都市主義の考え方にはさまざまな視点から都市の価値やその病理などをどう評価するのかという問題が含まれる。藤田弘夫（→p.026★40）は「都市生活が、人間本来の生活を逸脱したものだとする考え方も、古くからあった」と説明する（「都市社会学の方法と対象」『都市社会学』藤田弘夫・吉村直樹編、有斐閣、1999年）。こうした例として旧約聖書に描かれたバビロン、ソドムとゴモラ、中国の反都市主義の理想郷である「桃源郷」、J・J・ルソー（→p.078★166）が告発したパリ、産業化が育んだ反都市主義が生んだ都市社会主義などを挙げている

こでは、先の引用でH・ルフェーヴルのこうした大胆な仮説の前振り部分を取り上げているが、この点についてはあらためて後述する。★55

しかしながら、ひとまず都市（都）と農村（鄙《ひな》）はそれぞれ存在しており、それらは一応別々の定住集落（世界）であると考えよう。

もともと都市と農村は別々の集落であるとする考え方は、社会学では「都鄙《とひ》二分法」と呼ばれている。この考え方は、都市と農村についてそれぞれの性格や特徴を比較検討した後に、人間らしい生活のスタイルを築くことができる環境として、基本的に都市ではなく農村を擁護し、逆に都市を非人間的環境として批判する立場に連なっていく（例えば反都市主義など）。★56

こうした考え方はW・ゾンバルト、F・テンニースやP・A・ソローキン、C・C・ジンマーマンらに見られるが、★57 現在では「やはり本当に人間らしく暮らすのなら、都市ではなく、田舎や農村的環境が相応しい」といった一般的に都市に住む人々が持っている漠然とした追慕《ついぼ》的な感情とは別に、単純な都鄙二分法自体は都鄙論の分析視角としては、ほとんど顧みられることはなくなっている。★58

次に、農村と都市は異なった世界ではなく、連続的に、つまりある集落が時間的・空間的変化によって農村から都市へ推移していくという考え方がある。R・レッドフィールド、★59 ルイス・ワース★60らに代表される「都鄙連続体説」と呼ばれる考え方である。これについては次に述べるアーバニズムのところで詳しく見ていこう。

都市と農村との間には明確なる分界線が立つて居ないとすれば、町と村との二者が対立して互に相制御し、若《もし》くは相防衛すべしと考へることは、日本などではまだ少しばかり時

★57 高橋勇悦『現代都市の社会学』（誠信書房、1969年）より。ヴェルナー・ゾンバルト（1863-1941年）＝ドイツの経済学・社会学者、フェルディナント・テンニース（→p.054 ★98）、ピティリム・アレクサンドロヴィッチ・ソローキン（1889-1968年）＝ロシア出身の米国社会学者、カール・クラーク・ジンマーマン（1897-1983年）＝米国の農村社会学者

★58 例えばH・ルフェーヴルの分析によれば、農村は都市によってつくられたものであるという（都市の起源と変遷→p.070）。農村と都市は人間の定住集落における非農・無耕作に向かうベクトル上の位置で、その両端に位置するが、機能的にはそれぞれ別の集落でありながら本質的には緊張と相補性によって繋がっている。従ってその様態は、厳密には一体でも連続体でも、また二分されるものでもないといえる

★59 ロバート・レッドフィールド（1897-1958年）＝アメリカの文化人類学者、シカゴ大学教授。メキシコ、ユカタン半島の調査から都鄙連続体説を提唱

★60 →p.006 ★1

が早きに失すると認めてよろしい。

（柳田國男『都市と農村』前掲）

一方で、柳田國男[★61]が主張するように、日本ではむしろ農民が流れ込んで都市をつくったのであり、結果的には農民の農村に対する不満が生み出したといえる日本の都市は、先のH・ルフェーヴルが示しているような西洋の都市のあり方、都市主義社会とは根本的に生成原理が異なっている（日本では一国の都以外には都市はない）とする農村本位主義社会論（反都市主義に近い）とも言うべき「都鄙一体説」があるが、これについてもあらためて後述[★62]したい。

ここではまず、都市社会学の礎を築いたとされ、その後の都市理論構築にも大きな影響を与えたL・ワースの「アーバニズム理論」を基軸として見ながら、都市的生活様式の分析視角として、この農村と都市の関係についてさらに考えていこう。

アーバニズム——都市的生活様式

ルイス・ワースのアーバニズムへの眼差し

「第一の都市の時代[★63]」にはせいぜい10万人程度、一般には多くても70～80万人止まりであった都市の人口集積は、「第二の都市＝工業化都市の時代[★64]」には数百万から１０００万人を軽く超えるようになった。さらに、都市連関[★65]によるメガ都市化も進行する。いずれにしても、一般に都市化とは、人口量がある地域に集中して飛躍的に増加することと同義である。しかしながら、いったいどのような人口の集積なのか。

米国の社会学者L・ワースは「Urbanism as a Way of Life」（原著は１９３８年、邦題「生活様

★61　→p.021★20

★62　柳田國男の農村本位説→p.043

★63　第一の都市の時代→p.017

★64　第二の都市の時代→p.018

★65　「都市連関」とは、各地の都市化が進行すると、経済や産業・流通などの圏域は個々の都市内に留まらず、連関する動態的な地域構造を形成することを指す概念。産業連関の動向などともリンクする

式としてのアーバニズム」高橋勇悦訳『都市化の社会学』鈴木広編、誠信書房、１９７８年増補版）の中で、都市を人口の三変数、つまり人口量、人口密度、異質性で捉え、都市を「社会的に異質的な諸個人〈異質性〉の、相対的に大きい〈人口量〉・密度のある〈人口密度〉・永続的な集落」と定義し、そのような都市から生み出される特徴的な生活様式をアーバニズム（都市的生活様式）[★66]と呼んだ。

　このようにL・ワースによれば、都市は社会的に異質な諸個人であるという人間関係の異質性（隣は見知らぬ隣人）を基盤とした人々による人口量の増加、高密度化によって形成される永続的集落ということになる。人間の創造物の中では最も複雑で多面的な相を持つといわれる都市を、人口とその三変数だけで定義しようとしたL・ワースの「アーバニズム理論」は、人口史観に則ったとはいえ極めて大胆かつ特異な説であった。今風に言えばツッコミどころ満載で、現にさまざまな批判にもさらされ続けた仮説ではあったが、一方で定義のシンプルさや都市における諸問題・諸課題の明示性、想起性、可視化の試みにおいて優れた先見性があった。

　さらには、新たな都市のコミュニティにおける都市住民のライフスタイルの基盤としてのパーソナリティ[★67]を、自覚的に「アーバニズム」と命名してみせたなどの理由によって、既に論文の発表から70年以上を経た現在でも、未だにその人気や関心は高い。特に１９７０年代初頭に都市について学び始めた世代にとっては、高橋勇悦[★68]訳の論文「生活様式としてのアーバニズム」に触れた時の高揚感が、その後の都市論への関心の起点の一つになっていると思われる。

　L・ワースはアーバニズムについて、都市社会のみならず、より「都市的社会[★69]」に眼を向けた分析（全体性への眼差し）が必要になると考えていた。そこで、アーバニズム理論の基礎となる都市の社会学的な定義の際には、以下のような点に留意すべきであると言明している。

①アーバニズムは人口量、人口密度、空間的、物理的実在、物理的施設、制度、統治組織形態

★66　L・ワースが人口の三変数で定義した「都市」に特徴的な生活様式をいうが、本書では非農・無耕作に向かう都市の生活形態によって生み出された生活様式全般を指している

★67　「パーソナリティ」は、心理学でいう人格、あるいは転じて個性や気質などの意を含む広範に解される概念。パーソナリティ理論には類型論や特性論などがある。社会との関係などを含むアイデンティティ（→p.180）とは異なる概念とされるが、個人の問題の中には、都市生活におけるこうしたパーソナリティへの多大な影響が含まれる

★68　たかはし　ゆうえつ（1935年-）＝社会学者、東京都立大学名誉教授

★69　L・ワースは都市社会を超えて大衆社会や現代社会を「都市的社会＝Urbanized Society」（高橋勇悦訳）と呼んで、これもアーバニズムの拡がりによる社会の都市化の一形態と捉えた

などと同一ではない。

②アーバニズムは都市がどんな類型に属するかによって異なってくる。

③アーバニズムは都市に限らず、都市の影響が及ぶところはどこでも、多かれ少なかれ顕在化している。

④アーバニズムは特殊地域的な、あるいは歴史的拘束をうけた文化的影響と同一ではない。

⑤アーバニズムはインダストリアリズム（産業主義）やキャピタリズム（資本主義）と同一ではない。

一般的には、こうしたいわば定義化における概念の拡大や一定の留保、微修正的な作業は、定義自体の意図をやや不明瞭にしてしまう結果と裏腹である。だが、L・ワースは大衆社会、現代社会としての都市を活写する理論を探求する立場から、限定的な概念化を回避するこうした全体性への眼差しを担保するディスクールを必要としたのであろう。

アーバニズムの三重図式

さらに、L・ワースのアーバニズム理論は三重図式[図4]によって分析され、説明される。L・ワースの三重図式を見ていると、アーバニズム理論はある意味で社会心理学的都市理論であり、それは都市住民のパーソナリティ理論であるともいえるが、三重図式についてのL・ワースの説明はわかりにくい。

ここでは、「生活様式としてのアーバニズム」の訳者である高橋勇悦の解説と問題点の指摘を以下に要約してみた[★70]。

①三重図式とはL・ワースの社会学の基本的視角であり、アーバニズムへのアプローチの〈て

図4　ルイス・ワースのアーバニズム理論の三重図式

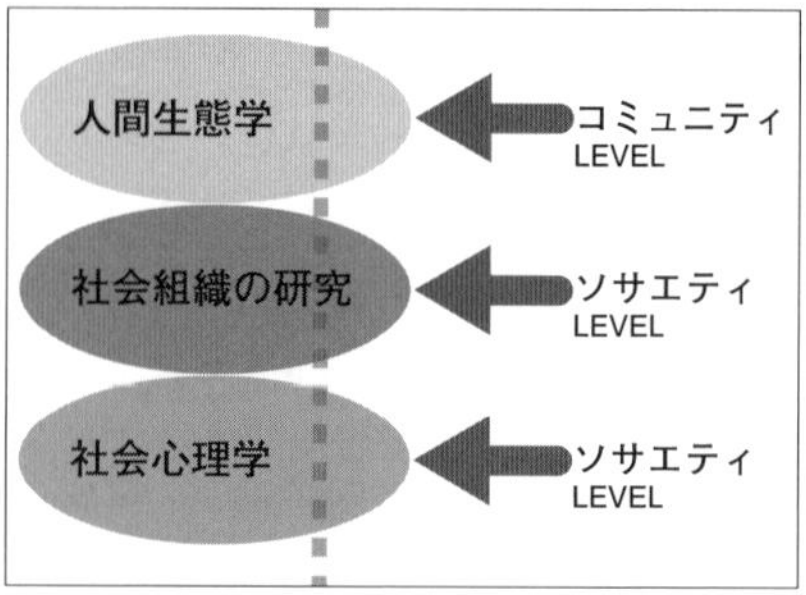

★70　高橋勇悦『現代都市の社会学』（誠信書房、1969年）より

だて〉である。

②三重図式とは即ち〈人間生態学〉〈社会組織の研究〉〈社会心理学〉である。しかし三者の間の関係および比重は必ずしも明らかではない。

③人間生態学の視角には人口、技術、生態学的秩序が含まれる。それぞれ、人口統計学、経済学、人間生態学が関連付けられる。

④社会組織の研究の視角については、社会学的基礎概念を広範に包括する狭義の社会学的様相を呈しているが、ここに含まれる研究対象のカテゴリーは社会的相互作用、社会関係、社会集団、社会制度、社会構造、社会階層、カースト階級、社会組織、社会力、人種、家族、親族、近隣、農村、都市などである。

⑤社会心理学では態度、観念、パーソナリティ、価値、イデオロギー、規範、動機、合意、集合的行為、社会解体、社会統制などが論じられる。

⑥社会組織の研究に関してL・ワースは、社会組織を〈社会構造または形態〉〈社会過程ないし動態的特性〉という二つの視点で捉えているが、三重図式では特に重要であると思われる〈経済組織〉〈政治組織〉を明らかに軽視し、〈社会構造〉と〈社会過程〉が人間生態学、社会心理学の中心課題としてあるべきなのに、この体系的な理論展開が欠けている。

実際の「生活様式としてのアーバニズム」の論文自体は短いものである。従って三重図式にしても、L・ワースはこのように分析視角の枠組みやカテゴリーなどを示しているのみで、個々の内容を詳述し、また、具体的な理論の検証に向けたケーススタディなどを自ら行っているわけではない。こうした理論化の不備、検証面の弱体の傾向について高橋は、L・ワース自身がある意味で理論化自体に慎重であったこと、理論のディテールについてはむしろ体験的な実践によって補足していこうとするその姿勢にも由来するなどと解説している。

都鄙連続体説としてのアーバニズム

L・ワースのアーバニズムの定義における人口の社会的な「異質性」への言及は、農村的集落の構成員の生存基盤や風土性の由来を一にするなどの伝統社会的な「同質性」に対峙する概念として、明らかに意識されている。アーバニズムに対して「農村的生活様式」とも呼ぶべきルーラリズムとの関係性やその連続性について、L・ワースの考え方を要約すると概ね次のようになるだろう。

「ルーラリズムが支配的な地域にアーバニゼーション（＝都市化）の進行によってアーバニズムが発生し、両者の混在が起きる。やがてどこでもアーバニズムのルーラリズムに対する優位性（魅力、利便性、集中による近接性などの理由による）が顕在化して、アーバニズムがルーラリズムに取って代わり、さらに都市化が進行する」

例えば、非日常的に発生する場として集落にあった市《いち》が、やがて集落の繁栄とともに日常化され、そこに本来は非日常的な存在であった中枢空間が常態化していく。さらに物流や情報などの集中によって中枢空間は都市中枢へと発展していく、という連続的な都市の形成過程のパターンが考えられる。つまり、都市発生のメカニズムを、農村的集落から連続的に生成する空間モデルを中心にして捉える考え方であるが、これがいわゆる「都鄙連続体説」である。

しかし現在では、この都鄙連続体説も、特に第二の都市の時代の都市形成のメカニズムの多様性やサバーバニズム★71（住人の階層的同質性などを特質とする郊外的生活様式）の顕在化を説明できない、あるいは前提とされているルーラリズムに対するアーバニズムの潜在的な優位性自体が証明

★71　「サバーバニズム」について、ここでは郊外（都心地域を中心として拡がる都市圏の周辺の住宅地）に特有な生活様式のことを指す。サバーバニズムの同質性は、郊外化（郊外への人口移動）によって、異質性から逃走する似た境遇の人々によるコミュニティ形成（疑似共同体の幻想の共有）などによってもたらされるとされる

できないなどの理由で批判されているが、一般論としては、農村が経時的に都市に成長していったという仮説は比較的理解しやすい考え方であろう。

いずれにしても、19世紀から20世紀前半にかけて、近代都市コミュニティの実験場といわれた米国の大都市シカゴで、旧来の共同社会的生活様式を基盤とするコミュニティが急速に解体し、新たな都市コミュニティが急激にそれらに取って代わる状況を横目で見ていたL・ワースが、社会学者として、こうした社会解体[★72]を説明し、誕生する都市コミュニティを位置付ける差し迫った必要性に突き動かされて、アーバニズム理論に向かったことは想像に難くない。

アーバニズムへの批判

L・ワースのアーバニズムは都市の定義にあたって、その人口史観的傾向を背景に、人口以外の要素、例えば政治、経済、文化などをすべて排除した。あるいはアーバニズム理論を具体の都市に当てはめて、広範に定義の有効性を検証するといった作業を行っているわけではない。そうした意味では、形式社会学的、ユートピア的発想とする位置付けも可能であるが、これらを含めてアーバニズムに対する批判の主なものをまとめると、概ね次のようになると思われる。

①人口の三要素以外の要素（例えば歴史的文化的影響、産業主義、資本主義など）の排除については、当然その妥当性が問われる。

②上記から都市を自主的、自動的実在としての独立変数として捉え、アーバニズムはその従属変数としての取り扱いで、都市の定義は為されたものの、肝心の「都市的生活様式」自体のイメージが見えにくい（これについてはあらためて後述する[★73]）。

③アーバニズム理論の仮説そのものが形式社会学的である。つまり超地域、超体制、超歴史、

★72　1920年代のシカゴ学派（都市生態学と都市社会学→p.040）が注目したのは、まさに旧来の伝統社会的なコミュニティの崩壊に伴うさまざまな社会解体現象であった。例えば犯罪、非行、離婚、売春、不適応移民、人種問題、家族解体、貧困などの社会問題の多くはこうした急激な都市化による社会解体によって引き起こされているとしたが、こうした社会という組織の解体は、その後の再組織化による新たな再生の契機でもあるとされた（高橋勇悦『現代都市の社会学』［誠信書房、1969年］より）

★73　都市生態学と都市社会学→p.040

超文化的である。

④理念型的連続体論により、都鄙概念については、より類型的分析が多用されたが、都鄙差自体の段階論としてのイメージは希薄である。このことがサバーバニズムの仮説を生むきっかけとなったといわれている。

結局、L・ワースのアーバニズムは〈資本主義〉〈アメリカ〉〈1920年代〉という歴史の体制や時代、地域的な影響を受け、当時の米国の都市状況を反映した限定的な生活様式を捉えたもので、アーバニズム理論自体はそれほどの普遍性を持ち得なかったともいえよう。

しかしながら、アーバニズムは基本的に〈都市とは何か〉を追求するための視角であり、それは本来〈都市的なるものは何か〉の追求に列せられるだろう。上記の如く批判もされたが、この面での発想の有効性は評価され、生態学から解き放たれた社会学が、初めて都市社会学として明瞭な輪郭を現したのである。むしろ、その後のL・ワースを超える都市学的体系(全体性への眼差し)の欠如が社会学では問題になったという高橋の指摘★74は、十分に正鵠を得ており、現代における都市をめぐる論考の状況にも少なからぬ部分がそのまま当てはまるのではないかと思われる。

都市生態学と都市社会学

アーバニズムの理論をもってワースがはたした貢献は、要するに、都市生態学から都市社会学への脱皮である。(中略)ワースは人間生態学と社会組織の研究や社会心理学の結合関係を提示し、社会組織や社会心理の側面に焦点をすえることによって、都市社会学の理論化をはかったといえる。

(高橋勇悦『現代都市の社会学』誠信書房刊、1969年)

★74　高橋勇悦『現代都市の社会学』(誠信書房、1969年)より

★75　高橋勇悦『現代都市の社会学』(誠信書房、1969年)によるが、世界都市の歴史的な人口推計にはG.Modelski, T.Chandler, P.Bairochらによる各種データがあり、それぞれ数値は異なっている。例えばChandler(1987年)によれば、1925年の人口はニューヨークが7,774,000人(世界1位)、東京は5,300,000人(同3位)、シカゴは3,564,000人(同6位)である

アメリカでは1850年に全体の15・3%であった都市人口は、1900年に40%、1920年には50%を超えている。★75 こうした急激な都市化、すなわち旧来のコミュニティの急速な大変貌によるいわゆる社会解体を目の当たりにして、その分析視角の確立を目指して1920年代にR・E・パーク★76を中心に構築されたのが人間生態学★77である。動植物生態学のアナロジーによって都市コミュニティの生成を説明しようとする研究分野であるが、主に都市を分析対象としているところから都市生態学とも呼ばれている。シカゴ大学を中心とした勢力で、E・W・バージェス、R・D・マッケンジーらとともにシカゴ学派★78と呼ばれた。こうした研究の背後にはヨーロッパの諸研究の影響があるといわれているが、都市の社会解体こそがシカゴ学派の実践的課題であった。L・ワースのアーバニズムは、師でもあるR・E・パークらのこうした人間生態学の影響のもとに構想されている。

都市生態学の中心概念はコミュニティである。R・E・パークは、人間社会の秩序はコミュニティ(生物的で共棲的下位構造)とソサエティ(文化的上部構造)の二つの次元によっていると考えた。コミュニティ=共棲からソサエティ=合意へ、という二分法的発想であり、これは競争→闘争→応化→同化という人間関係の相互作用で弁証法的に捉えられ、この止揚の過程(競争原理)によって人間社会の構成が推移していくとされる。

R・E・パークによれば、コミュニティは「ある共同の居住地の境界内で、動植物と同じように共住している諸個人の集合」であり、ソサエティ形成の基盤となるもので、上位概念のソサエティは「習慣、感情、民衆、モラル、技術や文化の社会的遺産である。この社会的遺産はコミュニケーションによって創造され伝達される」とされている。秩序のヒエラルキーは生態的・地域的→経済的・競争的→政治的(ここまでコミュニティ)→文化的・道徳的(ソサエティ)と段階的

★76 →p.008★8

★77 広く生物と環境の相互作用を研究対象とする生態学(エコロジー)は、ドイツの生物学者エルンスト・ヘッケル(1834-1919年)が祖とされるが、「人間も生態的要因のひとつ」という認識によって1920年代にシカゴから学際的研究として発した「人間生態学」は、やがて本書で取り上げた都市を分析対象にする生態的要因の表出として都市生態学を派生させる

★78 シカゴ学派の邦訳されている主な著作に、R・E・パーク、E・W・バージェス、R・D・マッケンジー『都市』(大道安次郎・倉田和四生訳、鹿島出版会、1972年)がある。アーネスト・ワトソン・バージェス(1886-1966年)=米国の都市社会学者、ロデリック・ダンカン・マッケンジー(1885-1940年)=カナダ生まれの米国の社会学者

に構成される。

高橋勇悦は、こうした都市生態学から都市社会学を構想したのがL・ワースであり、先の引用のごとく生態学のアナロジーの呪縛を解いたとする。アーバニズムは、シカゴ学派の実践的な課題となっていた社会解体を、それ自体が社会解体の一つの概念であるアーバニズムで捉え直し、その事実の中でいかなる条件、メカニズムが新たな社会的合意の成立を可能にするのかといった追求を行おうとしたものであるともいえよう。これはそのままR・E・パークによるコミュニティの共棲、ソサエティの合意の分析にも重なっていく。つまり、L・ワースのアーバニズムの追求は、基本的には社会における合意のメカニズムの追求を意味しているのである。

アーバニズムは都市社会と都市的社会（大衆社会・現代社会）を包括し、その中で合意のメカニズムを見つけていくという方法論の確立を目指したことにより、都市社会学的な分析の視点を確立したといわれている。

このように、うごめく人間の社会集団の生息地である都市を、あたかも顕微鏡で覗くが如く動物や植物を対象とする生態学的知見の援用によって捉えようとする試みは、きわめて直観的、ある意味では米国的でわからないわけではない。だが、基本的にはアナロジーはあくまでアナロジー＝類推であって、こうした見立てを基礎に人間生態学を唱え、あるいは人口の変数だけで都市を定義してしまおうというシカゴ学派に連なる人々の、学問における恐れを知らぬ先進的態度やエネルギーにはただただ感心してしまう。それだけ彼らの眼前、周囲にあって、対象としていた米国の都市化社会自体が、溢れる時代のエネルギーをもって休むことなく日々ダイナミックに変貌していたに違いない。

２０２５年には世界の人口の都市化率は60％を超えるといわれている。★79

★79　国連統計局のデータによれば、2025年の世界人口は約80億、そのうちの45億～48億程度が都市人口になるという。また2008年には都市人口が世界人口の50％を超えた見込みである

都市的生活様式とは結局何であるのか

柳田國男の農村本位説

創設当初の日本の都市は、今よりも遥《はる》かに村と近いものであつた。所謂屋敷町にはつい此頃まで、まだ沢山の田舎風の生活法が残つて居た。（中略）彼等が自分たちも町に住みながら、他の一半の商業に携はる者のみを、特に町人と名づけて別階級視し、力《つと》めて異を立て感染を避けようとした気風の起こり、即ち武士の特色とした質素無慾《むよく》率直剛強の諸点は、本来は身分や権力とは関係無く、村から持つて出た親譲りの美徳であつて、同じく刀を指す人に威張られて居た者の中でも、地区を隣接して住んで居た町人よりは、よほど百姓の方が生活の趣味に於て、彼等に近い所が多かつたのである。

（柳田國男『都市と農村』前掲）

いささか古い引用ではあるが、L・ワースのアーバニズムが書かれる10年ほど前に、日本でも都市と農村についての草分け的な分析、そのディスクールが柳田國男によって為されている。柳田の論旨は明快である。柳田はあくまで西洋とは異なる日本の都市・農村に分析の照準を合わせ、「都鄙一体説」、つまり都《みやこ》も含めて都市は農村によってつくられたとする。もともと農村で寄り添っていた農と工が、都市で栄えた商と農村の工との結び付きが強くなったことで分離され、さらに農の多様性が都市の威力で単純化されたことなどによって農村の衰微が起こったとする。その分析の上で「日本の国づくりは一国の都、つまり東京や京都、大阪などを除けば未だ中途半端である都市社会（地方都市などのこと）によるのではなく、農村本位社会によることこそが相応しい。都市はその起こりの如く健全な農村を支援し活性化する本来の健全な存在であればよい」という主張であった。

ここで、さらに柳田の分析を見ていこう。

> いつの時代にも三割四割、時としては半分以上の田舎者を以て組織せられて居りながら、何故に町には村を軽んじ、村を凌《しの》ぎ若くは之を利用せんとする気風が横溢《わういつ》して居たかといふことである。（中略）第一には出て来る多くの村の人が、今ではもう散々に田舎の生活に飽きて、言はゞ他人になる積りで別れて来て居る。窮屈な社会道徳の監視から抜け出して、一種の隠蔽物《いんぺいぶつ》を求めるやうな心持で、大きな町の奥に入込んだ者も少なくは無い。（中略）併し斯《こ》んな状態は勿論《もちろん》都市設立の最初から有つたのでは無い。之に反して町が村に対抗しようといふ気風は、却《かへつ》てそれ以前に始まつて居る。所謂都鄙問題の根本の原因は、何か必ず別にあつた筈である。
>
> 私の想像では、衣食住の材料を自分の手で作らぬといふこと、即ち土の生産から離れたといふ心細さが、人を俄《にはか》に不安にも又鋭敏にもしたのでは無いかと思ふ。（中略）町の住民の殊に敏捷《びんせふ》で、百方手段を講じて田舎の産物を、好条件を以て引寄せんとしたのも、さうしなければならぬ理由はあつたので、それが官憲からも認められ支持せられると、追々に都市を本位とした資本組織が発達して来るのである。
>
> （前掲書）

村から若者がどしどしと出て来なかつたら、先づ第一に大小数百の都市が、如何《どう》して僅《わづか》な期間に半成にもせよ、是だけの形態を具《そな》へることが出来ようか。（中略）是が悉く後代村からの移住者であつたのである。（中略）しかも田舎の血は間断なく流れ加はつて居る。地方々々の生産が都市によつて代表せられたといふのみで無く、地方人は都市を創立し且つ常に之を改造して居たのであつた。　（前掲書）

★80 →p.028★45

柳田によれば、都市住民の田舎に対する考え方は、村の生活の安らかさ、清さ、楽しさに向かっての讃嘆と、一方で辛苦と窮乏また寂寞無量《じゃくまくむりょう》に対する思いやりといった、本来は併存しがたいまったく両義的な感情で成り立っているが、それでも実際には都市人ができるだけ美しい田舎を思い描いてみようとするのは「帰去来情緒《ききょらいじょうちょ》」故であるという。それは生存の資源から次第に遠ざかっていくという非農民の不安に由来するもので、その起源は動物共通の本能の現れに他ならぬとしている。

さらに柳田は、都市の本質は無用の商業、流行と宣伝からなる不必要な消費の場に過ぎぬと断罪する。こうした都市の支配を免れた時に、初めて地方分権の基礎はなるという。

すでに21世紀の現在、およそ80年以上も前のこうした柳田の指摘は今でも有効だろうか。そしてそれは日本の都市だけの事情なのだろうか。つまり柳田が無用の商として一括りにして退けたもの、記号としての消費行為、消費のための消費とそのシミュラークル★80、あるいは窮屈な社会道徳の監視からの離脱、そうしたものの総体が都市的生活様式の表象実体であるとすれば、なぜ都市の人々はこうした生活様式を構築し、これを育てたのだろうか。都市人のパーソナリティの根源にあるものは何であるのか。

非農・無耕作の選択

柳田の言う「土の生産から離れたという心細さ」「生存の資源から次第に遠ざかっていく不安」とは、まさに人類がきわめて長期間にわたって継続してきた農耕狩猟文明（農耕的生態系）を離脱し、最終的な工業化以降の非農文明（科学技術に支えられた人工的生態系）へ移行するのに際して、その境界に横たわる深淵を飛び越すことに伴う底知れぬ恐怖、農耕狩猟文明（の記憶）を捨て、非農・無耕作[★81]の都市を選択する決断によって負わざるを得なくなった途方もない不安や痛みと同義であろう。

なぜ、都市の人々は都市的生活様式に浸りながらも、一方で田園生活に惹かれ、手に触れる木の温もりや木造建築に惹かれ、仕組みが眼に見える機械や道具、あらゆる手づくり品や手仕事に惹かれ続けるのか。それこそは超長期にわたって遺伝子レベルで培った「農的なるもの」の遠い記憶を全感覚的に呼び覚ますことで、あるいは農へのノスタルジーを掻き立てることであがなう、まさに異なる文明（人工的生態系）への飛翔の不安や恐怖、その痛みを和らげるために無意識のうちに実践する諸々の癒しの行為に他なるまい。人々は工業化文明や都市に向かいながら、すなわち少しずつ非農的存在として自立する途を自ら歩み続けるために非農・無耕作に向かう独自のライフスタイルを必要とし、常に異生態系への移行によって負う傷を癒す行為をも同時に必要としたのである。そうであれば、農村を生存の資源を担保するユートピアに見立てて美化しつつ[★82]、一方で痛みを引き起こす要因そのものを脱構築し、無化すべく、あらゆる享楽も辛苦も、共棲も合意も、荘厳さも軽薄も、歓喜も悲惨も、不法も契約も、聖も俗も、現実と非現実さえ同時に引き受け、非農・無耕作への怖れを癒す総体として人々が構築し、実践してきたハイブリッドなライフスタイルこそが、まさに都市的生活様式ではなかったのか。

★81　本書では、人間の営為のうち、農的なるもの（農林水産にかかわる営為）を除いた概念を「非農・無耕作」と表現している。この非農・無耕作の営為こそが人が都市に向かう都市的生活様式の資源であるとする

★82　ユートピアの政治性と理想都市（神話・イデオロギー・ユートピア）→p.129

かつて農や商と寄り添っていた工は、やがてそれ自身の途方もない進化＝産業化によって、都市を巨大化させた。都市に集められ、そこに住まう人々はこうした圧倒的な産業化を支え、同時に産業化の背景となった科学技術文明に支えられた人工的な生態系を構築し、そうした環境を基盤とする第二の時代の都市を生み出し、独自のライフスタイルであるアーバニズムを創出した。都市人のノスタルジーの源泉としての農的、耕作的なるものは、農耕的な生態系によって維持され、今日までこうした都市の人々を癒し続ける。その癒しがなければ、異なる文明＝生態系に住み続けることができないかのように、二つの異なる生態系は変わらず相補完的に後期近代を支え続けているのである。

すでに成熟した第二の都市の時代である現在においても、人々の生存を担保する存在として「農的なるもの」がある限り、柳田の指摘は相変わらず有効である。それは柳田が日本の都市に限定したローカルな視点をはるかに超越した巧みな分析であった。なぜなら、都市的生活様式は、実はこの「農的なるもの」、つまり非都市が生み出す影の部分に存在し、そこに見い出された人々の避難のルール、すなわち衣食住の根源的な生産から遠ざかる恐怖を乗り越えて充実した生存を希求する可能的な非農・無耕作の生活スタイルの集成に他ならず、それは当然ながら日本だけのものではなかったからである。

一方で、あくまで日本に特化した歴史的関心を示し、国家のエリート官僚でもあった柳田國男の民俗学やフィールドワークを基盤とした農村本位的思考、そうしたディスクールは、都市による農空間のイゾトピー化★83に対する批判や、農村が持つ異域としての場所性に対する着目というわけではなく、単なる反都市主義、むしろ農村を中心に据えた全体主義的な国家像に結び付きかねないものであり、近代化そのものに対する抵抗と受け取られかねないものでもあった。

★83 都市のイゾトピー（同域）とヘテロトピー（異域）→p.236

農的なるものの行方

ところで、今まで見てきた反都市主義、都鄙二分論、あるいは柳田國男の都鄙一体説、これらのディスクールは結局のところ「都市は本当に必要か」という問題提起と同義であり、さらに言うならば「都市不要論」そのものに他ならないのではないか。

「農的なるもの」を忌避し、都市に向かう人々の態度が逆に人間の心身に多くの厄災をもたらすのであれば、なぜ人はわざわざ進んで不幸な生態系や社会を選択しなければならないのか、むしろ都市こそが不要なのでは、といった議論は実は今でも根強くある。しかし、少なくともそうした声は、まだ都市の恩恵や魅力に抗えない圧倒的な多数派の前にはわずかな囁きに過ぎないが、果たしてこの状況は今後もそうであり続けるのか。

21世紀の今日、モダニティの時代の成長期を支えた社会の様相は大きく様変わりしている。日本でも少子、高齢、人口減、低成長、高度情報化などによる成熟社会の実現や、フローからストック型へ、省資源・省エネルギーといった循環型社会への志向が人々の意識を大きく変えつつある。欲望や消費といった都市の成長を直接的に支えたモチベーションも変質してきている。

こうした背景のもとに、まさに１９２０年代に柳田が標榜した「農的なるもの」を基盤とする社会が、必ずしも前述の「農村を中心とした全体主義的国家」に結び付かないようなかたちでの本来の農本位的（つまり農林水産業的）な社会形態として、グローバル化★84社会の果てに将来の人々によって選択される可能性がまったくないとは言いきれないのではないか。そして、それこそが本来の都鄙一体説の具現化ではないだろうか。

いずれにしてもこの「農的なるもの」は、今後とも変わらずに都市問題の核心に位置し、都鄙論はいつの時代でも都市をめぐるディスクールの「古くて新しいテーマ」であり続けているのだ。

★84　→p.020★17

共同体としての都市
——包摂と排除をめぐる都市のディスクール

コミュニティの概念

「都市型コミュニティ」というものは、「開放性」という点においては長所をもっているが、その結びつきを支えているのは規範的・理念的なルールや原理であり、それ自体において〝情緒的な基盤〟をもっていない。しかし人間という存在は少なくともそのベースに情緒的あるいは感情的な次元をもっている生き物であるから、何らかの形での「農村型コミュニティ」的なつながり、つまり共同体的な一体意識をも必要としている。逆にそうした一体意識は、ある意味で強固なものとなりうるが、それは状況の変化に対して不安定であったり、また外部に対して閉鎖的・排他的という側面をもっている。こうした意味で、「農村型コミュニティ」と「都市型コミュニティ」という二つのつながりの原理は、相互に補完的なものといえる。

(広井良典『コミュニティを問いなおす』筑摩書房、2009年)

コミュニティ、あるいは共同体(明示的な共同体)、共同態(暗示的な共同体あるいはその様態を指す)という概念も、常に都市のディスクールの中枢にあり、本書でも繰り返し登場してくるが、仮に学際的な領域であっても、一般的にコミュニティ概念を語ることは、ほとんど社会構造や都市そのものを、あるいは人間社会、ヒト・モノ・コトによる社会システムそのものを一義的、理念的にまるごと語るようなものであろう。

　コミュニティは生産や政治、経済、福祉などおよそ人々のあらゆる生活の実相にかかわり、都市と並んでこれほど多面的な概念はそう多くないと思われるが、それ故に「総合」としての、つまり多義的であり同時に同義的である複合態としての共同体の概念の語り自体が、すでに前述★85の人々の生活や空間を丸ごと語るという「都市学」的なイメージの範疇であり、単なる社会理論や都市のディスクールといった枠内には到底納まりきれないと思われる。

　諸課題の分析視角としてのコミュニティは、例えば「公と私」「同質と異質」、あるいは「都市と農村」といった対立軸や対となる概念において、あるいは専門分化した個々の研究分野において個別に語られるテーマとしてあるので、ここで触れるのは、コミュニティ原理などのごく基本的な内容にとどめるが、その基軸はやはりヒト系とモノ系のかかわり、つまり空間概念を含むコミュニティの様相にかかわるものであり、その中心はそれぞれの系のいずれにおいても「包摂」と「排除」に関するディスクールである。

コミュニティの原理

人間のかかわるコミュニティ概念は、従来ほぼ二分法的な発想による分類や対立項として語ら

★85　→p.007★4

★86　ゲマインシャフトとゲゼルシャフト→p.054

★87　地縁、地域など非選択的な縁を中心に形成される生活共同体としてのコミュニティを「基礎集団」とすれば、この基礎集団の上に特定の関心や利益などを共有する選択的、計画的に形成された目的的集団を「機能集団」という。米国の社会学者R・M・マッキーヴァー(1882-1970年)は、これをそれぞれ「コミュニティ」と「アソシエーション」と呼んだ

★88　R・E・パーク(→p.008★8)の古典生態学では、集団における人間関係ではまず競争原理によって「コミュニティ」が、その後の闘争、応化、同化のプロセスでは上位構造的な概念である「ソサエティ」が形成されるとした。このソサエティをマッキーヴァーは「アソシエーション」と呼んでいる

れてきた。例えば農村（的）コミュニティと都市（的）コミュニティ、ゲマインシャフトとゲゼルシャフト[★86]、基礎集団と機能集団[★87]、コミュニティとソサエティあるいはアソシエーション[★88]、一次集団と二次集団[★89]、選べない縁と選べる縁[★90]などである。

これらの類型は、基本的には時間的な概念としての都市のパターンの区分、すなわち第一の都市の時代[★91]、第二の都市の時代[★92]といった二つの都市の時代の時系列的な区分に概ね対応している。つまり、第一の都市の時代に支配的であった（例えば都市中枢によって造形された）農村的コミュニティと、第二の都市の時代に集中的に起こった都市構造の変動による新たな都市型コミュニティとの概念の対比を、そのまま集団のパーソナリティにあてはめた分析視角などによっているのである。

こうした「農村型コミュニティ」と「都市型コミュニティ」の分類と類型化は、今後の都市の時代の様相やそのパーソナリティがいまだ不可視の現代社会にあっては、冒頭に引用した広井良典[★93]も言うように、常に一定の有効性を持ち得ているといえよう。

ここではまず、コミュニティの構成原理（共同原理）とそのパターン、二分法的な対比概念によるコミュニティとその類型について概観する。なお、こうした共同原理と、差異的な同一性としてのアイデンティティとの関連などについては、第2章でもさらに取り上げている[★94]。

コミュニティの組織原理と異質性

人間のコミュニティは、後述[★95]する地域性、そしてここで取り上げる共同性を基礎とする連帯組織、「私」という認識場を成立させる組織形態であり、またその集合態は地域社会そのものでもある。

★89　米国の社会学者C・H・クーリー（1864-1929年）による社会集団の考え方で、マッキーヴァーの基礎集団、パークのコミュニティにあたるのが「第一次集団」（親密な顔を突き合わせた成員による集団など）、それぞれのアソシエーション、ソサエティにあたるのが「第二次集団」（目的的集団など）である

★90　社会学者の上野千鶴子（1948年-）による。文化人類学者・農学者の米山俊直（1930-2006年）のいう血縁、地縁、（会）社縁などは「選べない縁」、それ以外は「選べる縁」（選択縁）であるとして、それぞれコミュニティ・ゲマインシャフト的な、およびアソシエーション・ゲゼルシャフト的な集団のモチベーションとして対置した

★91　第一の都市の時代→p.017

★92　第二の都市の時代→p.018

★93　ひろい　よしのり（1961年-）＝千葉大学教授、専門は公共政策・科学哲学など

★94　地域アイデンティティとは→p.181

コミュニティの組織原理（共同原理）には以下の二つがあるといわれている。[★96] それらはいずれも人の心的要因としての「連帯」（遠心原理による包摂の概念）と「自己防衛」（求心原理による排除の概念）にかかわる両義的な概念である。

遠心原理……他者との「連帯」や絆を求める主体の心情に由来する概念で、一般にはそれぞれ対立する概念である開放性と閉鎖性の間でその位置が決定される。包摂型の共同体にかかわる原理。

求心原理……それぞれ対立する概念である同質性と異質性にかかわる「自己防衛」の概念で、共同性と連帯性の基盤としての同質性は、集団内の異質性の排除に繋がる。排除型の共同体にかかわる原理。

一方、他所《よそ》を含めた同質性に対峙する異質性が共同体の中で承認され、一定の有意味性を獲得すると、それは後述[★97]する地域アイデンティティとして見い出され、コミュニティの一つの特質ともなる。

この二つの組織原理の構成要因、連帯性（包摂）にかかわる開放性・閉鎖性、自己防衛（排除）にかかわる同質性、異質性という四つの対立項の組合せで、理念型としてのコミュニティでは四つの類型が考えられる。この四つの類型は以下のようになる。

①開放性＋異質性（包摂するコミュニティ）
②開放性＋同質性（排除性は低いが閉鎖的なコミュニティ）
③閉鎖性＋同質性（最も典型的な伝統的な地域社会）
④閉鎖性＋異質性（排除された構成員で成立する特殊社会）

この類型で見ると①のパターンのみが包摂型のコミュニティ（例えば都市のコミュニティ）を形

★95　社会システムとしての地域
→p.065

★96　コミニュティの二つの組織原理は『都市社会学』（藤田弘夫・吉原直樹編、有斐閣、1999年）などによっている

★97　地域アイデンティティとは
→p.181

成し、②から④は程度の差こそあれ、この順でより強固な排除型のコミュニティを形成することがわかる。特に④は、秘密結社や特定の宗教組織などの閉鎖集団をイメージさせる。

しかし、これらのコミュニティの空間特性を見ると、特に求心原理にかかわる同質性、異質性については、本来は包摂型である①の都市型コミュニティが、モダニティなどの別な原理による圧倒的な同質性の基盤のもとで、②のコミュニティパターンを形成することが一般的となる。つまり開放的でありながら強固な空間的同質性を基盤として、むしろさまざまな異質性を排除する傾向を持っている（例えば、日本では全国どこへ行っても同程度の規模の鉄道の駅前広場があり、それらはほとんど同一の空間である）。こうした都市空間の同質性は、巧妙にその同質性を隠蔽していることから、そこに暮らす人々の間にさえ、同質性自体が明瞭に意識されていない場合がある。

一方では、閉鎖的な②、③のコミュニティにおいて、求心原理における異質性としての同一性（アイデンティティ）が、遠心原理による開放性などを通じて有意味な存在として見い出され（差異化され）、承認されていくことがある。

すなわち、共同体の空間にとっては、自己防衛意識による求心的な契機を阻害する存在であったはずの異質性そのものである事物が、それが異質的な存在であることによって、実際にはコミュニティにとってかけがえのないものとなる可能性がある。あるいは特定のコミュニティ空間の同質性が、他所との差異によってきわめて異質的であることが認識され、それが承認された場合なども、そうしたケースに該当するだろう。

このようなコミュニティ空間の自己防衛の希求による同質性と異質性の逆転現象は、コミュニティ空間の範囲の取り方やスケールにもよるが、日常的に見られるものである。コミュニティ空間における求心原理は、常に遠心原理によって流動化され、相対化される。そして都市の空間（場所）的異質性は、異質性そのものとして承認されて輝くことがあるが、承認されない場合には、多くは解体され、駆逐されて、やがて同質性に組み込まれ、都市におけるコミュニティ空間の中で異質性としての様相の消滅を余儀なくされる。

ゲマインシャフトとゲゼルシャフト

ゲマインシャフトとゲゼルシャフトは、ドイツのフェルディナント・テンニース★98が提唱した考え方である。

ゲマインシャフトとは、「本質意志」に基づく結合を本質とする「共同社会」を指しており、家族、友人、近隣などがその主な成員となる。

一方、ゲゼルシャフトとは、人為的な「選択意志」に基づく分離を本質とする観念的、機械的な構成体としての「利益社会」を指している。例えば、都市社会や会社組織などがイメージされる。社会学で言う基礎集団（ゲマインシャフト的）と機能集団（ゲゼルシャフト的）の概念がこれに対応している。社会や都市の近代化とは、すなわちゲマインシャフト優位の社会からゲゼルシャフト優位の社会への転換を指しているというものである。

また、こうした考え方の類似例として、R・E・パークらの生物的で共棲的下位構造であるコミュニティと文化的上部構造のソサエティの分類、コミュニティとアソシエーション（R・M・マッキーヴァー）、一次集団と二次集団（C・H・クーリー）、血縁・地縁・社縁（米山俊直）、選べない縁＝血縁・地縁と選べる縁＝選択縁（上野千鶴子）などがある。★99

F・テンニースのいうゲマインシャフトとゲゼルシャフトの概念は、基本的には「都鄙論★100」ともリンクしている。都鄙論は結局、人間のコミュニティの変遷における一側面についての論考で

★98　フェルディナント・テンニース（1855-1936年）＝ドイツの社会学者。本質意志に基づくゲマインシャフトと選択意志に基づくゲゼルシャフトの概念で知られる。反マルクス、反ナチズムの学者としても知られる

★99　→p.050 ★87★88、p.051 ★89
★90参照

★100　都市と農村→p.031

あり、ルーラリズム（伝統社会）からアーバニズム（都市社会）への生活様式の構造的な変質（都鄙連続体[★101]のこと）の内実は、ゲマインシャフト的コミュニティからゲゼルシャフト的コミュニティへの変遷に他なるまい。つまり、コミュニティの変遷は、共同体の成員にとって、共同生活の中で共通に抱える問題について、それが相互扶助的に処理される社会（伝統社会）から、専門的に処理される社会（都市社会）へと移行する状況と同義である、と言い換えてもよいだろう。

ルーラリズムが基本としている生活上の問題について「住民相互の直接的な繋がり」をもとに処理するという相互扶助処理社会が、やがてアーバニズム、すなわち「共同生活上の共同問題を専門処理する」ことを原則とする生活様式、社会へと移行する（都市化）という意味であり、これはまた自立の相対化の概念でもある。

しかしながら、現在ではゲゼルシャフト的コミュニティにおいても、コミュニティの重層性などから、ゲマインシャフト的な要素や性格が消滅することはないといわれている。例えば以前ほどではないにしても、都市で実施されているさまざまなゲマインシャフト的な祭祀（季節ごとの祭りなど）は相変わらず盛んであり、当分の間これが消滅することはないであろう。

もちろん、農村（的）コミュニティに対する都市（的）コミュニティの優位性、あるいは鄙↓都というコミュニティ変遷の定向性は一方的に存在するというわけではない。例えば、「人間のコミュニティというものは、〝重層社会における中間集団〟として把握できるものであり、集団の内部的な関係性（＝農村型コミュニティ）と、その外部との関係性（＝都市型コミュニティ）の両方をもつ点に核心があり、その（互いに異質な）両者が人間にとって本質的な重要性をもっているのである」（広井良典『コミュニティを問いなおす』前掲）とされるように、人間の心情における構造的なテーマである遠心原理と求心原理の両義性による永遠の葛藤や緊張関係が、いつの時

★101 都鄙連続体説としてのアーバニズム→p.038

代でもコミュニティの変遷の背後に変わらず潜んでいる。そして、それはそのまま包摂と排除という相反する要素に引き裂かれて身悶えする共同体幻想としてのコミュニティ概念の本質★102に重なっているのかもしれない。

こうした共同体幻想が抱える葛藤は、「農的なるもの」＝非都市が生み出す影の部分に存在し、生産から遠ざかる恐怖を乗り越えて、充実した生存を希求する可能的な非農の生活スタイルの集成である都市的コミュニティ★103が、宿命的に負わされた一種の原罪ともいうべきものに由来しているのかもしれない。

ところで、ルイス・ワース★104のアーバニズムの規定★105における異質な諸個人は、結局のところ、持つ者と持たざる者との間の関係において形成される階級や階層という集合主体の問題に置き換えられ、それは異質な主体間の相互作用（都市における社会過程）における葛藤、闘争、紛争とかかわるとされる★106。

こうした異質な諸個人（集合主体）によって構成される社会は、一定の同質性を基盤とする伝統社会における主体間の相互作用による社会過程とはまったく異なる様相を呈する。コミュニティの変遷には、こうした第二の都市の時代における生活主体の大規模な関係性の変質による「社会構造の変容」によってもたらされた諸現象が、同時に含まれている。

なお、このコミュニティについて、そのディスクールの最後に当然出てくるべきテーマであるコミュニティの変質の行方、つまり21世紀以降、ポストモダニティの都市の時代において、共同体としての社会はどのような状況にあるのか、あるいは新たな後期近代の状況のもとでの共同体はいったいどこへ向かおうとしているのか、などについて次に概観してみよう。

★102　思想家の吉本隆明（1924年-）は『共同幻想論』（河出書房新社、1968年）で、コミュニティは一種の共同幻想（人々に共有された幻想＝上部構造）で、それは個人と他者の間の関係として自己幻想に逆立（対峙）するが、常に共同幻想は自己幻想に打ち勝ち、集団が個人を強制する。しかしながら個人の心の中までは踏み込めないとしている。ここではこうした視点から、共同幻想としてのコミュニティの内部では、包摂（受け入れ）と排除（追い出し）をめぐって、個人として受け入れ、集団として排除する、あるいはその逆といった共同体と自己幻想の間のコンフリクト（衝突）や葛藤が宿命的に継起する事態を指している

★103　非農・無耕作の選択→p.046

★104　→p.006★1

★105　ルイス・ワースのアーバニズムへの眼差し→p.034

★106　町村敬志・西澤晃彦『都市の社会学』（有斐閣、2000年）より

ポストモダニティとコミュニティ

過去の有機的なコミュニティは末期的衰退状況にある。とはいえかなりディストピア的な論者らが主張するように、まったく信頼に値しない原子化された個人主義のブラックホールにはまりこんでいるわけではない。むしろそれは、後期近代のコミュニティへと移り変わってきたのだ。(中略)
めざすべき社会的包摂は、戦後の黄金期とは意味あいが変わった。かつて包摂とは、均質的な文化に埋め込まれた仕事、家族、地域が生涯にわたって安定していることを意味していたが、今日それはその一切の領域の再評価と変化を伴わざるをえず、個人史の不安定性と不確実性、多様な社会のなかでのアイデンティティの問題に対処できる物語を生みだすことが必要になっている。社会的排除をめぐる現在の議論がもつ根本的な欠点は、急速に姿を消しつつある世界への包摂に準拠していることにある。
(ジョック・ヤング『後期近代の眩暈』木下ちがや・中村好孝・丸山真央訳、青土社、2008年)

コミュニティの生成原理や基本的な考え方(遠心原理、求心原理による包摂型、排除型など)、その時間的変遷などについては、既に見てきたとおりである。★107 ここではコミュニティとしての後期近代以降の都市社会の状況について、ジョック・ヤング★108の分析を中心に見ていこう。J・ヤングは先進諸国が1960年代の後半以降、後期近代の社会に移行し、それに伴って社会の統合システムが「包摂型」から「排除型」に移行したとする。さまざまな要因(例えばグローバル化、新自

★107 コミュニティの組織原理と異質性 →p.051
★108 ジョック・ヤング(1942年-)＝英国の社会学者、専門は犯罪社会学。Jock はあだ名である

由主義など）によって流動化するモダニティ（リキッドモダニティ★109）が、文化的統合力の拡大と同時に政治的、経済的統合力の収縮を生み、そのギャップと軋轢が「他者」を生成して今日の根本矛盾を構成していると分析している。★110

　このリキッドモダニティ、規範や制度や社会的カテゴリーのこの流動性こそが、われわれの時代の特徴であるが、これを生み出したものは何なのだろうか。この変化をもたらした諸要因は周知のとおり大量移民、ツーリズム、労働の「フレキシビリティ」、コミュニティの崩壊、家族の不安定化、文化のグローバル化の進展の一環として仮想現実と準拠点がメディア内部に出現したこと、また大量消費主義の衝撃、個人主義と選択と自発性の理想化である。これらの要因の多くは決して新しくはない。（前掲書）

　リキッドモダニティは脱埋め込み状況を生みだす。これには社会と個人という二重の位相がある。文化と規範は、時間と空間の拠りどころから解き放たれる。すなわち、規範的な境界が、かすみ、ずれ、重複し、切り離される。そしてこの不安定さが個人の位相で経験される。個人は、身を置いている文化や諸制度への埋め込みから解き放たれたと感じる。そしてこのような状況に対して、価値の多元主義が提示される。（前掲書）

　J・ヤングによれば、モダニズムの時代を支えた鈍重で安定したフォーディズム★111的労働環境や家族、結婚、コミュニティの安定的構造、そうした不変の世界がポストモダニティ★112、脱工業化の社会ではすっかり変わってしまった。規範や制度、社会的カテゴリーの流動性による社会、すな

★109　「リキッドモダニティ」とは、モダニティにより築かれた地域などにおける安定した（埋め込み型の）生活環境が崩壊することによって、流動的な（脱埋め込み型の）生活環境を主体とした社会が生まれることを指す

★110　ジョック・ヤング『後期近代の眩暈』（木下ちがや・中村好孝・丸山真央訳、青土社、2008年）の木下ちがやの解説より

★111　「フォーディズム」とは、米国フォード社などによってもたらされた資本主義を象徴する大量生産、大量消費の生産システムモデルなどを指す概念。社会主義運動家でイタリア共産党の創立者の一人でもあったアントニオ・グラムシ（1891-1937年）による

★112　後期近代としてのポストモダニティ→p.083

わちリキッドモダニティの社会が顕在化するという。

そうした流動的なモダニティは、大量移民、ツーリズム、労働のフレキシビリティ、コミュニティの崩壊、家族の不安定化、文化のグローバル化と仮想現実の出現、大量消費の衝撃、個人主義、選択と自発性の理想化などによって、つまりモダニティに含まれるさまざまな要因そのものによってもたらされたのである。

そして、リキッドモダニティによる脱埋め込み状況が、社会と個人の双方の位相で見られる。規範的な境界がかすみ、個人は身をおいている文化や諸制度への埋め込みから解放されたと感じ、価値の多元化が生ずる。しかし、人間のフレキシビリティと再創造の多大な可能性はむしろ存在論的不安へ向かい、人々はアイデンティティの基盤を喪失し、仕事への失望が広がる。適切な報酬と立身出世などの社会移動が実現されないからである。仕事は自己実現と幸福を喚起して消費主義に貢献するが、うつろな感覚と果てしない浪費を絶えずもたらすのである。

確かに、J・ヤングが言うように従来の基礎的要素が実質を著しく欠いて信用されない社会では、自己啓発、自己発見と個人的成就の物語という理念はすでに成立しないであろう。旧来のアイデンティティの基盤を喪失し、こうした移ろう流動的なモダニティに脱埋め込み（非固定的な存在）状態として置かれ、経済的にも高い流動性に晒されている（つまり報酬のカオス状況によって、いつでもアンダークラスに滑り落ちていく高い可能性を持っている）人々の症状や存在そのものをJ・ヤングは「後期近代の眩暈《めまい》」と表現する。図5
後期近代の眩暈には、社会的地位と経済的立場の不安定という二つの原因がある。このようなおぼつかなさは社会全体に行き渡っているが、とりわけそれは、中間管理職から熟

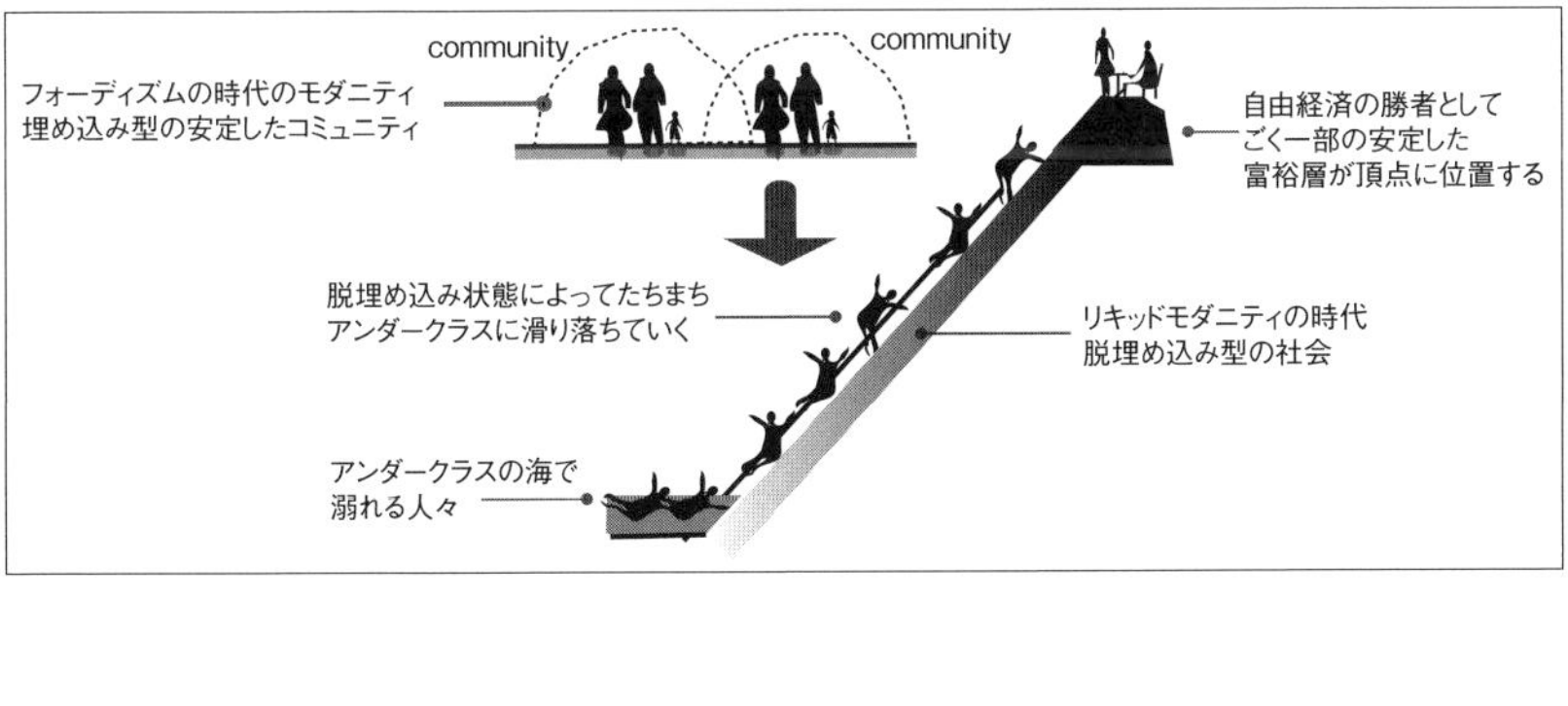

図5　リキッドモダニティのイメージ

練労働者まで皆がみな中産階級だとされる、アメリカ的な意味合いでの中産階級に顕著である。（中略）

先進産業社会の社会秩序を構成する二つの基本的な側面を弁別しなければならない。ひとつは、業績に応じて報酬が配分されるという原則、つまり分配的正義という能力主義的な考え方である。もうひとつは、アイデンティティと社会的価値を保持している感覚が他者に尊重されること、つまり承認の正義である。（中略）私の評価では、この二つの領域のいずれにおいても、後期近代には偶然だという感覚、つまり報酬のカオスとアイデンティティのカオスが伴っている。

（前掲書）

このような後期近代の眩暈の発生は、後期近代の都市社会が基本的には排除型から過剰包摂型へ移行したことによる。つまり、さまざまな事物を線引きによって排除することでバランスをとっていたモダニティの都市社会（境界の明確なコミュニティ）は、ポストモダニティの都市における曖昧なリミナリティ（二重都市★113などによる境界の曖昧なコミュニティの状況）によって、いまや抱えきれないほど多くのものを同時に抱えざるを得なくなった（文化のグローバル化、均質化に起因する脱包摂、脱排除型社会における）過剰包摂によって生じていると、J・ヤングは分析するのである。

後期近代の都市は、境界が曖昧になった都市である。近代のフォーディズム型都市は、隔離構造と地区ごとに特化した分業体系、つまりシカゴ学派のいう同心円構造を有していた。今日そうした境界線は曖昧になっている。インナーシティでは高級化《ジェントリフィケーション》が起きている

★113　本来、「二重都市」は一つの都市内部にある異なる階層化によるエリア（例えば企業の本社群のあるエリアと極端な貧民層が暮らすエリアなど）の混在状態などを指すが、ここではそうした異なるエリア間の境界が流動化するモダニティによって曖昧になることなどを指している

一方、郊外では逸脱行動が起きている。そこで起きているのは分離でなくグローバル化であり、そこは境界線が厳密に画定するのではなく曖昧になった世界である。そうした世界の文化は由緒ある血統の文化ではなく雑種混交の文化である。あるのは大きな差異ではなく、微細な差異である。まさに物理的なコミュニティの衰退と、仮想コミュニティの台頭とが、アンダークラスが単独で存在することを不可能にしているのである。

（中略）むしろここでは包摂と排除の両方が一斉に起きていて、大規模な文化的包摂と系統的かつ構造的な排除が同時に起きている。すなわちこれこそが過剰包摂型社会である。これは強力な遠心力と求心力とを有する社会であり、吸収と排斥を同時に行う社会である。

（前掲書）

こうした、リミナリティを喪失した脱包摂、脱排除型の社会においては、人々はアンダークラス（貧困層）に対する他者化の二つの契機を持つという。それは貶《おとし》めるか、懸隔《かけへだて》するかのどちらかであるとJ・ヤングは指摘する。

しかしながら、J・ヤングは未来のコミュニティそのものを諦めているというわけではない。過去の包摂と決別して、あらたな「変形力のある包摂」という選択肢を視野に入れるべきであると提言する。それは「変形力のある空間の政治★114」の待望であると同時に、一方では本質主義的な文化の多様性★115としてではなく、後述★116する如く空間的な固有性（具体）に立脚する異質性に加担する、つまり同化されたヘテロトピー的存在（示差性）の承認を含むような企て、そうした契機に通じていくようなものであるはずだ。

★114　J・ヤングのいうリキッドモダニティの時代では、変形力のある（柔軟な対応の可能な、つまり多様性の容認と痛みの共有といった）包摂概念によって生まれる高い調整力などによる政治が待望されるようになる。旧来の保守、革新、穏健派といったカテゴリーでは処理できない政治能力が要求されるが、さらなる具体性はまだ見えない

★115　文化における原理主義的な内容の承認を含む多様性の許容は、他者への不寛容を生む可能性も同時に内包する。ここでは空間概念を含む固有性を視野に入れることによって異質性の承認に繋がる契機となるような政治の展開を指す

★116　空間の同質化と差異→p.232

地域と都市
——システムとしての地域と空間・社会・特性

第2章の「都市のイメージ言語」では、「地域アイデンティティ」という概念を取り上げているが★117、それではこの地域アイデンティティという場合の「地域」とは何か、また地域という概念は、都市とかかわってどのように規定され、用いられているのかなど、地域と都市の関係についてここであらためて見てみよう。

地域という概念について

地域とは、辞書によれば「区切られた土地。土地の区域」（『広辞苑』第5版、岩波書店）のことである。すなわち字義的に見れば本来は空間的な概念であるが、例えば地理学による地域の概念規定については、さまざまな考え方がある。ここではそうした地理学的な地域概念の詳細には触れないが、ごく大まかにその要点をまとめると概ね以下のようになると思われる。

①地域はあらゆるスケール（広さ・拡がり）を含んでおり、都市の中に地域が含まれる、ある

★117　イメージ言語6　地域アイデンティティ——三次元マトリクスと政治の空間→p.181

いはその逆である、といった「スケールのヒエラルキー」の概念ではない。
②地域は自然系、人文系、すなわち天然・自然と人工のいずれの事物も含んだすべて、その総体を指す複合的な概念である。
③地域は意味的に一体とされる空間（的なまとまり）の地表の拡がりを指している。
特に②はランドシャフト★118として主にドイツなどで、③はリージョン★119として英米などで提唱されている概念に近い。このリージョンの概念のうち、他から区別される共通の性質を持つ空間を「等質的な地域」ということがあり、「機能的な地域」、すなわち性格の異なる空間が、ある結節点（ノード）を中心に連関する地域概念とは区別することがある。

本書でいう「地域」は、地理学でいうこの「等質的な地域」★120の概念に近いが、基本的にはこうした地理学的な概念規定とは別に、例えばルイス・ワースのアーバニズム★121に倣えば、「人が生活する空間のうち、そこにある程度の人口量と人口密度、またそこに定住する人々が認められ、かつ次に述べるような条件が満たされ、共有される具体的な一団のエリア、あるいはその集合体」として、あるいはM・ウェーバー★122のいうゲマインデ（地縁・血縁などによる共同体）の複合体に近い概念として想定している。

すなわち、ここでは地域を、ほぼ都市の空間と類似の概念として、あるいは都市の空間の一部として（アンリ・ルフェーヴル★123のいう農業都市★124や単一ではない農村空間などを含む）、さらには都市と都市の空間的な連なり（メトロポリタン・エリアなど）と見なしており、個々に具体的なスケールを持った、人の住まう（都市的様相を見せる）特徴的な空間のエリアとその拡がりを指すというような生活の表象である空間的な概念として規定している。

次にその満たされるべき具体的な条件（地域の成立要件）を見ていこう。

★118　地理学は本来土地と人間生活のかかわりを対象とする自然科学と人文科学を繋ぐ学際的な性格を持つ。地理学における重要な概念が地域であるが、地域概念のうち、ドイツの地理学者H・カロル（1915-71年）などは、地表圏の一部として地域を捉え、これを「ランドシャフト」（Landschaft）とする。すなわちランドシャフトは地理学的な地域（具体的な事物に満たされた地表の部分）と景観・風景（視覚的な眺め）という土地と視覚の双方にまたがる概念である（風景とは何か→p.206　景観とは何か→p.213）

★119　同じ地域について、主に英米や日本の人文地理学者（例えば木内信蔵［1910-93年］など）は地表の一部であっても、それは何らかの意味的な一体性による繋がりを含む概念としてこれを想定し、こうした地域を「リージョン」（Region）としている。従って地域はランドシャフト、リージョンと大きく二つの地理学上の捉え方があることになる。本書で言う地域概念は主にこのリージョンを指している

★120　→p.006★1

★121　ルイス・ワースのアーバニズムへの眼差し→p.034

A ある程度の地理的、空間的なまとまりが認められる（字義的な地域の定義に対応）

B 周囲のエリアから区別される明瞭な差異性を有しており、単数または複数の象徴（自然系、あるいは人文系のヒト・モノ・コト）を共有する。それらが内部で構造化され、内部構造の上にさまざまな固有性の意識を形成しており、こうした差異としての固有性を共有する空間が、①の空間的まとまりに基本的には対応している（地理学のリージョンの概念に対応）。

C 人間の諸活動（生産、消費、政治、経済、文化、風俗など）における共通の認識基盤が見られ、単数または複数の生活様式や意識のパターンが共有され、それが外部からも認められており、内部的に構造化されている。すなわち、そこではコミュニティが意識されており、ゲマインシャフトとゲゼルシャフトの二面性★125が見られ、こうした空間が①および②の空間的まとまりに基本的には対応している（地理学の機能的な地域概念に対応）。

D 外観には後述★126のイメージアビリティの核となるような視覚構造上のインフラストラクチャー的な基盤の存在が認められ、基本的な形態エレメントを持ち、そのイメージが共有されている（形態概念としてのアイデンティティ＝同一性に対応する）。

こうした条件が概ね認められるエリアを「地域」として認識する。例えば空間の規模としては広大であっても、単なる田舎《でんしゃ》の連なりによる単一に近い限定的な共同体としての集落は、地域とは呼べないであろう。仮にそうした集落の人々が自らの生活圏域を漠然と地域として認識していても、そこに自覚された都市性や、構造化・差異化されたシステム（後述★127する地域システム）が見い出せなければ、それは単一のコミュニティ、あるいは単なる「領域」であり、そこにおいて地域性は希薄である。

すなわちここでは、農村であれ、漁村であれ、工業地帯であれ、ある程度の複合的なコミュニ

★122 →p.023★28

★123 →p.008★5

★124 都市の起源と変遷→p.070

★125 F・テンニース（→p.054★98）のいう本質意志と選択意志は、人間のコミュニティではいずれの段階でも常に立ち現れる概念であり、実際には人間集団の性格が持つ二面性として捉えられる（ゲマインシャフトとゲゼルシャフト→p.054）

★126 都市のイメージアビリティ→p.142

★127 地域というシステム（組織）→p.065

ティ、つまり複数の共同態の複合体である「組織」や「機関」が明示的に存在し、まとまった共同体を形成して、他のエリアから区別されていることが地域の要件となる。こうした意味から本書では、地域は明らかに自覚的な意味での都市（グローバルに対するローカル）として規定されていることになる。

社会システムとしての地域

こうして規定された地域は、いわば理念型として存在する場＝トポス、さまざまな域＝トピー★128の集合体としてイメージされるが、これを、前述★129の如く都市と同様に一種の社会的なシステム、すなわち「地域システム」として捉えるならば、地域と地域にかかわるいくつかの概念、例えば「地域空間」「地域社会」「地域特性」については、概ね以下のように規定できるだろう。

地域というシステム（組織）

「地域」をここでは、ある程度の地理的、空間的なまとまりを基盤とした（つまりあるまとまりを持った空間に出現する）一つの社会的な構造体として、また「統合システムとしての都市」の項★130で、すでに見てきたヒト系、モノ系、コト系の三つの系の統合システム（体系）のアウトプット（所産）として捉える。

すなわち「ヒト・モノ・コトの三つのシステムによって構造化され、他所と差異化される人間の集団的生活の具体的な場所とその周縁」と規定される「地域」では、都市と同様に人間（ヒト）系と空間（モノ）系のさまざまなコードや参照物★131を共有する特有の生活様式が成立している。そ

★128　H・ルフェーヴルのいう同一の傾向を持つ特定の空間的な範囲である域（トピー）のことであるが、その範囲は厳密に規定されているわけではない

★129★130　統合システムとしての都市——ヒト系・モノ系・コト系→p.028

★131　有意味の既知の事物の集合であるスキーマのこと。コーリン・ロウ（→p.155★91）などによるコンテクスチャリズムでは重要な概念（コンテクスチャリズムとは→p.154）

して、ヒト・モノの二つの系が出来事（コト）の体系の所産を背景としながら具体的な生きられた場所、すなわちトポスを形成し、コンテクスト★132としてのさまざまな有意味性がそれらを補完することで、独自の時間・記憶が刻まれる。それが差異を含む固有性（＝異質性）という形で立ち現れたアイデンティティ（同一性）によって内部に再構造化され、特定の場所と人々に承認され、共有されて、それが継承されている。

こうした地域の考え方は、理念型としての「共同体」と重なる。つまり、システムとしての地域とは、具体的な場所を介した「組織」（存続などの目的に向かう秩序だったシステム）に置き換えられる概念に他ならない。そこが都市であれば、当然ながらそれは「都市という組織★133」となる。

地域空間について

地域空間とは、地域システムが稼働し、人々の生活が生成、存在する場であり、広義には「人が生活する具体的な空間の相」（生活表現としての空間）であり、またそこに「生きられた空間の相」（生活の意味内容としての空間）を含むような一団の土地・エリアを指している。

逆に、生活の意味内容を含まない空間としては、例えばディズニーランドに代表されるテーマパークや博覧会のような空間などがある。こうした単なるシニフィアン★134の連鎖としてのシミュラークル★135な空間は、後述★136する「都市の砂漠性」のイメージとも重なっていく。

地域社会について

ヒト・モノ・コトの三つのシステムによって構造化され、他所と差異化される人間の集団的生活の具体的な場所とその周縁である地域において、地域社会とは、そこで生成され、存在する事

★132　コンテクスト（脈絡と参照）→p.152

★133　都市を、米国の心理学者クルト・レヴィン（1890-1947年）らによる集団・組織理論から組織として分析した「都市組織論」（1974年早稲田大学佐藤武夫賞受賞論文、筆者）より

★134　「シニフィアン」（記号表現）は言葉が直接指し示すもの（記号表現と記号内容→p.150）

★135　→p.028 ★45

★136　永遠の砂漠Los Angeles→p.134

物や価値観、アイデンティティなどを共有する人間の集団、すなわち地域で展開されるコミュニティそのものを指している。

そこではゲマインシャフト的な、そしてゲゼルシャフト的な特質を合わせ持つ共同社会が成立しており、また、そこに含まれる人々や場所を抽象的に指す場合にもこの概念が用いられる。この地域社会も、コードやスキーマによって規定され、参照され、共有される一つの構造体である。そして地域社会自体が、グローバルにおけるローカルとしての地域というシステムの一つのコード、スキーマとしても機能している。図6

地域特性について

第2章で詳述★137しているケヴィン・リンチ★138による「イメージアビリティ」は、形態（＝外観）におけるアイデンティティとストラクチャーおよび意味にかかわる概念であるが、地域性の特質の表象である地域特性もまた、具体の場所にかかわった構造の背景にあるさまざまな差異的、相補的なコンテクストの集合としての「アイデンティティ」、そして固有の場所性というコードである「構造」の概念を含んでいる。

さらにアイデンティティや構造が主体とかかわって、さまざまな意味性が付与されていくことから、地域特性とは、まさに具体の場所におけるイメージアビリティの表出／展開、つまり形態言語に加えて、K・リンチがその個別性ゆえに、イメージアビリティの規定化にあたっては留保した形態言語の背景となる「意味＝有意味性」を含む広義の（＝本来的な）イメージアビリティの表出に他ならない。このように、「地域特性」は、空間的特性とコミュニティとしての特性が具体の場所と意味を持って立ち現れた差異にかかわる概念であるといえよう。

図6　地域社会と空間

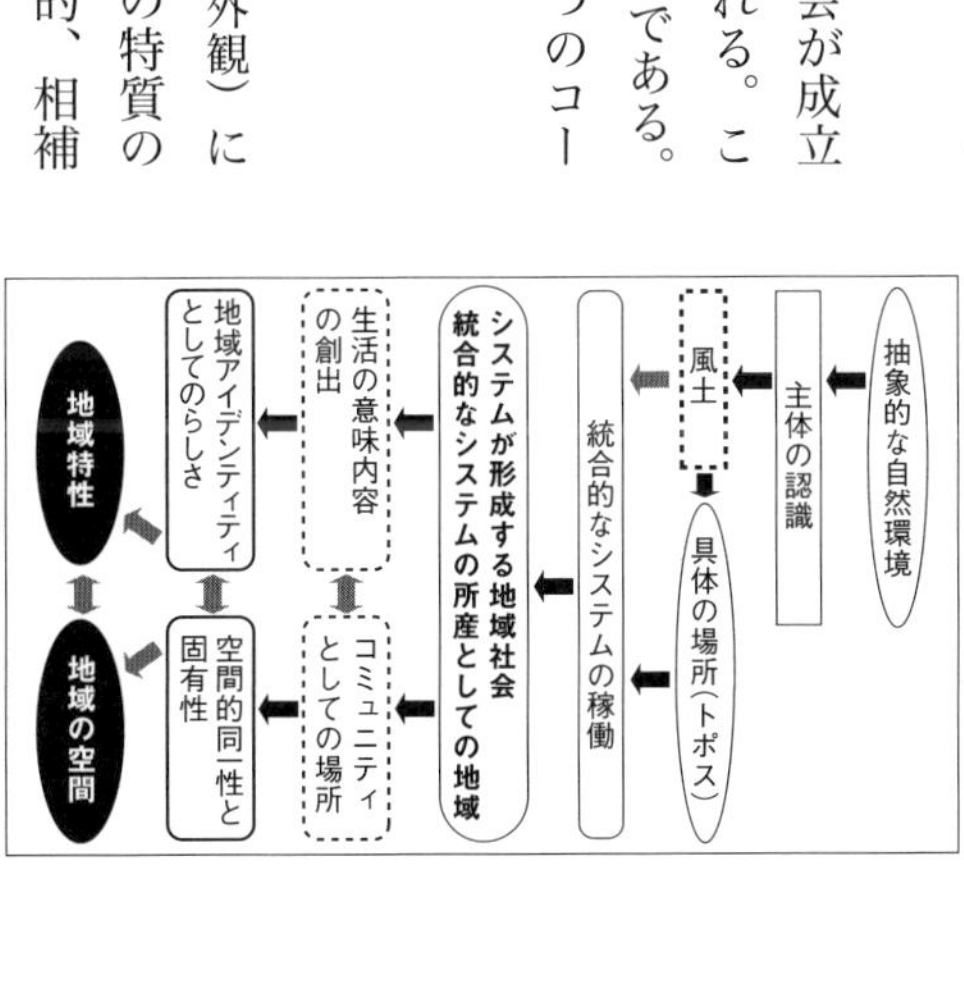

★137　都市のイメージアビリティ →p.142

★138　→p.139★74

モダニティ・ポストモダニティの都市と空間
――アンリ・ルフェーヴルとデヴィッド・ハーヴェイ

都市論の再編の契機としての空間への眼差し

すでに繰り返し見てきたように、[★139] 1970年代の後半を境にポスト工業社会論（脱工業化社会、ポストモダニティ、後期近代などと呼ぶ時代のさまざまな社会論）が隆盛を極め、この傾向は1980年代〜90年代以降に引き継がれる。こうした状況の中で、今はすでに古典と見なされているが、認識論となりえない都市計画を批判し、分断された都市の全体性の回復から住まう空間の復権を唱えたアンリ・ルフェーヴル[★140]の考え方、眼差しは、70年代以降のポストモダニティに向かうさまざまな都市のディスクールに大きな影響を与えた。そして1980年代以降はデヴィッド・ハーヴェイ[★141]がポストモダニティの都市論（空間の都市論）を牽引し始める。

吉原直樹[★142]によれば、このあたりは概ね次のように説明されるという。[★143]

永遠なものを語るモダニズムが、空間を固定し、死んだもの、不動のものとすることを強要した。つまりモダニズムの永遠性の概念（永遠性や不変性への希求）と結びついた硬直した空間概念

★139　ポストモダニティとコミュニティ→p.057など

★140　→p.008★5

★141　→p.009★10

★142　よしはら　なおき（1948年-）＝社会学者、都市社会学者、大妻女子大学教授

★143　『都市空間の社会理論』（東京大学出版会、1994年）より

にこだわったことでモダニズム自体、あるいはモダニズムを語る社会理論は適切さを欠くことになった。都市社会学においても一貫して空間をそこにあるもの、外的な環境と見なしてきた。ミクロの生態学も、ルイス・ワース★144のアーバニズム理論★145にも空間はなかった。そこにあるのは容器としての理念型の都市空間だけであった。マクロの都市社会学も同様である。

こうした状況においてD・ハーヴェイが新たな地平を切り開いた。D・ハーヴェイは一時的なものと永遠なものの繋がりを理解することが近代の理解に向かうとする。資本蓄積によって時間と空間が圧縮され、空間的障壁が克服され、場所の差異化が生じる。ここでフロー空間（グローバル）と場所性に根差す運動の対抗が起こる、というものである。

D・ハーヴェイは「空間と時間の構築における人間の諸実践」に着目すべきであるとする。すなわち、社会的行為と関係するものは時間だけではない。空間にかかわる諸実践もまったく同様で、これについては、さらに詳しく見ていくが、やや簡略化していえば、資本は時間—空間の圧縮（実際には、ヒト・モノ・コトへの接触時間の短縮化、事物の通過時間の征服などの状況）を背景に、自らのグローバリゼーション★146によって、無いものとみなしていた空間的な差異による障壁の克服を遂げようとしたが、その結果、新たに無いはずであった場所的な差異による資本蓄積の偏在などの事態に悩まされるようになったという。

つまり時間による空間の廃絶→空間の空白化により、今度ははく奪された異域としてのローカリティの意味が再構成され、場所性、住まうこと、生きられた空間と抽象空間が対比され、機能主義、構造主義への逆襲★147、すなわち人間存在の意味をすくい上げることに人々の眼差しが向けられようになった、としている。

D・ハーヴェイはポストモダニティの社会においては、まさに社会構造における空間的契機の

★144 →p.006 ★1

★145 ルイス・ワースのアーバニズムへの眼差し→p.034

★146 →p.020 ★17

★147 吉原直樹『都市空間の社会理論』（東京大学出版会、1994年）によるが、「構造主義への逆襲」について、ここでは身体論などと同様な射程で、構造主義がもたらした（世界は言語で編まれているなどの）新たなニヒリズムへの、空間と実存のかかわりなどの立ち位置からする反駁などを指している

解明が重要であるとして、空間による都市論の再編の必要性を説いている。

ここではまずH・ルフェーヴルの「都市革命」について、次にD・ハーヴェイらを中心にモダニティとポストモダニティの概念、あるいはそこにおける都市や都市空間のディスクールなどを見ていこう。

アンリ・ルフェーヴルの「都市革命」の眼差し

1970年代後半からのさまざまな都市のディスクールに多大な影響を与え、本書でもしばしば引用されているH・ルフェーヴルの考える都市やその成り立ち、あるいは都市社会などを捉えた都市論は、その独特の表現なども含めて、今まで見てきた他の都市論に比べるとやや異質な存在であるが、ここではその著作である『都市革命』およびその解説[★148]などを参照しながら、H・ルフェーヴルの都市への眼差しについて見ていきたい。

都市の起源と変遷

H・ルフェーヴルは、最初の人間集団が土地を削り、開拓し、そうして文明化された田舎や村落がゆっくりと都市現実を分泌していった、という極めてヨーロッパ的な都市化の図式に対し異議を唱える。歴史を見れば保護者、開拓者、抑圧＝支配者、征服者などによって占有されている都市中枢、あるいは布教師、戦士、王侯貴族、軍隊の指揮官などの権力者が住む政治都市からの圧力がなければ、農村自体が成立していないのは明らかであるという。すなわち今まで見てきた「農村から都市へ」という一般的なベクトルが、まず疑問視されているのである。

★148　『都市革命（原題 La Révolution Urbaine, 1970）』（今井成美訳、晶文社、1974年）には、訳者らによる詳細な解説や用語説明が付記されており、本書でもこれを参照しているこうした政治都市は、組織化された社会生活、農耕や村落などの農空間の成立とともに、あるいはその直後に誕生している。つまり前述のようにゆっくりと都市現実を分泌していったような事実はないと指摘する。実際には農行為→都市中枢→支配→農村的集落の誕生→政治的都市との対立→支配という都市誕生の図式、すなわちむしろ都市が初めにあったという図式が成立するという。そして農村はこのような都市（の抑圧＝支配）によって誕生させられたのである。やがて商業が起こり、今度はその管理を目的とした商業都市が起こる。

H・ルフェーヴルによれば、初めに支配や権力の装置である都市中枢があり、都市は、政治空間→商業空間→工業空間とその姿を変えてきたという。都市によって誕生させられた農村はやがて、工業に従属して農業都市となる。これが本来の都市の起源と変遷であるという。[図7]

また、歴史的にはローマ帝国の崩壊の後、都市国家の理性が再編され、都市のエクリチュール★149が誕生した。それはいわば超越的理性（16—17世紀のルネサンスなど）であり、都市という概念はこの時期に、例えば地図として現れたという。政治都市、それに接ぎ穂された商業（自由）都市、そして都市化に向かう農村の揺れ動きが見られるが、やがて産業革命の爆発によって工業都市が起

図7 アンリ・ルフェーヴルのいう都市の変遷と空間の獲得図式

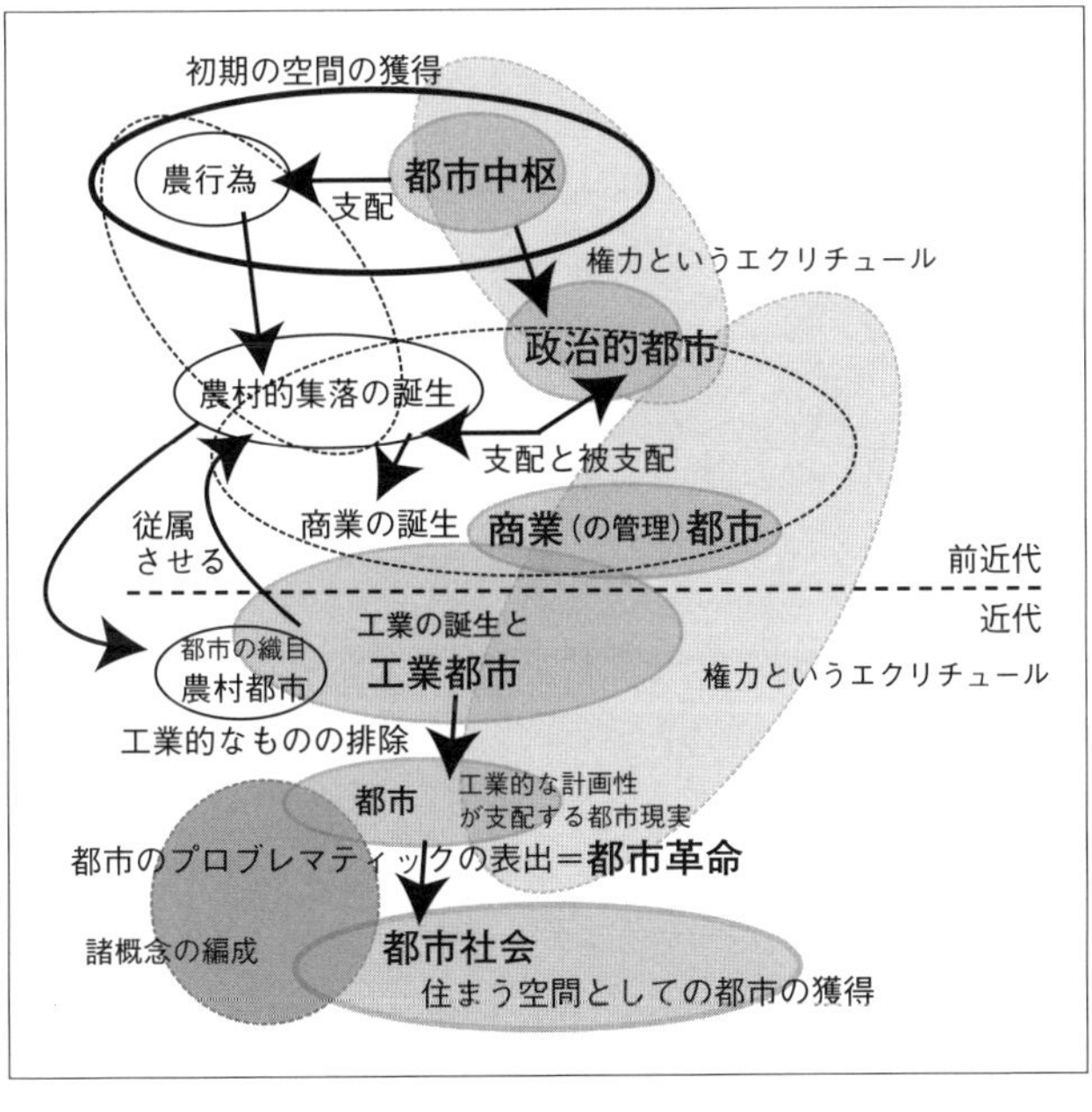

★149 話し言葉（パロール）にはない（あるいはそれに対する差異的な）特質が書き言葉、あるいは書かれたものにはある。これを文体と言ったり、書き方の語法、スタイルと言ったり、あるいはそれ自体が死や快楽を内包すると言ったりするが、「エクリチュール」とは、こうした書くという行為の前後、周囲から生まれるさまざまな特徴的なもの全体を指す。本書では書かれたモノや文体の包含する内容を除く意味性を総称している

こる。それは人口集中などの内破[★150]、都市化の進行などの外破[★151]的状況によってむしろ危険区域となったのである。

　工業は、エネルギーや材料、労働力の近くであればどこでも根を下すので、この工業化は必然的に非都市、反都市と結び付く。つまり工業都市といいながら、実際には工業は都市性を滅ぼし、単に都市的なるものの記号を集めて、それがコードとなっているに過ぎないと分析する。

　結局のところ、先史時代から人々が手にした空間には農村空間、工業空間、都市空間があるが、工業空間は都市とイコールではない。生産と市場が効率的に結び付くために、工業的合理性が単に都市現象に組み込まれているだけであるとH・ルフェーヴルは言う。

　そして農村は、村ではなく農業都市になった、つまり農業生産は工業生産の一部門に変化した（工業生産の要請に従属しその拘束に屈した）とされる。そこにあるのは、都市の織目[★152]という生物学的繁殖をイメージさせる存在が優位性を発揮して、農村生活の残滓を腐食させる姿である。こうした分析は興味深いことに、すでに1920年代に書かれていた柳田國男[★153]の日本の都市性の分析と類似している。柳田は都市と「都《みやこ》」は違うとこれを峻別して、本来の都市は「都」のみで、それ以外の都市は農村を補完する存在、つまりH・ルフェーヴルのいう「都市の織目」として機能することを農村本位主義の立場ではあるが分析している[★154]。

　さらにH・ルフェーヴルは、さまざまな都市論のうち、有機体説、都鄙連続体説、進化論が下敷きとなっているものはみな混乱のもとであると言う。本来、比べようのない都市社会同士が比べられていることがその理由であるとしている（都市生態学やアーバニズム、シカゴ学派[★155]などへの批判的見解である）。

★150　「内破」とは本来、音声における破裂音のうちの閉鎖音などを指す。H・ルフェーヴル『都市革命』の訳註によれば「人やものの都市への（社会的・経済的・政治的な）集中・集積」にかかわる概念とされている

★151　「外破」は、内破と同様に音声における破裂音のうちの、閉鎖が開放される瞬間に空気の破裂が生じる破裂音などを指す。H・ルフェーヴル『都市革命』の訳註によれば「都市の都市化、都市化の急速な全国への拡張」と近い意味をもつものとされている

★152　都市の織目とは、中途半端に都市をイメージさせる都市イメージが最小限化されたような部分を指してH・ルフェーヴルがいう概念（都市の織目としてのアーバニズム→p.240）

★153　→p.021★20

★154　都市と農村→p.031

★155　都市生態学と都市社会学→p.040

都市的なるもの——いくつかの概念規定

H・ルフェーヴルは、社会の完全な都市化の結果として生ずる社会を《都市社会》と言っている。★156 それは古い社会（＝本書でいう第一の都市時代★157まで）の終焉のみによって理解されるような、工業化によって誕生する都市を契機としているが、むしろ「ポスト工業化の社会」★158のことを指しているのである。

《都市社会》は明日になれば現実となるもの＝可能的なものを含んでおり、すなわち仮説と定義を同時に含む概念とされる。こうした都市社会の分析には諸概念の編成が必要であり、それはある一つの具体的なものへ向かう。それをH・ルフェーヴルは《都市実践》と言う。

《都市的なるもの》の問題性や問題の総体、問題提起とそれらを解決に向けて設定する態度によって、成長と工業化の諸要請、すなわちモデル化や計画化、プログラム化が支配する時代から都市のプロブレマティックが決定的に勝利をおさめること、都市社会に固有の問題解決や様式の探求が第一面に登場する時代へと移行するために、《都市革命》という言葉を使って、現代を貫いている諸変化の総体を指し示すことができると言う。

それは過激な行動によって到達するものと理性的な行動によって生み出せるものの両者を含むとされ、例えば現代の都市計画は認識論に属しておらず、こうした《都市革命》の役には立ち得ないことが大きな問題であると徹底的にこれを批判する。つまり、H・ルフェーヴルのいう《都市的なるもの》は、本来「人間存在が時間や空間の中で自分の諸条件を再獲得（内化）することを目標としている」が、都市計画による機能としての居住地が、結局は「住むことを脇に追いやってしまった」ことを批判したのである。こうした批判は、いわば住むことの全体性への回復を《都市的なるもの》に立ち返ることで為すことが意図されており、この《都市的なるもの》は国家に

★156 『都市革命』の主な用語

H・ルフェーヴルの『都市革命』などの書には特徴的な表現があるので、本文中でも取り上げたが、ここで再度整理しておこう

都市的なるもの……現実の都市のシニフィエ（記号表現と記号内容→p.150）にして、理論的な仮説などの可能的なものを含む理念型でもある

都市……東京、パリといった現実の対象としての都市

都市社会……プロブレマティックな〈都市〉の社会、すなわち工業化の後に来る都市の（明日になれば実現する可能性を持つ）理念型をいう。純粋に人が住まう存在形式としての都市の社会のイメージ

都市形式……都市的なるものの現れ、表れを指す。形式は存在しているものの表に現れている形や外形のこと。形式は実質や内容の成立や表現の仕方、構造、それらの関係などをいう抽象的な概念である

都市現実……リアルな都市社会を指す（都市の様相に近い）

都市現象……可能的にかかわる都市社会の現象（アーバニズムの概念に近い）

都市革命……都市空間を使用価値による住むための空間として、住まうことの全体性を回復するために、都市形式によって規定される本来の都市的なる

も私にも還元されないとしている。しかしながら、いわゆる「都市計画」に対するH・ルフェーヴルの批判については一面的な分析もあるので、後述★159する如く基本的には実践の範疇である都市計画の作業の限界と可能性の観点などからさらに論及しておく必要があると思われる。

《都市的なるもの》は純粋な形式である、とH・ルフェーヴルは言う。つまりそれは出会いの点、寄せ集めの場所、同時性であり、いかなる特殊な内容も持たないが、すべてはそこに到来し、そこで生きる。それが《都市形式》であるという。それは二つの傾向をもっており、一つは中枢性に向かう傾向、他の一つは多中枢へ、あるいは総―中枢へ向かう傾向である。そしてこの都市形式は秩序ではないとしている。

住まうための都市――都市の全体性の回復

都市空間の中では常に何かが起こっている。「空白」あるいは「ある場所」は常に何かを引き起こす。それは方向と目的を持つものであるが、何であれ、何かがどこでも構わずに生起しうる。

> ここかしこで群衆が集結し、もの《オブジェ》が山積みされ、祭りがくりひろげられ、恐しくも快い出来事が突発する。そこから、都市空間の魅惑的な性格、つまりつねに可能的な中枢性というものが生まれるのである。
>
> (アンリ・ルフェーヴル『都市革命』今井成美訳、晶文社、1974年)

また、L・ワースのいうアーバニズムに近い概念である《都市現象》は、通常の機能、構造、形式によっては十分定義できないとされる。そして、H・ルフェーヴルは都市現象の本質は都市

ものを獲得して都市社会に向かうという試みを指す。必ずしもその具体的な道筋が示されているわけではない

盲域……農業的なるもの、工業的なるもの、都市的なるものの間にある不可視な領域のこと

★157 第一の都市の時代→p.017

★158 工業化の契機は、工業を支える技術の進歩や生産主義の効率化などによって乗り越えられ、やがてポスト工業化へ、少子化や高齢化などの人口構成の変動を含んだ工業化の社会とは異質な社会に移行した。こうした社会では、モノの生産は意味や象徴の生産に置き換えられて語られる。都市形態としてはやがて生産主義(工業化の原理)の支配をのがれた第三の都市の時代となるが、まだその姿は見えているわけではない

★159 アメニティと都市計画→p.172

の中枢性の中にあるとしている。都市の中のどの点も中枢になれる。それは空間からの解放を意味している。従って空間だけが囚われていることに矛盾の原因がある。この空間は、主体としての国家から不動産にいたるまで、完全に段階化、階層化された固定的な構造、すなわち何らかの占有、所有に、可視的、不可視的に囚われている。しかし、このように規定された単位の恣意性の上に可能的な中枢性が生まれているのである。

この矛盾を解消するためには、例えば空間の完全な動産化が想定されるという。束の間のものが空間を占領し、すべての場所が諸機能の絶えざる繰り返しによって、多機能、多価、超機能的になること、豊かな表現力を持っているのに、間もなく破壊される建物や行為のために諸集団が自ら空間を獲得することがイメージされている。

問題は全体性、つまり都市という全体性＝住まうことの回復である。ここにH・ルフェーヴルの構想の根源的なイメージが透けて見えてくる。すなわち、都市は都市形式によって規定される本来の都市的なるものを獲得して《都市社会＝純粋に人間が住まう存在形式としての都市のようなもの》へ向かうべきであるとする考え方であり、それはいわば純粋な「都市による世界」のようなイメージであろう。

こうした都市社会の実現について、H・ルフェーヴルは使用価値、空間の社会化をないがしろにした資本主義的転換による抽象空間の事実（貨幣による空間の交換価値化）に代わる実体空間（使用される空間）が、既定事実としての空間の社会化を促すことなどによって可能となる見方をする、と吉原直樹は指摘する。[★160]

つまり、H・ルフェーヴルは、こうした可能的な中枢性の発生と囚われた（所有された）空間の恣意性との矛盾の実態から、都市の空間においては、交換価値としての空間から使用価値とし

★160 吉原直樹『都市空間の社会理論』（東京大学出版会、1994年）より

ての空間へという価値の転換こそが必要であるとしている。すなわち最もシンプルに言ってしまえば、都市の空間は容積による売買によってではなく、人々が住まう都市として使ってこそ価値（意味）があり、都市社会は少しでもそうした方向へ向かうべきという考え方であろう。

　しかしながらその具体的な方法や道筋などについて、Ｈ・ルフェーヴルはこの『都市革命』では多くを論及していない。

モダニティと空間概念

　都市における近代性、近代主義、あるいは近代化など、特にその空間の生成や存在とかかわったモダニティと空間概念に関する考察については、こうしたテーマを広く議論する契機の一つともなったＤ・ハーヴェイの『ポストモダニティの条件』（吉原直樹監訳、青木書店、１９９９年）の論考を中心にその内容を見ていきたい。

モダニティの経験

　モダニティは、本来は近代性、現代性などの意味であるが、多義的な内容を多く含む概念でもあることから、そのまま「モダニティ」と表記されることも多い。ここでいうモダニティは、18世紀頃に意識されたといわれる近代性、すなわち空間や時間などの現在的な経験、環境の集合である。多くの歴史的な時代においてもそれぞれの近代があり、それらが概ね同様であったように、一般的な意味でのモダニティの特質は、移ろいやすく、偶発的で気まぐれな因果性に負っており、それは流転と変化、はかなさと断片化などによって位置付けられるとされている。例えばＣ・ボードレール[★161]は、「現代性とは、一時的なもの、うつろい易いもの、偶発的なもので、これが芸術の半分をなし、他の半分が、永遠のもの、不易なものである」[★162]と言う。

一方で、ここでいうモダニティを体現するモダニズム（近・現代的なイズム＝考え方）には、時間的、空間的な社会変動の動乱の中に永遠で不変なものが潜む、つまり束の間のものと永遠なもの、創造的破壊（代謝）と破壊的創造（断続）が併存しているといわれている。

「モダニズムは、時間とそのまったくはかない性質とを凍結することによってのみ、永遠なものについて語ることができたのである」（『ポストモダニティの条件』前掲）とD・ハーヴェイは説明するが、モダニズムはその両義性の一方の存在としての永遠性や不変性への希求を自らの背後に隠れた意味として潜ませてきた。従ってモダニズムの捉えた空間においても、こうした両義性の前にそれ（空間自体）は単なる永遠性（不動性）の現前として、容器として、外的な環境として見なされることになり、結局さまざまな社会理論における抽象空間を前提とする議論、すなわち実体空間の死という事態を招くことになったといわれている。

歴史的に見ると、第一次世界大戦以前に現れたモダニズムは、モダニズム自体が時代の先駆者であったというわけではなく、当時あらゆる分野で起きていた生産、流通、消費の新たな、しかも名前の付かないさまざまな状況への、むしろ後追い的な反応によっていた部分も多いという。それは産業革命以降、名付けられることもなく、しかし間違いなく進行していた第二の都市の時代[★163]への過渡期において、都市と結び付いた改革、革新、革命的なるものの所産であり、モダニズムは当初、その後追いで巧妙に命名の栄光を手に入れたのに過ぎないのではないか、と指摘されることがある。

一例として、ル・コルビュジエ[★164]らによる国際様式[★165]的なモダニズムの建築は、実際にはただ単に

★161　シャルル・ピエール・ボードレール（1821-67年）＝フランスの詩人・批評家。詩集『悪の華』（1857年）などが知られる

★162　「近代生活の画家」（1863年）より、D・ハーヴェイの引用（『ポストモダニティの条件』吉原直樹監訳、青木書店、1999年）

★163　第二の都市の時代→p.018

★164　→p.125 ★36

★165　「国際様式」は一般にはインターナショナル・スタイルとして知られ、1920年代以降のモダニティの初期の時代における近代建築の世界共通の様式に向かう一連の作風や理念などを総称していう。モダニズムを代表するドイツの建築家ヴァルター・グロピウス（1883-1969年）が命名者といわれるが、米国の建築家フィリップ・ジョンソン（1906-2005年）と建築史家H・R・ヒッチコック（1903-87年）の著書『インターナショナル・スタイル』（1932年）によってこの名称が広まった

多くの無自覚なインダストリアル・ファシリティ（機能的要請に忠実につくられた産業施設群）などにインスピレーションを得た結果、あるいはその所産に過ぎないのではないか、などと分析されることがある。しかしながら、仮にこうした（参照の）事実があったとしても、多くの無自覚の参照物からあるイズム（有意味性）を見い出す作業は創造的なものであり、当然ながら参照物の存在を前提としても、基本的には何らその価値が貶められることはないと思われる。

モダニズムの美学的判断

D・ハーヴェイは、こうしたモダニズムの歴史に潜む問題として、例えば啓蒙という目的の実現における合理的、道具主義的な戦略から、意識的に美学的な戦略に転ずるというJ・J・ルソー[★166]の態度、あるいは実践理性（道徳的判断）と純粋理性（科学知識）の橋渡しとして美学的判断（表現など）があるというI・カント[★167]の考え方などを取り上げている。

そしてこの判断は、実際には政治的左派、政治的右派のいずれにも容易に結び付くことになるというのである。それが政治の美学化であれば、例えばM・ハイデガー[★168]がナチスと結び付いたように、すなわちこの場合、美学的判断の橋渡しは、地政学的な場所に結び付いた感覚とナショナリズム、古典主義を結び付けたのである、としている。

モダニズムにおけるこの指摘は重要である。例えば「形態は機能に従う」[★169]、あるいは「より少ないものはより豊かなものである」[★170]といった言説は、明らかにその背後に美的なものに転じられたモダニズムの合理性を正当化する神話の喧伝（プロパガンダ）を準備している。こうした考え方は、人々に身近な衣服や食器から、建築や都市、そして非人道的な収容施設や殺戮兵器にいたるまで、徹底して敷衍《ふえん》され、モダニティの記号、そのシニフィアン[★171]ともなって今日まで連綿と続

★166　ジャン＝ジャック・ルソー（1712-78年）＝スイス生まれ、フランスの啓蒙思想家、哲学者。フランス革命などにも大きな影響を与える。主な著作に『社会契約論』（1762年）など

★167　イマヌエル・カント（1724-1804年）＝ドイツ観念哲学の祖といわれ、「人格」の倫理などでも知られる。人間の理性的な面（純粋な理性的な義務意識）を強調している印象があるので、厳格主義（リゴリズム）として批判も受けた

★168　マルティン・ハイデガー（1889-1976年）＝ドイツの哲学者、現象学で知られる。1930年代にナチスへ協力したとされるが、『存在と時間』（1927年）で実存主義や構造主義に大きな影響を与えた。ものが意味をなすのは特定のコンテクストのなかで、使用できることによる、とする。理論に対する行為の優位性をうたう

★169　「形態は機能に従う」は、米国の建築家ルイス・サリヴァン（→p.252★9）によるもので、モダニズムの精神をよく表す言葉として、建築のみならず多くの分野に影響を与えた

いており、それは途切れることがない。★172

モダニズムの建築や都市は、まさに啓蒙的な合理性において、つまり人類社会に向けたヒューマニズムなどをその表現の背後にあるべき象徴（何のために表現するのか）の座に据えることで出発しながら、やがてそれを美学化した途端に、今度は消失したヒューマニズムに代わって、いとも簡単に、空位となった煌《かがや》く象徴の座にあらゆる権力機構や資本などを据えたのである。例えば1970年代を中心とする米国の建築家ケヴィン・ローチ★173の作品群は、人間的（啓蒙的）なものに代わって建築表現の新たな象徴の座（表現の背後）に就いたのは、グローバルな資本（象徴資本）であることを高らかに謳って、ある種の安堵感とともに、建築の表現としても世界中の人々に熱狂的に歓迎され、支持されていた。

D・ハーヴェイは、こうした状況について、モダニズムは美学原理を含めて、何らかの反動的で「伝統主義的」なイデオロギーを緩和する革命的な方法としての魅力を喪失し、制度化された芸術や高級文化は支配的なエリートの独占領域となり、結局「法人権力とか文化帝国主義」を伝えるものとなった、という表現で分析している。しかしながら建築家の側にはD・ハーヴェイの指摘するような意味合いでの明瞭な意識は乏しかったと思われる。当の建築家は常に表現の背後としての象徴性を探求しており、それはどのような状況であっても欠かすことはできないものだからである。なぜなら、資本の多寡や強弱こそは、まさにモダニティ以降の都市が獲得した表現の最も直接的なモメント、契機であり、それこそは人々との間で交わされた表現の背後にある競争社会における「勝者の証し」「成功の誉れ」という最大の了解事項だったからである。

建築や都市における表現の背後にあるべき象徴の空位の座に就いたのは、もちろんD・ハーヴェイの言うあらゆる権力機構や資本だけではない。モダニズムの背後にある合理的精神の極致と

★170 「Less is more」は、米国の近代建築を代表する建築家の一人、ミース・ファン・デル・ローエ（→p.253 ★10）による。「より少ないものはより多い（つまり豊かなもの）」という意味。これもモダニズムの極意として知られる

★171 記号表現と記号内容→p.150

★172 例えば今日でも欲望が欠如すると、あるいは同時に飽食時でさえ人々は常に「シンプル・イズ・ベスト」という文句を思い出す。この「単純さ・飾りのなさ、機能・必要以外の排除こそ最上である」という概念は、実際には人々の意識に刷り込まれたモダニズム最大のプロパガンダでもある

★173 ケヴィン・ローチ（1922年-）＝米国の建築家。写真はナイツ・オブ・コロンバス本社（設計＝ケヴィン・ローチ＆ジョン・ディンケルー、米国コネティカット州、1969年）

しての技術、本来それが捧げるべき相手、すなわち啓蒙的なヒューマニズムが散逸した後に、そこには純粋な機械美[★174]の希求としての技術表現の美学だけが遺された。技術はその背後を失った単なるシニフィアンとして、象徴のイコン（聖像）として漂流しはじめたのである。

こうしてモダニティにおける都市の空間表現は、いつの間にか権力的な装置や合理性（＝表現された技術）[★175]などの記号空間に席巻され、モダニズムの都市はそうした記号の表現によるイゾトピー[★176]と化していったのである。

筆者はかつて、モダニズムの建築や都市が近代以前の古典様式からの自立（オーダーの呪縛からの解放）を目指して、当初その表現の背後に据えた象徴（ヒューマニズム）に陰りが見え始めた時代（啓蒙主義の後退による象徴の座の空位）を経て、やがて１９７０年代後半以降、ついに建築や都市の表現は、象徴の末期の時代をむかえたという事態を捉えて、結局モダニズムによる「建築の解体[★177]」作業の果てに残されたのは、宮川淳[★178]のいう無間地獄としての表面、そしてそこに立ち現われた表層的なものであり、これがモダニズム以降の建築表現の最期の地平（モダニズムの末期）であるという論考を展開したことがある。[★179]

モダニズム以降の重厚長大なるものへの対峙としての軽薄短小の時代、閉塞的な社会の下にあっても、具体の場所という究極の自己矛盾[★180]を抱えた建築や都市は、実践理性と純粋理性の橋渡しとしての美学的判断（表現の表出に向かう態度）において、表現の背後にあるべき象徴の座を占めるのにふさわしい存在を求めて、実は未だ変わらずに日々その探索を続けている。「環境」というイコンへの従順といった表現態度[★181]もまさにその一つである。それが、例えば政治の美学化などに結び付く、いかに危険な行為であろうとも、表現者は常に後述[★182]のごとく「普遍的な純粋空間と、それを見る超越的な眼差しへの希求」を放棄することはないからである。

★174　「機械美」とは、機械や機械的なメカニズム、その形態などを美の対象とすること。機械のフェティシズム。20世紀以降、例えばロシア・アヴァンギャルド（→p.125 図16）によって描かれ、夢想されたさまざまなモダニズムの生産をたたえる美、鉄骨やプロダクツの美、それらは人間にひたすら奉仕し、永久運動をイメージさせるメカニズムなどによってモダニズムの精神性を担う存在として美化された

★175　「表現された技術」とは、技術自体が表現の背後、つまり高度な技術を駆使すること自体が表現の意味そのものとなることを指す。構造表現主義や技術表現主義など、構造や技術には最高限度の理性の美的現前の香りが漂う。これは実際にはモダニズム以前の社会でもまったく同様で手工芸・技術であれ、機械工芸・技術であれ、人はいつの時代でも優れた技をそのまま表現の背後（意味内容）としている

★176　都市のイゾトピー（同域）とヘテロトピー（異域）→p.236

モダニズムの困難

一八四八年以降、モダニズムは非常に都市的な現象となり、それは爆発的な都市成長（中略）、農村から都市への大移動、産業化、機械化、建造環境の大規模な再整理、政治に基づく都市運動の経験とたえず複雑な関連をもっていたように思われる。

（デヴィッド・ハーヴェイ『ポストモダニティの条件』吉原直樹監訳、青木書店、１９９９年）

第二次世界大戦以降、モダニズムは都市の概念と切り離すことができなくなってきた。モダニズムによって紡ぎだされた都市は、やがて自身が（都市の）モダニズムを紡ぎだす存在へと変容していく。モダニティは都市と同義になり、モダニズムは都市主義そのものとなったのである。★183

もちろん、モダニズムは、しばしばそう考えられていたような、たった一つの正しい表現様式が存在するという自明性を持っているわけではないと、D・ハーヴェイは分析している。実際には、異質なもの、対立するものが組み合わされて、さまざまな時間─空間においてまったく異なるモダニズム的感覚と感性とが醸し出され、さらにその複雑で歴史的な構成要素の配置のために、モダニズムとは何であったのかということを正確に把握すること自体が二重に困難になっていると言う。

一方でモダニズムは、複雑だが統一されていて、世界の基礎をなしている現実の真の性格だと見なしているものを明らかにするための認識論として、自らの啓蒙主義の後退から、多様な遠近法と相対主義を取り入れたと言う。

１９６０年代の反モダニズム運動の高まりは、１９６８年に世界各地で同時的発生を見た学生

★177 建築家・磯崎新（→p.125★42）の著書『建築の解体』（初版、美術出版社、1975年）に示されたCIAM（近代建築国際会議、1928-59年にかけて11回開催）以降の建築概念のさまざまな分裂状況を指して言う表現。建築分野における「ポストモダン」のまさに先駆けとなった表現として知られる

★178 みやかわ あつし（1933-77年）＝美術評論家。「引用」や「表面」など、芸術・美術の表現概念の分析視角にそのエクリチュールは大きな影響を与えた

★179 「表面をめぐるディスクール」『建築文化』1985年4月号、彰国社

★180 「究極の自己矛盾」の意味は、建築が実在として具体の場所に存在することから、建築という概念や状況は解体されていくが、解体し尽くせないのは具体の場所に構築されているが故である。つまり、いくら解体してもし尽くせない宿命が場所に囚われた建築には矛盾として残されるということ

運動などの世界的動乱によって頂点を迎えた後、結局は失敗に終わってしまうのであるが、[184]その後、チャールズ・ジェンクス[185]が「近代建築最期の日」とした「1972年7月15日[186]」に象徴されるようなポストモダニズム運動隆盛の前触れとなったともいわれている。

モダニティとポストモダニティ

何故であろうか。道端にうち棄てられた紙コップに降り注ぐ終わりなき雨のごとくに、その歪んだ縁をつたい溢れ出る言葉の洪水、巷間の疲弊し切った日々の無数の会話、そのあてどない流れの中に沈澱していくある種の分別や習慣として自らの時代や世代が語られるようになったその時に、われらが参加し関わり構築しえたと信じていた狂気、あるいは内なるコスモロジーとしての世界は跡かたもなく消滅するに違いない、例えそれが栄光《グローリアス》の60年代の陶酔の中で数多《あまた》のカウンターカルチャー《対抗文化》や感性無限の解放の輝きとともにあったとしても、そうした幻影とともにこの現実の世界すらが同時に潰《つい》え去るものだという漠然とした予感が確実にわれわれの胸のうちに在ったのは、そんなに遠い以前のことではない。

（筆者「表面をめぐるディスクール」『建築文化』1985年4月号、彰国社）

20世紀後半、特に1970年代から顕著になったといわれる後期近代的な様相、あるいはポストモダニティの位置付けやポストモダンムーヴメントの総括については、一時期あらゆる分野で喧噪のごとく論じられていた。しかしそれ自体が大括りとしての後期近代の一様相であることが徐々に明瞭になってくると、いまさらポストモダンの時代とわざわざ断ることもないという意識

★181　ポストモダニズム以降の現在の建築表現では、かつてのポストモダン時代とはまったく別の意味で「軽い建築」へ向かう一つの傾向がある。すなわち文字通り重力のくびきやモノの重量を感じさせないフィジカルな意味の軽さの表現である。柱や外壁の存在を希薄にして、浮遊するような透明な空間が環境に置かれる。もはや建築はかたち（形態）の時代でも、モノとしての存在の時代でもない。先鋭的な建築はただ周囲と気持ちの良い関係を切り結ぶだけの存在として捉えられている

★182　最後のパトロン建築家の死と理想都市——ベルリン→p.115

★183　養老孟司『「都市主義」の限界』（中央公論新社、2002年）などという本もあったが、都市的生活様式の優位性を基盤とする都市主義は、今の時代においても常に批判の対象である。D・ハーヴェイは、モダニズムは基本的に都市において結実した都市と一体の思想であると規定している。しかしながら、その後のポストモダン論議では都市主義自体の否定は第一義的にはなされなかった

などから、現在のポストモダニティの周辺はいたって静かである。

D・ハーヴェイは、イーハブ・ハッサン★187のモダニズムとポストモダニズムの相違についてのチャート図8などを説明しながら、実際にはポストモダニズム的思考においても、結局モダニズムが自明としていた断片的なもの、一時的なもの、非連続なもの、カオス的な変化という状況を捉える思考は、相変わらず継続していると指摘する。ポストモダニティの様相の多くの部分は、すでにモダニティにおいてその特質として語られていたのである。

後期近代としてのポストモダニティ

後期近代とは、他の場所にある社会である。つまり、文化と空間が分離している社会であり、不安と希望と野心の準拠点が地球規模に広がっている社会であり、またそこは日々の都市的現実における文化と経験からなる、ただでさえ複合的なモザイクを仮想現実が媒介している社会である。それはまさしく多元的なサイバー領域でありかつ多元的な都市である。

(ジョック・ヤング『後期近代の眩暈』木下ちがや・中村好孝・丸山真央訳、青土社、2008年)

★184　1968年5月21日のフランス・パリのゼネスト（5月革命）は、学生運動をきっかけとして始まった。当時のド・ゴール大統領によって鎮圧されるが、政府の政策転換など一定の成果を引き出した。またこうしたスチューデント・パワーは世界に波及し、日本でもこの時期に学生運動は社会的な事件となった。しかし、結局世界的にみれば学生自身の急進性自体は社会に受け入れられなかった

★185　チャールズ・ジェンクス（1939年-）＝米国の建築批評家・ランドスケープデザイナー。主な著作に『ポスト・モダニズムの建築言語』（1977年）など

★186　チャールズ・ジェンクスは、その著書『ポスト・モダニズムの建築言語』（竹山実訳『a+u』1978年10月臨時増刊、エーアンドユー）の中で、「モダニズム建築は、正確には1972年7月15日午後3時32分にミズーリ州セントルイスで死亡した」というセンセーショナルな表現でモダニズム建築時代の終焉、そしてポストモダン建築の時代の幕開けを宣言した。これはモダニズムを代表する成功した建築家の一人であるミノル・ヤマサキ（→p.253★11）設計のプルーイット・アイゴー団地（1951年設計）の数棟が爆破解体されたことを指す（写真）。モダニズム建築が持っていた諸課題が露呈し、周辺の環境悪化を招いた結果による解体であった

★187　イーハブ・ハッサン（1925年-）＝米国の文芸評論家、ポストモダニズム理論の第一人者。30数項目からなるモダニズムとポストモダニズムの対照表（図8）をつくり、両者の相違を明快に示した

あらゆる集団が自分たちの意思で自己主張し、自分たちの意見が正当なものと認められる権利を有しているという考え方は、ポストモダニズムの多元主義的な考えに欠かせない。つまり「他者性への関心」や「多元主義」が、まさにポストモダニズムの特徴とされてきた。

　さらには、シニフィエよりもシニフィアン、権威的で完成した芸術的なオブジェよりも参加、演技、即興的なハプニング、本質よりも表層★188、芸術家の生産者としてのアウラの不要性の強調、意識的な反アウラ、反アヴァンギャルドとしての思考的方向性、そしてオリジナルがさまざまな参照物のあからさまな取り込みや引用、抜粋、集積、反復に取って代わられるなどが、ポストモダニティの時代的特質、ポストモダニズムとして捉えられよう。日本でもこの時期、あらゆる重厚長大なものをあざ笑う社会的傾向が一般化し、軽薄短小の文化が盛んにもてはやされた。

　このように、ポストモダニズムは日々ハイブリッドな状況を無限に再生産し、提示し続ける大都市文化によって先鞭をつけられたものであり、まさしくJ・ボードリヤール★189のいう生産の終焉★190、シミュラークル★191の連鎖をそのまま体現している。

　こうしたポストモダニズム以降の論考でよく知られているのは、ポスト構造主義的主張の一つである、J・デリダ★192らの脱構築の考え

図8　ハッサンのモダニズムとポストモダニズムの相違の一部（Ihab Hassan, "Toward a Concept of Postmodernism" [From *The Postmodern Turn*, 1987]）

Modernism モダニズム	Postmodernism ポストモダニズム
Romanticism/Symbolism ロマン主義／象徴主義	Pataphysics/Dadaism 超物理学／ダダイズム
Form（conjunctive, closed） 形式（結合的、閉鎖的）	Antiform（disjunctive, open） 反形式（分離的、解放的）
Purpose 目的	Play 戯れ
Design 設計・構想	Chance チャンス
Hierarchy ヒエラルキー	Anarchy 無秩序
Mastery/Logos 支配／ロゴス	Exhaustion/Silence 消尽／沈黙
Art Object/Finished Work 芸術対象／完成品	Process/Performance/Happening 過程／演技／ハプニング
Distance 懸隔	Participation 参加
Creation/Totalization 創造／全体化	Decreation/Deconstruction 非創造／脱構築
Synthesis 総合	Antithesis 反定立
Presence 現前	Absence 不在
Centering 集中	Dispersal 離散
Genre/Boundary ジャンル／境界	Text/Intertext テクスト／相互関連的テクスト
Semantics 意味論	Rhetoric レトリック
Paradigm パラグラム	Syntagm 連辞
⋮	⋮

★188　「本質よりも表層」とは、背後の内容や意味を失った様相における表層の表出のこと

★189　→p.135★64

★190　「生産の終焉」は、J・ボードリヤールによるポストモダン的な言い回しであるが、モノは使用価値ではなく差異の記号としてあるとすれば、現代においてすでに従来のものの生産という概念は見い出しようがないというもの

★191　→p.028★45

★192　ジャック・デリダ（1930-2004年）＝アルジェリア出身、フランスのポスト構造主義の代表的な哲学者。脱構築、差延などの概念で知られる。脱構築は建築分野でも1980年代以降、ある種のブームとなった

方であろう。

一方で、ポストモダニティの時代における文化的生産の多くは、結局のところ外見、表層、瞬間的影響にしがみついており、時代を超えて持続するような力を持たないのではないか、とするF・ジェイムソン★193による深層の喪失の指摘がある。

同様に、T・イーグルトン★194はJ・F・リオタール★195のポストモダニズムの言説に対し、これを野蛮な非理性主義、歴史を投げ捨て、討議を拒絶し、政治を美学化し、物語を語るカリスマにすべてを賭けるもの（まさにナチズムの同類）として厳しく批判している。★196

当時、ポストモダンを標榜した人々の中には明らかにこうした非理性的な態度を是とする者も見受けられ、ある種の野蛮さもあって、やがて、例えば建築や都市の表現におけるポストモダン様式などは、バブル経済の浮遊感のもとで一過性の流行のごとく消費され、賞味期限切れで忘れ去られるという一面もあった。★197

モダニズムの硬直性、行き過ぎた合理性や過剰な資本―消費の横溢《おういつ》に対抗する知のヘテロトピーとしてのポストモダン的様相に託した一時期の期待や興奮は、ポストモダニズム自体が持つ深層を消失した野蛮な理性の脆弱性を露呈しつつ、やがてバブル経済の破綻による社会の深刻な状況や時代の閉塞感の中に、もはや笑い飛ばすことさえできなくなった後期近代（後期生産主義）という時代の中に埋没していく。それはJ・ボードリヤールのいう生産の終焉の時代の都市の風景にわずかな彩りを添えた、まさにあだ花のイメージに重なっていったのである。

吉原直樹は「都市空間の社会理論の構築をめぐって、これが方法上の準則であるというようなものは存在しない。結局は包括的な歴史認識を前提にして、空間論の多様な解読の上に、現実ときり結ばれてゆく題域をひろげ、新しい空間形態の有する創造的可能性を探るということが課題

★193　フレドリック・ジェイムソン（1934年-）＝米国のポストモダン批判の思想家、仏文学研究者として知られる。本文中の「ジェイムソンによる深層の喪失」はD・ハーヴェイによる引用（『ポストモダニティの条件』吉原直樹監訳、青木書店、1999年）

★194　テリー・イーグルトン（1943年-）＝英国の哲学者、マルクス主義による文学研究者

★195　ジャン=フランソワ・リオタール（1924-98年）＝フランスの哲学者。主な著作に『ポスト・モダンの条件』（小林康夫訳、書肆風の薔薇、1986年）など。ポストモダンの代表的な仕掛け人の一人

★196　T・イーグルトン "Awakening from modernity"（1987年）からのD・ハーヴェイの引用（『ポストモダニティの条件』）

★197　建築表現におけるポストモダンは、磯崎新（→p.125★42）などの先駆者によるものを除くと、その多くは追従者による一過性の部分もあった。ポストモダニティの現在、建築のポストモダンデザインという表現は完全に過去のものである

になる」（『都市空間の社会理論』東京大学出版会、１９９４年）と述べている。結局のところ、ポストモダニティ、後期近代としての現代社会は、第二の都市の時代の終焉★[198]に向かっているのではないか。あるいはその予感のもとに日々無為な新陳代謝を繰り返しているのではないか。そうであるならば、その終焉とは何か。それはいつやってくるのか。そして次の都市の時代はどのようなものか。こうした疑問に答えるのは容易ではないが、本章ではさらにこうしたディスクールについても若干の拾遺を試みよう★[199]。

しかしながら、その真の答えは人々が後期近代の次に来る「第三の都市の時代」を構築し得た時に明かされるであろう。それはやはりH・ルフェーヴルのいう「完全なる都市社会★[200]」というイメージによって捉えられる都市であるのか。そしてその都市は一体どのような様相としてあるのだろうか。

★198　「第二の都市の時代の終焉」とは、工業化の原理、生産主義の要請による都市の最終形である後期近代の現在の都市と、その次の都市の時代の到来を指す。その主導原理はまだ確定していない

★199　第三の都市の時代へ――有限性の果てと都市の様相→p.099

★200　社会の完全な都市化によって生まれる可能的な社会（→p.010★17）

時間—空間の圧縮と都市
——グローバルとローカルの空間

時間から空間へ

ここでは政治—経済的過程と文化的過程との物質的連関を明らかにするために、社会生活での空間と時間について説明することにする。このことによって、ポストモダニズムと、フォーディズムから資本蓄積のよりフレキシブルな様式への移行との連関を空間的、時間的経験という媒介を通して探求することができるようになるだろう。

空間と時間は人間の実存の基本的カテゴリーである。しかしながら、われわれは空間と時間の意味についてほとんど問題にすることはない。というのも、われわれは空間と時間を当然のものとみなしており、常識的な、あるいは自明な特性によってそれらをとらえる傾向にあるからである。

（デヴィッド・ハーヴェイ『ポストモダニティの条件』吉原直樹監訳、青木書店、１９９９年）

太古からの空間的な記憶に満たされた〈存在〉は〈生成〉を超越する。〈存在〉は、失われた幼年時代のノスタルジックな記憶のすべてを支えるものとなる。このことは、集合的記憶、田舎と都市、地域、環境、ローカリティ、近隣とコミュニティーについてのわれわれのイメージに影響を与える、場所につなぎとめられたすべてのノスタルジアの顕現の基盤なのであろうか。もし時間が流れとしてではなく、経験された場所と空間の思い出として常に記憶されるのだとすれば、社会を表現する基本的な素材として、歴史は詩に、時間は空間に道を譲らなければならない。そうした場合、空間的イメージは（特に写真において明らかなように）歴史にたいして著しい権力を行使することになるのである。（前掲書）

ここで、あらためて空間と時間の問題に触れておかなければなるまい。

カール・マルクス★201は時間による空間の圧縮について示していたが★202、K・マルクスをはじめとするモダニティにかかわる社会理論においては、モダニズムの特質などから空間に対する時間の優位性がその主座を占めていた。あるいは空間概念はほとんど無視されていたことから、空間の変容を通して社会を見るという方法★203が十分認識されておらず、いわゆる「空間論」は、もっぱら都市や建築、美学のディスクールの範囲にとどまっていた★204。

こうした背景のもと、やがて空間の概念をめぐっては、アンリ・ルフェーヴル★205やデヴィッド・ハーヴェイ★206、さらにはニュー・アーバン・ソシオロジー★207のM・カステル★208らの考察、論考によって、1970年代後半から大きく見直される契機、転機が訪れたといわれている。つまり社会理論における一つのポストモダニティの時代、その主題である空間の時代がここに到来したといってよい。モダニティ、ポストモダニティそのものを概観した後は、このあたりの経緯についても見て

★201　→p.009★9

★202　K・マルクスは通過時間や資本投下における時間の効率的運用によって空間が圧縮（絶滅）されると分析するが、これを下敷きにD・ハーヴェイは、時間と空間の圧縮というグローバリゼーション（→p.020★17）の特質を論じる

★203　空間変容を抽象概念ではなく具体的な存在における諸実践の経緯として見るという基軸によって、社会変容の動態などを明らかにすることを指す

★204　建築や美術の世界では、空間はいつの時代でもすべての関心事の起点となっていたが、それ以上には社会的広がりを持ち得なかったという意味合いを指している

★205　→p.008★5

★206　→p.009★10

★207　→p.009★12

★208　→p.009★11

いこう。

グローバルとローカルのパラドックス

D・ハーヴェイが、時間と空間にかかわるさまざまな分析の大前提としているテーゼは重要である。すなわちそれは、「時間と空間（さらにいえば言語）は社会的行為と無関係に理解することはできない」というものである。例えば、社会関係と無関係な空間の政治はあり得ない。後述[★209]するように19世紀以降の啓蒙的なユートピア的計画はこのこと、つまり啓蒙主義[★210]への思い入れがもたらした社会性の裏付けのない政治的な空間の唐突な主張などによって、ことごとく失敗したとされている。

時間も空間も物質以前に存在するものではないから、「時間と空間の客観性は、社会を再生産する物質的諸実践によって与えられるのであり、物質的諸実践が地理的、歴史的に異なれば、社会的時間と社会的空間が異なったように構築されるということがわかる。つまり、それぞれ異なった生産様式あるいは社会構成体は、時間と空間の諸実践と諸概念の異なった束を具現しているのである」（前掲書）と、D・ハーヴェイは分析する。

また、時間、あるいは空間には唯一客観的な意味があるということはない。もちろんそのことによって主観的、客観的な区分を解体すべきものでもない。D・ハーヴェイは「空間と時間が表現しうる客観的性質の多元性と、空間と時間の構築における人間の実践の役割」（前掲書）に着目すべきであろうと言う。

しかしながら、どのような社会においても空間的、時間的実践は非常に捉え難く、巧妙で複雑である。D・ハーヴェイは、H・ルフェーヴルが『空間の生産』（1974年、邦訳版は斎藤日出治訳、

★209　ユートピアの政治性と理想都市（神話・イデオロギー・ユートピア）→p.129

★210　「啓蒙主義」は、17世紀後半に英国で起こったとされる。人間が持つ理性によって世界の法則性（普遍、不変）を発見するなどの考え方を指す。つまり理性にもとづく合理性によって因襲などの旧弊から人間を解放するという革新的な思想を含む（ロック、ヴォルテール、モンテスキューら）。科学的思考の発達による合理性の認識などが生み出したモダニズムの根幹となった考え方の一つ。宗教、政治、経済、倫理、歴史研究などに大きな影響を与える。一方で無知の人を啓発して正しい知識などへ導くという啓蒙的な考え方があるが、ここでは本来の啓蒙主義と、こうした啓蒙的な考え方が混在する

青木書店、2000年）で分類した空間の三つの次元、〈物質的な空間的諸実践＝経験されるもの〉〈空間の表象＝知覚されるもの〉〈表象の空間＝想像されるもの〉について、〈アクセス可能性と距離化〉〈空間の領有と使用〉〈空間の支配と統制〉〈空間の生産〉を使いマトリクスとして空間的諸実践の格子を作成しているが、[図9]これを見てもそのことがよく理解されよう。

もともと、モダニティは近代化を通した進歩の経験にかかわる概念であり、その進歩はまさに空間の征服、すなわち、すべての空間的障壁の打破と根本的な「時間による空間の絶滅の追求」を含むものであった。その前提があったことで、モダニティにかかわる著作では空間や場所による「存在」ではなく、時間による「生成」の過程を強調する傾向が一般的であったと、D・ハーヴェイは指摘する。

そして、K・マルクスなどをはじめとする社会理論は、その理論構成において空間に対して時間を特権視していると批判する。こうした社会理論は、空間については単に既存の空間的秩序が存在していると見なすか、はじめから空間的障壁は著しく低減しているということを前提としていた、と分析している。

一方、美学理論は、絶え間ない流動と変化のただ中において、永遠・不変の真理を伝えることができる諸規則を探し求めている。建築家は、空間的形態を構築することによって、ある特定の価値観を伝えようとする。[★211]つまり、社会理論と美学理論は、それぞれ相互に学ぶべきであろうとD・ハーヴェイ

図9　D・ハーヴェイによる空間的実践のグリッド（『ポストモダニティの条件』吉原直樹監訳、青木書店、1999年）。左端の縦の項目がH・ルフェーヴルの『空間の生産』（1974年）で分類された三つの次元

	アクセス可能性と距離化	空間の領有と使用	空間の支配と統制	空間の生産
物質的な空間的諸実践（経験）	商品・貨幣・人口・労働力，情報などのフロー；運輸・通信のシステム；市場・都市のヒエラルキー；凝集化	土地利用と建造環境；社会的空間や他の「なわばり」の明示化；コミュニケーションと相互扶助の社会的ネットワーク	私的土地所有；国家と行政による空間の分割・区分；排他的なコミュニティーと近隣；排他的なゾーニングと他の社会的統制の諸形態（治安維持・監視）	物的インフラストラクチャーの生産（運輸と通信；建造環境；土地整理など）；社会的インフラストラクチャー（フォーマル・インフォーマル）の領域的な組織化
空間の表象（知覚）	距離の社会的・心理的・物理的尺度；地図作成；「距離の摩擦」の諸理論（最小努力の原則，社会物理学，財の到達範囲，中心地理論や他の形態の立地論）	個人的空間；占有された空間のメンタルマップ；空間的ヒエラルキー；空間のシンボリックな表象；空間的「言説」	禁制の空間；「領域的命令」；コミュニティー；地域文化；ナショナリズム；地政学；ヒエラルキー	地図作成・視覚的表象・コミュニケーションの新しいシステム；新たな芸術・建築の「言説」；記号論
表象の空間（想像）	引力［誘引力］／斥力；距離／欲望；アクセス／拒否；超越性；「メディアはメッセージ」	親しみのある；愛情と家庭；開かれた場所；大衆的スペクタクルの場所（街路，広場，市場）；イコノグラフィーとグラフティー；広告	馴染みのない・未知の；恐怖の空間；財産と所有；モニュメント性と構築された儀礼の空間；象徴的障壁と象徴資本；「伝統」の構築；抑圧の空間	ユートピア的プラン；想像的景観；SFの存在論と空間；芸術家の素描；空間と場所の神話；空間の詩学，欲望の諸空間

は言う。

空間的、時間的実践はそれ自体「現実化された神話」として現れるものであり、社会的再生産における不可欠なイデオロギー的構成要素となりうることが明らかになる。資本主義における困難は、生来的な価値と意味を持ち、それを表現する安定した永続的神話を見つけ出すことであろう。従って空間的な障壁（＝差異）はそうした神話の現実化における大きな阻害要因となる。

例えば日本でも、定価を定めているさまざまな商品をイメージして見ればよい。定価は空間の障壁にかかわらず一定であるという神話のもとに成り立っている。しかし実際には関東圏で生産されている商品を、東京と北海道や沖縄など全国一律で同じ価格として販売するという場合には、輸送や保管などの供給コスト、所得の地域差など、結構複雑な要素や背景事情を考慮しなければならない。

利潤の追求においては、空間と時間を支配することが求められる。空間の支配は、日常生活に対する社会的権力の根本かつすべてのものに浸透する源泉である。その価値の表出は貨幣によっている。世界市場をつくり出し、空間的障壁を低減させ、時間によって空間を絶滅させようという誘因は、あらゆるところに見い出せる。例えば昨今では、ハリウッド映画のCG処理は、アメリカが夜中なら、その時間が昼間であるロンドンで当然のごとく行われる。そしてハリウッドが目覚める頃には、前日のラッシュプリントはすでに出来上がってオンラインで届いているのだ。仕事は時間の切れ間なく継続するのである。利潤仕事の前では空間的差異はもはや限りなくゼロに近い。そして空間を支配する者は常に場所の政治をコントロールする。

D・ハーヴェイは、建築、都市計画、都市政策の専門家らによってユークリッド的な客観的空間の表象が、物理的に秩序付けられた空間に転嫁され、こうした土地は支配階級に、また絶対主

★211 例えば、「機能か（合理主義か）、美か（ロマン主義か）」などといった、価値観の異なるベクトルの間のある地点に位置する建築家の価値観は、そこで止揚されることもあれば、そうでない場合には、普遍性に立脚したり、「時代の申し子」であったりする。いずれにしても個人の特定の価値観や共感に支配されることで、初めて具体のものがつくられるのだ

義国家に利用されたが、普遍的、均質的、客観的、抽象的なものとしての空間の使用を強固なものにするため、最も支配的となったのが土地の私的所有と空間を商品として売買することであったと言う。このようにして、ポストモダニティの時代は、空間の均質化によって場所（固有性）と空間（同質性）の深刻な対立★212が起こるなど、グローバルの空間（＝場所によらない絶対的空間）がローカルの空間（＝固有の場所である相対的空間）を生み出すというグローバルとローカルのパラドックスを抱えることになったのである。

こうした空間をコントロールし、組織化し得る有効な方法は、H・ルフェーヴルの言う、それを細分化し断片化することであり、そのためにこそ断片化の原理を確立する必要があると、D・ハーヴェイは言う。

空間か、時間か

一方で、こうした時間から空間への視点の変更については、当のポストモダニティ世代からの次のような疑義がある。

揺るぎない世界を失った現代人は、自分たちにとっての安全の場（仲間意識が通用する世界）を維持しなければならず、そのことは結果として、社会が無数の部族的なまとまりに分散していくことに繋がる。その点で、今日の最も支配的な主張の一つが、「地域主義」であることに疑いを入れる余地はない。実際、私たちの生活の実情に即して、最低限の相互理解あるいは相互扶助の空間を確保しなければ、社会は立ち行かないだろう。それゆえ、現代においては、グローバル化やユビキタス化が進む一方で、だからこそ空間の価値が上

★212　「場所と空間の深刻な対立」とは、M・カステルが言う超国家的機関＝場所なき権力と、場所性に根差す都市社会運動＝権力なき場所の不可避の対抗など。また空間は均質性の、場所は均質化されない特異性の象徴であり、その対立としても捉えられる

昇しているようにも見える。

> とはいえ、そこで選択されているのが、本当に空間的価値なのかどうかは吟味される必要があるだろう。たとえば、遊び相手を探してケータイのアドレス帳を漁るとき、あるいはインターネットのＳＮＳ★213（ソーシャル・ネットワーキング・サービス）で友達とコミュニケーションをするとき、そこで重視されるのは、空間的というよりも時間的なマッチングではないだろうか。（中略）多少の空間的な隔たりがあったとしても、時間的な無駄や労力を「省略」できるのであれば、そこに大きなメリットが発生する。平たく言えば、時間短縮が、時代のイデオロギーとなるのだ。
>
> （福嶋亮大『神話が考える』青土社、２０１０年、註釈引用者）

現代において選好されているのはあくまで「タイミング良く居合わせること」、すなわち時間的一致であって空間的な近接性ではない、と福嶋亮大★214は言う。このことは空間的存在としての人間なのか、時間的存在としての人間なのか★215という存在論的な選択肢としての大問題にも繋がるとしながら、空間的（政治的）存在としての人間とは、結局他人と自分の境界線をくっきりさせることによって自己の輪郭を保つという動物の縄張り争いの延長にあるとする。そして空間に定位するローカルな共同体ですら、その底面は無数の時間的なマッチング（居合わせ）の可能性の探査の束によって実質的に支えられていることから、マッチングによる調和がなければローカルな共同体の潜在力は生かしきれない。ツイッター★216などによるネット社会の疑似的な共同体の発生のインパクトを見るまでもなく、複雑な社会に対応して安定化に向かう可能性のベクトルは、「空間の囲い込み」にではなく、「時間的なすり合わせ」による社会の真の情報化にあることから、「時

★213 Social Networking Service の略。インターネット上に構築された他者とのコミュニケーションを主目的とする社会的ネットワークサービス、あるいは Web サイトのこと。登録制によるケースが多い。課金や広告収入で運営される。FaceBook や Mixi などが知られる

★214 →p.028★43

★215 人間の時間的存在と空間的存在について福嶋亮大は『神話が考える』（青土社、2010年）の中で、ドイツのメディア理論研究者ノルベルト・ボルツ（1953年-）の『世界コミュニケーション』（2001年）の見解を引きながらハイデガー（→p.078★168）の非計時的な時のうちの存在である人間（時間的存在）に対して、人間を空間的存在と考える例としてドイツの法学者カール・シュミット（1888-1985年）を挙げている

★216 Twitter は「さえずり」といった意味のインターネット上の簡易投稿、閲覧サイト。140文字以内の投稿によるミニブログサイトで、ブログ、SNS、チャットの中間的存在といわれる

間」にまつわる処理こそが本質的なものであると、福嶋は分析している。

１９８０年代生まれのポストモダニティ世代とすれば、最初に引用したＤ・ハーヴェイの「太古からの空間的な記憶に満たされた〈存在〉は〈生成〉を超越する。〈存在〉は、失われた幼年時代のノスタルジックな記憶のすべてを支えるものとなる」、さらには「もし時間が流れとしてではなく、経験された場所と空間の思い出として常に記憶されるのだとすれば、社会を表現する基本的な素材として、歴史は詩に、時間は空間に道を譲らなければならない」などというノスタルジックなディスクールやその表現は、もはや感傷的に過ぎるのであろう。

そうであれば、時間と空間のテーマにおけるこうしたずれは、例えば時間的な居合わせが生活の主たるインフラとして構造化されている世代と、モダニティによる空間の無化を生身で体験してきた世代間の生きられた感覚の差異として捉えられるかもしれない。あるいは、すでにグローバル化による空間の消滅を自明とする世代によって、「（最低限の）空間はすでにあるもの」とされ、そこにおける同時代の人間の諸活動こそが定点としての地域（都市）である、といったモダニズム的な視点が再び捉えかえされているのかもしれない。

一方で空間は、時間と接続された存在（生成と差異）としてあるのと同時に、個人に接続された存在（有意味）でもある。グローバルであれ、ローカルであれ、共同体としての空間が、同質性への組み込みなどに対峙すること、それを仮に個別性、あるいは異質性と呼ぶならば、空間の内にそのための場所を空けておくことこそがいつの時代でも求められるであろう。いずれ還るべき細分化された権力なき場所に、まさに時間を超えて居合わせること、つまり同時代間という囲いを超えて、むしろ都市世代間の可能的な設えとしての空間の意味性を問うことが求められているのではないか。結局のところ、生身の体を持った人は、時間に住むことはできないのである。

時間―空間の圧縮

空間的、時間的諸実践はけっして社会的事象において中立的なものではない。それらは常に何らかの階級的内容あるいは他の社会的内容を表現しており、しばしば激しい社会的闘争の焦点になっている。どのように空間と時間が貨幣と結びつくのか、またどのようにそのような結びつきが資本主義の発展とともによりしっかりと組織化されるのかについて考えることによって、このことはより明らかになる。時間と空間の両者は、商品生産の基礎となる社会的諸実践の組織化を通して定義される。しかし、資本蓄積（また過剰蓄積）の強力な力は、社会的闘争という状況とともにその諸関係を不安定なものにする。このため、「それぞれのものにとっての適切な時間と場所」とはどのようなものなのか誰にもまったくわからないのである。社会構成としての資本主義を苦しめる不安定さは部分的に、このような社会的生活を組織化する（言うまでもなく伝統的社会のような方法で儀礼化する）、空間的、時間的原理の不安定さから生じている。

（デヴィッド・ハーヴェイ『ポストモダニティの条件』前掲）

アルヴィン・トフラーの描いた近未来

１９７０年代の初めにアルヴィン・トフラー[★217]の『未来の衝撃』を読んだ時の衝撃はまさに強烈であった。Ａ・トフラーは、近代より以前の社会では、むしろ人々にとって変わらない関係の象徴であった「モノ・場所・ヒト」という対象への人々の接触時間の短縮化、その加速化が近代以

★217 アルビン・トフラー（1928年-）＝米国の評論家、未来学者、作家。『未来の衝撃』は1960年代から書き始め、日本では1970年に徳山二郎訳（実業之日本社）で出版され反響を呼んだ

降の社会の特質であり、そのことは本来「場所」に根差す概念である文化を大きく変容させ、★218消費や生活様式を多様化して、社会は今後、人々が夢想だにしなかったような方向、様相を呈するようになるであろうと分析、予測していた。

『未来の衝撃』は、その後の『第三の波』★219なども含めて恐らく米国人を中心とした英語圏の読者に向けたと思われる徹底した脱イデオロギー的なディスクールであったが、来るべき20世紀後半以降の近未来社会の方向を明瞭に描き出し、さまざまな意味で都市やその空間を考える大きな刺激になったことを記憶している。モノ・場所・ヒトへの物理的な接触時間の短縮化とは、すなわちD・ハーヴェイらの言う社会における時間や空間の圧縮の状況と同義であり、それを個々の主体の側から描き出したものであろう。

時間—空間の圧縮★220、つまり通過時間の短縮化による空間的障壁の減少とは、時間と空間の客観的性質が根本的に変化する過程でもある。存在する時間は短縮され続け、やがて現在ばかりとなり、そしてその空間はもはや最小限化された宇宙船地球号という有限な世界である★221。今や空間的障壁の減少によって、グローバル化の進行による世界都市とも呼ぶべき都市システムの中で、多くのヒエラルキーが再び確立され、再編成されている。

すなわち、D・ハーヴェイによれば、資本蓄積による時間と空間の圧縮が、空間的な障壁を克服すると、前述の如く★222グローバルとローカルのパラドックスによって場所の差異が生じるが、資本家は世界的な規模で、こうした空間的な差異による質的なものに次第に敏感になっていると指摘する。資本の論理によって空間が抽象化されるほど、場所の質が重要なものとして立ち現れる。特別な質を持った場所の生産をめぐって、ローカリティ、都市、地域、国家の間で空間的な競争が行われるようになるという。

★218　本来文化はすぐれて場所とかかわる概念であったが、人々のモノ、場所、ヒトとの接触時間の短縮化（時間—空間の圧縮）などによって、文化は共時的、そして単なる出来事となってしまったというもの。これは空間のイゾトピー化によるヘテロトピーの流動化の加速状況をあらわすものともいえよう（空間の同質化と差異→p.232）

★219　A・トフラー『第三の波』（邦訳版は徳山二郎監訳、日本放送出版協会、1980年）によれば、第一の波は農業革命、第二は産業革命、第三の波は脱工業化によるもので、人々の近未来社会が脱工業化社会においてどのようになるかを予測したもの

★220　実際の時間や空間が収縮しているのではなく、空間テクノロジー、高速度な輸送・移動手段や環境などの整備によって、短時間で広範囲に移動ができるようになった事態としての経過時間の征服を指している

★221　退行する都市と場所の復権→p.099

★222　グローバルとローカルのパラドックス→p.089

諸都市が他のものと異なるイメージをつくり出し、さらに資本と、適切な人々を引き付けることができる場所と伝統の雰囲気を醸成しようとせめぎ合っている。つまり、場所間の競争の激化によって、国際的交換がもたらす漸次的均質化のただ中で、むしろ、より変化に富んだ空間がつくり出されているというのである。

しかし、こうした状況は、グローバル空間の経済活動における蓄積のシステムの一時的な不安定さ、不均等などによるものであり、それ（資本移動）は、常に脱工業（工場）化による地域の価値の下落、地域での失業者の増加、財政の削減、地域の財産が壊されていくという悲惨さと裏腹である。工場や企業が去った後の地域の退行や過疎化などがイメージされるであろう。それは地域アイデンティティ[★223]や地域コミニュテイの政治的問題、あるいは生活の実相における直接的な悲劇でもある。これは一方で価値はどのように表象されるべきか、つまり、貨幣は価値の表象においてどのような形態をとるべきか、という問題でもあるとD・ハーヴェイは言う。

生きられた場所の回復――空間の細分化・断片化

D・ハーヴェイは、「どのようなものであろうと、場所と結びついたアイデンティティを擁護することは、何らかの点で、人をある特定の仕方で行為することへと動機づける伝統の力に依拠したものである。しかしながら、フレキシブルな蓄積の絶え間ない流動とはかなさに直面する中で、いかなる歴史的連続性の感覚をも維持することが困難になっている」（前掲書）としている。

そこ（場所と結びついたアイデンティティを有し、それを擁護する地域）では、伝統（あるいは本書で言う「らしさ」[★224]などもそこに含まれるであろう）は商品化され、地域アイデンティティはいとも簡単に、イメージ、シミュラークル[★225]、模倣として、模造の共同体の商品として、ミュージアム

★223 地域アイデンティティとは
→p.181
★224 アイデンティティと「らしさ」
→p.177
★225 →p.028 ★45

文化として、生産され販売されることになるというのである。

一方で、場所とその意味の質的な構築を目指すという考え方もあるが、これは資本を魅惑するための空間の差異ではなく、そこに住み、申し分なく消費し、移り変わっていく世の中で安心感を得るために、つまり地域化された美的イメージの創出（本書で言う「らしさ」などは当然そこにも含まれるであろう）によって、アイデンティティは制限（コントロール）され、自立の感覚を構築するとD・ハーヴェイは指摘している。

しかしながら、こうした構築も、変化する（同質化する）諸空間の世界では、場所と共同体が最も重要であるといった空間性の美学化による反動的政治に結び付く可能性があり、最終的には、時間による空間の絶滅の追求と回転時間の縮小を絶え間なく追い求める資本蓄積の圧力から、つまり「フォーディズム」★226から、フレキシブルな蓄積への移行というポストモダニティの条件を満足しなければならない、というのである。

結局のところ、こうした後期近代における時間―空間の急激な圧縮による都市の空間を取り巻くさまざまな変容や困難に対処するためには、D・ハーヴェイ自身も指摘するように、空間を新たにコントロールし、組織化する必要がある。そしてその実践に向けた有効な方法は、H・ルフェーヴルが言うように、それ（空間）を細分化し断片化することであるから、断片化の原理の確立としての場所の固有性による自立化、つまりそれが資本と結び付こうが結び付くまいが、異質性の確立とその自覚に向けた主体やコミュニティの意思（生きられた場所の回復）を示し、絶え間なく実践していくこと、そしてそのことこそが、一方ではよりフレキシブルで適切な資本蓄積を促すことにも繋がっていくはずであろう。

★226 → p.058 ★111

第三の都市の時代へ
――有限性の果てと都市の様相

退行する都市と場所の復権

世界化。グローバル化。第三千年紀は、太陽系でただひとつ居住可能な惑星のさまざまな限界に直面している。（中略）

こんにち、グローバリゼーションとともに到来するもの、それは世界の有限性であり、みずからの究極的な外部に、宇宙の虚空に直面した惑星の有限性である。その結果、グローバルな規模で有限なものとなったひとつの世界が、不意に閉域化される。この世界はみずからの「強制収容」に、すなわちその地球という実体の完璧な丸さに直面している。

（ポール・ヴィリリオ『パニック都市』竹内孝宏訳、平凡社、２００７年）

ドロモロジスト（速度学者）であるポール・ヴィリリオ[★227]は、後期近代以降の社会における、あま

★227　ポール・ヴィリリオ（1932年-）＝フランスの思想家、速度学者。ドロモロジスト、すなわち速度やコミュニケーションテクノロジーなど速さの度合いにかかわる概念（ドロモロジー）を基軸に、その影響によって人間の知覚や行動の変容を社会的な意味合いにおいて探究するという分野のポストモダニティの思索家であるとされる

りに急速なグローバリゼーション★228の進行による同質化の文字通り「果て」について考察している。

つまり有限な地球において、加速度的に進行する時間―空間の圧縮★229（これについてP・ヴィリリオは、「二十世紀において、真の意味での空間的な征服はなく、さまざまな機械の過剰な速度による『通過時間』の征服があったにすぎない」［前掲書］と言っている）によって、いつか人々は、あるいは地球というトピー（域）自体が自らの有限性の果てに到達するというものである。すなわち、かつて、人々に衝撃を与えた１９７２年の「成長の限界」論★230、つまり有限な地球における資源の枯渇の行方に対する人類への警鐘は、今度は時を超えて「空間の限界」論、つまり有限な地球における人々の都市空間の枯渇の行方の問題として再び意識され始めたのである。

このようにグローバリゼーションとともに地球＝世界の有限性、宇宙の虚空に浮遊する惑星の有限性に直面する時代が到来し、その結果、世界は不意に閉域化され、地球という実体の完璧な丸さに囚われた強制収容所となるというのである。

そして、リキッドモダニティ★231の状況などを背景とする都市内部のセキュリティへの不安やテロ、事故の恐れ、その脅迫的かつ日常的な情報増幅、すなわち都市は内外を問わず常に狙われているという神経症的、その過敏な反応は、都市を病理学的退行に追い込み、やがて世界都市は幽閉都市にその場所を譲り渡すという。

こうした分析によれば、P・ヴィリリオのいう第三千年紀には、人々は過ぎてきた第一の都市の時代★232のノスタルジックな風景、つまりゲーテッド・コミュニティ★233としての城塞都市、城壁都市の復活、閉じた都市とトーチカ化への回帰現象、〈国民国家〉の衰退の時代においてもなお続く虚しい大都市への集中化が、人々のコミュニティを新たな〈都市国家〉の復活へと導いていくさまを目の当たりにすることになる。

★228　→p.020★17

★229　時間―空間の圧縮→p.095

★230　D・H・メドウズら『成長の限界』（大来佐武郎監訳、ダイヤモンド社、1972年）による。同書は民間シンクタンクのローマクラブ（1970年発足、現在の本部はスイス）による第一回報告書。内容はつまり掛け算的に増加する人間と、足し算的にしか増加しない食料の状況をみれば、やがて必ず人類社会は資源の枯渇によって破綻するという仮説に基づく警句としてのメッセージ。初めて地球の有限性に警鐘を鳴らしたといわれている。イゾトピー空間で有限の地球が満杯になるというP・ヴィリリオの指摘も、明らかにこうしたディスクールを起源としていると思われる

★231　→p.058★109

★232　第一の都市の時代→p.017

同質化、グローバル化によるイゾトピー空間★234としての場所の黄昏（差異の消滅）は、ここにとどめを刺されることになるであろう。それはまさに後述★235する永遠の砂漠のパースペクティヴを覗き見るかの如く、あらゆる有意味性を喪失した寂寥《せきりょう》とした風景となる可能性がある。

この事態は、後期近代の社会における地球規模の時間―空間の圧縮の結果であり、また、P・ヴィリリオが指摘するように経済、政治、軍事がグローバル化する時代において、人間の双方向的な活動の時間―空間が地球的に圧縮した結果、空間が終末とかかわるようになったことによっていると思われる。そして、ここから内部の概念と外部の概念の位相反転が生じるとP・ヴィリリオは言う。つまり、そこではグローバルとは有限な世界の内部であり、外部とはもともとグローバルの内部にあったローカルという反転である。★236なぜなら内部とは、究極的な限界、世界の有限性であり、そして外部とはその充満だからである。

もちろん、第二の都市★237の後に来る第三の都市が、実は第一の都市への回帰であるという未来像以外にも、この社会にはいくつかの選択肢が残されている。例えば、農的なるものの完全な復権、地球外のローカルを開拓する（惑星コロニーなど。もちろんそこでは地球とはまったく異なった空の色やその風景を人々は受け入れなければならないであろう）ことによって新たなグローバルとローカルの関係を構築するといった新奇な技術革新による創造的中道法による打開、あるいはP・ヴィリリオ自身は地球物理学的政治に戻るべきであるという選択肢を提示している。★238

いずれにしても、現在の都市の彼方に人々がどのような都市のイメージを描こうとも、結局今の都市における空間的な固有性としての異質性の獲得に向けたさまざまな企て自体を、今の時点で放棄することはできないのである。

都市は、すでに非農・無耕作のコミュニティとして自らの生活様式であるアーバニズムを築き

★233 「ゲーテッド・コミュニティ」とは、万全なセキュリティ上の措置として、門塀、警備システムをめぐらし、警備員を置くなどして居住者以外の来訪者や来訪車の流入を制限した住宅地、居住地のこと。現代版の城塞都市であるとされる。1980年代から登場し、欧米、ブラジルなどで普及している。日本では都市部のマンションの入り口などでこうした警備システムが一般化しているが、公道上は制限できないので、私道を設けるしかエリア全体の制御の手立てはない

★234 都市のイゾトピー（同域）とヘテロトピー（異域）→p.236

★235 永遠の砂漠という名の都市のイメージアビリティ→p.147

★236 通常ローカルはグローバルの焙り出しによって、グローバルの内部に立ち現れるが、有限な地球内部が完全にグローバル化されると、今度はその外側（他の惑星などの宇宙空間という外部）がローカル（辺境）となることから、内外の逆転が起こるというもの

★237 第二の都市の時代→p.018

★238 異質性の確立とその自覚→p.106

上げ、人々は自ら住まう空間の可能性を拡大してきた。★239 諸実践の結果として残された唯一のホームの空間、場所である都市自体はまだその幼年期にある。★240 そして、繰り返すように今後どのような未来（第三の都市）が待っているのかは、結局まだ誰にもわからないのである。

終焉——時空の圧縮の果て、第三の都市へ

> 第三千年紀の入り口で、もはや〈白人〉だけではなく人類全体が、外部の闇と境を接して、宇宙の虚空と境を接して野営をしている。意外にも、あるひとつの究極的な植民地化を期待しながら。それはもはや海外の植民地化ではなく、すでに世界外の植民地化である。実際、都市が〈歴史〉の主要な政治形態なのだとすれば、世界都市は、惑星規模のグローバリゼーションと同時代のものであり、壁ぎわに、「時間の壁」のきわにある。（中略）その結果、すでに見たとおり、「閉じた都市」とトーチカ化が緊急に回帰してきて、都市にすこしずつ影響をおよぼす。
> （前掲書）

都市へのテクストの最後は文字通り「終焉」についてのディスクールである。例えば都市のイゾトピー化の果てに、時間—空間の圧縮の果てに、あるいは第二の都市の時代の果てに、といったこれらの分析は、ある種の相似的なイメージを描き出す。つまり、一つの終わりの感覚、終焉へと繋がっていくイメージである。それこそがポストグローバル化社会の始まりといってもよいであろう。

★239　非農・無耕作の選択→p.046

★240　人類史から見れば0.1％足らずの都市史→p.014

大監禁による都市の退行

J・ボードリヤール★241は、後期近代において生産はすでに終焉しているとする。今の社会は何一つ新たに生み出すことのない、あらゆる表層が鏡で覆われ、そこに在る乾いた欲望や意味を持たないモノ、浮遊する背後のない記号の群れなどが鏡像の無限の反復によってただ写し出されているという、シュミラークル★242の世界でしかないとしている。

それでは、都市はどうであろうか。

P・ヴィリリオのやや神経症的な分析によれば、この世界は結局のところ、時間の圧縮としてのグローバリゼーションが都市の退行やローカルの終焉と平行しており、平和ではなく事故、予防戦争としてのテロ、ドゥルーズ的管理社会、モノの次元と同時に情報による恐怖のループが作用し、大監禁、事故の博物館、拡大された拷問部屋、世界内戦の時代、閉域化、疎外化の悪循環に向かわざるを得ないということになるだろう、と予測している。

この分析によれば、人々にとってはあまり救われることのない陰鬱な社会の未来像を描くことになってしまうが、こうした予測イメージは同時にまた、来るべき都市社会としての都市の未来像の可能性の一つでもあると言えるだろう。

以下、きわめてペシミスティックなP・ヴィリリオの分析をさらに見ていこう。

まずP・ヴィリリオの「事故」や「テロ」についての分析には、以下の引用に見られる如く、明らかに世界の都市文明に衝撃を与えた米国の9・11（2001年9月11日の航空機を使った四つの同時多発テロ事件）の影響が見て取れる。

　実際、事故とは実体の羞恥心に対するテロ行為である。それは実体の裸体性を暴露する

★241 →p.135 ★64
★242 →p.028 ★45

こと、不意に到来するものの前に存在するものの悲惨を暴露することである。（前掲書）

こんにち、「出来事を創造する」とは、なによりもまず模倣を、広告によるモデル化を断ち切るということである。（中略）望むと望まざるとにかかわらず、出来事を創造するとは、いまや事故を誘発するということなのだ。（前掲書）

「冷戦」の虚しい勝者であるアメリカのほうは、恐怖の均衡にまつわる戦略地理学的参照系の失墜をまともに被ることにもなりかねない。そしてそこにはテロリズムの不均衡がともなう。いまやそれは人類の運命を、そこかしこで、すなわちいたるところで同時に脅かしている。（前掲書）

グローバリゼーションによるイゾトピー化が進んだ都市では、日常的な反復情報による恐怖のループなどが作用し、創造された出来事の模倣や追従、連鎖によるテロや事故が人々の生活を一瞬にして根こそぎ転覆させる。都市は常にテロに晒され、さまざまな事故の博物館と化すのである。そして、こうしたテロや事故、デュアルシティの階層化★243、流動化するモダニティ（＝リキッドモダニティ）による脱埋め込み化や過剰包摂社会★244などを背景とする都市におけるセキュリティ上の不安から、人々は城塞によって自らの身を守るようになる。つまり文字通りの「大監禁」によって都市の病理学的退行が始まる。

この事態は、P・ヴィリリオによれば、すでに米国では日常的に見られる風景であるという。

★243　吉原直樹（→p.068★142）によれば、デュアルシティ（都市内の分極化した状態）議論とは空間的分化と空間的凝離の対立（社会学者のJ・H・モレンコフやM・カステルによる都市的社会階層の多様性とそれらの居住空間における重層的な分化）とされる。すなわちグローバルに接続されたフローの空間の結節的諸部分と、社会コミュニティの分裂し無力化されたローカルとの間で観察される二分法で、分極化が理論軸をなしてはいるが、従来の硬直的な社会的成層化の理論では不明であった空間の能動的な契機が、そこにしかと埋め込まれているという点に留意すべきであるとされる（『都市空間の社会理論』［東京大学出版会、1994年］より）

★244　J・ヤング（→p.057★108）のいう、都市における包摂と排除が同時に起きている社会などのコミュニティ状況を指した概念規定。コミュニティの構成原理である包摂と排除の二分法がもはや有効性をもたないという指摘でもある（ポストモダニティとコミュニティ→p.057）

この大監禁の別の臨床的徴候は、とりわけアメリカにおけるゲーティッド・コミュニティ（*GATED COMMUNITY*）の指数関数的な発達と閉じた都市の回帰である。何千万人ものアメリカ人が十年以上もそこに閉じこもり、究極の快適さを、内部セキュリティの快適さを追求している。（中略）

〈都市〉が病理学的に退行し、世界都市が、かつての開かれた都市が、幽閉都市に場所を譲りわたすこれだけの徴候。そこでは閉域化が、異邦人の、放浪者の疎外化と一体化する。この放浪者は社会的小惑星とでもいうことができるだろう。それは大都市に住む人々の平穏を脅かす。さまよえる地球近接小惑星が地球環境を脅かすのと同じように。（前掲書）

資本のグローバリゼーションが無限に切り拓いた都市空間の、まさに開かれた同質性は、その開放性（＝包摂性）の果てにセキュリティ上の不安による都市の退行を促し、ヘテロトピーの恐怖に晒されることになる。しかも、それは時としてまったく場にかかわらない異域でもある。例えば世界のある都市＝イゾトピーから、指令一つで、いつでも航空機を使って最遠の都市＝イゾトピーを攻撃することができることから、ある都市にとっての最大の脅威となるヘテロトピーは皮肉なことに今や場所にかかわらない別のイゾトピーである都市となる可能性がある。こうした恐怖は、その連鎖によってイゾトピーにおける閉域、幽閉都市、第一の都市の時代の「都市国家」をも再び生み出すことになるのである。

地政学的なものの巨大な総体が瓦解したあと、〈国民国家〉の衰退の時代が、そしてまた大都市への戦術的な退却の始まりが、ついに到来したのだ。

やはり同じように虚しい大都市への集中化は、われわれを〈都市国家〉の復活へと導いていく。北アメリカはわれわれにその例をあたえてくれる。そこではさまざまなプライヴェート都市のなかにおよそ三千万人が閉じこもっている。社会的なセキュリティの欠如を口実にして……。

（前掲書）

あるいは、ジョック・ヤング[★245]によれば、社会的なセキュリティの欠如は一方で「ルール違反に対する過度な反応、安易に刑罰に頼ること、刑罰が復讐に等しいものになること。（中略）二二〇万人が刑務所にいるという巨大な強制収容所《グーラグ》アメリカ合衆国が出現している」（ジョック・ヤング『後期近代の眩暈』木下ちがや・中村好孝・丸山真央訳、青土社、２００８年）という、まさに拡大された拷問部屋としての都市、その監獄的状況を、実際に今の米国はつくり出しているというのである。

P・ヴィリリオの分析によれば、すなわち世界中の総イゾトピー化的な都市による新たな閉域化によれば、第二の都市の時代に続く第三の都市の時代は、実は（電子制御されてはいるが）第一の都市の時代にそっくりな城塞都市、城壁都市であるのかもしれない。コミュニティの開放性の果てにある閉鎖性への回帰、都市の退行、こうして見ると、まさに都市の因果は巡るのである。

異質性の確立とその自覚

P・ヴィリリオは、さらに政治の感情民主主義[★246]という概念について、次のように分析している。

実際、こんにちのわれわれが直面している脅威とは、世論民主主義が政党による代表代

★245　→p.057★108

★246　「感情民主主義」とは、マスメディアによる世論の規格化と人々の感情の同期化が支配的になった結果、有名性（垂直性）が崩壊し、水平的な典型性（シミュラークルによる横並び）がそれに取って代わったというマスコミュニケーションの変質などを背景とした民主主義の状況を指す（P・ヴィリリオ『パニック都市』竹内孝宏訳、平凡社、2007年」より）

行制民主主義にとってかわりかねないということではもはやなく、文字どおりの感情民主主義が無節操になっていくということなのだ。ひとつの集合的な感情が、同期化されると同時にグローバル化される。（中略）

このままつづいていくと、モデル化としてのグローバル化は、否応なく政治的なトランス状態にまでつながっていく。かつて、それはナチズムの舞台装置家たちによって演出されていた——ニュルンベルクのスタジアムで、あるいはベルリンの大競技場で。（前掲書）

こうして世界全体が神経症的、超政治的様相を呈していく。

さらにP・ヴィリリオは、誰もが感じていながら、実際にはあまり語られることのなかったある事態について次のように分析する。つまり、時空の圧縮の結果、グローバルとローカルにある反転が起きるのだという。理由は簡単である。地球が有限であれば、グローバル化、イゾトピー化には必ず果て、つまり終焉、あるいは完了がやってくるはずであるというものである。すなわち、地球はある日、ついに同質化しつくされるのである。それこそは全地球的な都市空間の総イゾトピー化の状況に他ならない。そこでは、グローバルの内部にあったローカルが消滅し、すべてが有限の世界の内部であるグローバルに覆われるのだ。こうした社会では、政治的領土は消滅し、境界のない超政治の時代となって世界は閉域化（総内部化）する。そして地球外の空間が、今度は新たなローカルとしての外部となって、その内外の位置関係は完全に反転するのである。

われわれはいま、ある危機的空間の唐突な啓示に直面しているという。それは時間が圧縮された結果であり、また、経済、政治、そして軍事がグローバル化する時代において、〈人類〉の双方向的な活動の時空間が地球的に圧縮した結果である。ここから内部の概念と外部の概念の反転という重大な問題が生じてくるのである。

　空間はもはやただ生だけに関係しているのではなく、突然、終末にも関係するようになった。そして、不意をつかれないためには、いたるところで遅滞なく行動しなければならない。

　その結果、さきに触れた位相反転が生じる。そこでは、グローバルとは有限な世界の内部ということであり、外部とはローカル……。いいかえれば、まだその場所（*IN SITU*）にあり、地球物理学的な空間のなかでまさにローカル化されたあらゆるもののことである。この地球物理学的な空間において、距離の重要性は、操作の双方向性を前に消滅した。こうして、リアルタイムの瞬間的なグローバリゼーションとともに、われわれは政治的領域がまぎれもなくその権利を喪失していく場面にふたたび遭遇する。かつての領土主権など、そこではもはや通用しない。（中略）

　こうしてわれわれは、超政治の時代に入りこんでいく。そこではすべてがグローバルに外部である。なぜなら内部とは、内側とは、究極的な限界、世界の有限性であり、そして外部とはその充満だからである。

　いいかえれば、場所とともに生起するあらゆるものが、ここであれあそこであれ、高いところでも低いところでも、東洋でも西洋でも、唐突な疎外化に見舞われる。それは、われわれの歴史がいまここで（*hic et nunc*）閉域化するからである。

　このような極限にまで到達したわれわれは、誤解の余地なく断言することができる。政治的な革命の時代は閉じられる。そしてわれわれは、否応なく、超政治的な啓示の時代の不気味さのなかに入りこんでいくのだ、と。

（前掲書）

地政学的なものの巨大な総体の瓦解、国民国家の衰退、無節操な感情民主主義、テロと事故と内戦の時代、政治的な革命の不可能性と超政治の時代、幽閉都市、閉域と疎外、P・ヴィリリオは、グローバリゼーションによる時間や空間の圧縮、第二の都市の時代の終焉の果てに、イゾトピーの蔓延する社会、歴史の閉域化という不気味な姿を描き出す。そしてこれらは第三千年紀の入り口にいる人々の明日の都市の姿、まさにその可能的な未来像ではないかと言うのである。

P・ヴィリリオは、場所の黄昏としての、後述★247するボードリヤールのいう永遠の砂漠のイメージを、また別の角度から次のように描いて見せる。

> あらゆる移動行程の恒常的な加速化によって地球の住環境の規模がゆっくり極小化していくというのは、世界の砂漠化の油断ならない様相である。（中略）
> この、場所の黄昏において、見かけ速度の状況（position）と成分（composition）を示す目印は、すべて、ひとつひとつ消滅していく。（中略）
> 窓ガラスにぶつかるハエか、さもなければガラス鉢のなかの魚のように、われわれは「限界としてのゼロ地点」に到達した。そこでは、あらゆる距離が無化される。そこでは、世界の極小化による砂漠化のなかで、空間と時間のあらゆる間隔がつぎつぎと消滅していった。（前掲書）

確かに、毎日世界中のＴＶ番組やインターネットなどで、都市に限らず地球上のあらゆる場所が人々の目に晒され続けている★248。かつては秘境中の秘境であった南極ですらＷｅｂカメラが24時間定点映像を映し出す。通過時間の征服やバーチャル体験などによって地球全域が一種のイゾト

★247 永遠の砂漠Los Angeles→p.134

★248 「地球上のあらゆる場所が人々の眼に晒され続けている」とは、グーグル・アースなどによる定点観測の状況を指す。住所による検索だけで世界の多くの場所の近々の状況を直接見ることのできるストリート・ビューはすでに南極にも及んでいる。地球という有限の世界から秘境が消えるのは間もなくであろう

ピーと化す日は遠からず訪れるに違いない。もちろん、この地球の総イゾトピー化、つまりイゾトピー空間で有限の地球が満杯になるというP・ヴィリリオの指摘は、前述[249]の如く初めて資源消費の観点から地球の有限性に警鐘を鳴らしたといわれている1972年に発表されたローマクラブのレポート『成長の限界』のディスクールなどに触発されていると思われる。

こうしたペシミスティックな都市社会の未来像のディスクールにおいて、P・ヴィリリオは竹内孝宏が指摘するように[250]、その対処法として結局のところ人々は常に身の丈に合った地球物理学的政治に戻るべきではないか、と言っているのである。つまりそれは、今の都市やその空間における固有の場所性への志向、すなわち政治空間における「ローカル意識の死守[251]」へと繋がっていく。まさに「狭い地球、そんなに急いでどこへいく」というメッセージであろう。

もう一度繰り返すが[252]、デヴィッド・ハーヴェイ[253]が有効とする空間をコントロールし、組織化し得る方法は、H・ルフェーヴル[254]の言う、空間の断片化の原理の確立としての場所の固有性による自立化、異質性の確立とその自覚に向けた主体やコミュニティの意思（すでに生きられた場所の回復）を示し、絶え間なく実践していくことであり、これが来るべき地球外の地域としてのローカルが未だ見えていない現在においては、ポストグローバル化社会に向けてこの地球上で実現できる数少ない都市実践の有効的な手段のひとつといえるのではないだろうか。

地球上では、グローバリゼーションの波、その加速化は、日進月歩の情報技術や政治・経済・資本の覇権主義などに支えられて、今後とも止むことはないであろう。しかし一方で、あらゆる場所のイゾトピー化に辟易とし、同域の蔓延には何の魅力も感じることのできない多くの人々の心情も決して消えることはない。なぜなら、異域への興味と探究、それこそが、実はホモ・サピエンスが他の人類を圧倒して生き残った最大の理由[255]でもあったからである。

★249　→p.100★230

★250　『パニック都市』（平凡社、2007年）の訳者である竹内孝宏による「訳者あとがき」より。たけうち　たかひろ（1967年-）＝青山学院大学准教授、専門は表象文化論

★251　ここでは、グローバリズムに対峙する場の、空間の固有性に立脚した価値意識による発想を、あらゆる実践に繋げていくことなどを指す

★252　生きられた場所の回復——空間の細分化・断片化→p.097

★253　→p.009★10

★254　→p.008★5

★255　→p.014★1

第2章 都市空間のイメージ言語

イメージ言語1　理想都市(IDEAL CITY)
——ユートピア、一義性と多義性のはざまで

千年王国の夢——沖縄

手元に一枚の黄ばんだ新聞の切り抜きがある。1989年2月18日付の沖縄県の地方紙『沖縄タイムス』朝刊だ。文化欄に掲載された記事のタイトルは「場所の作品を守る——運命に対する防御の象徴として」となっているが、「素晴らしい玉陵《たまうどぅん》」の書き出しからはじまる長文の玉陵礼賛の寄稿者は、実は著者である。

新聞記事から遡ること6年ほど前の1983年、沖縄地方の梅雨明けも間近い頃であったと思う。生まれて初めて訪れた沖縄本島、首里城址近くのある「建造物」の前で言葉にならない感動に全身が震えてしまった体験は、すでに四半世紀以上の時を経た現在でも鮮烈な記憶として脳裏に焼き付いている。

前日の夜半に空路で那覇に到着し、翌朝、古都首里の眩い陽光のもとで最初に眼にした建造物がこの「玉陵[図1]」であったという意図せぬ出会いは、今思い返してみてもまったくの幸運であった

としか言いようがない。当時、孤高の建築家といわれていた白井晟一[★1]や民芸研究の柳宗悦[★2]が絶賛していたというくらいの予備知識しか持ち合わせずに、案内してくれた地元の方の薦めもあり、観光気分で見学に行ったのであるが、この石造建造物には本当に一瞥で度肝を抜かれてしまった。その後、先島地方も含めて近年にいたるまで沖縄各地の歴史的な遺構や現代建築などを数多く見て回った。その中には玉陵のすぐ近くにあり、現在は沖縄本島屈指の観光名所である1992年に再建された「首里城正殿[図2]」なども含まれていたが、この玉陵を超える造形にはついにお目にかかることはなかった。

　玉陵は厳密に言えば建築ではない。琉球王朝の王家、第二尚氏王統の歴代の墓陵、すなわち墓である。1501年に尚真王が、父の尚円王の遺骨を改葬するために創建したとされ、少なくとも記録上は築後500

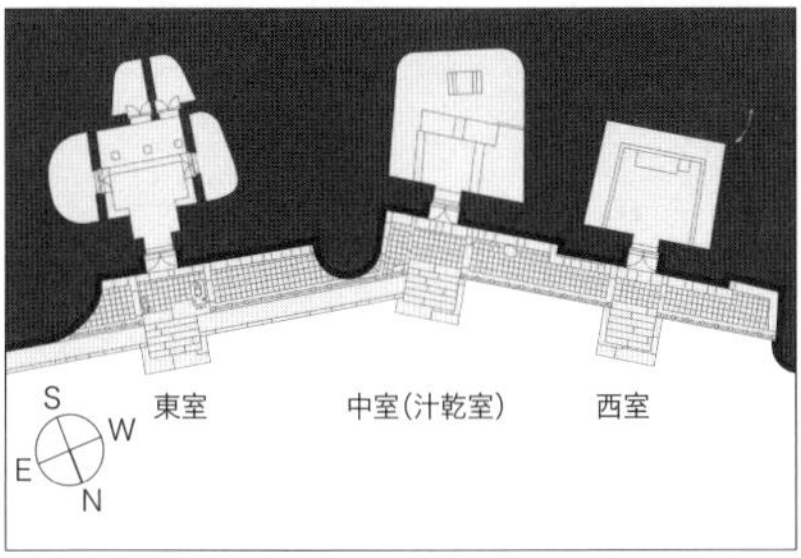

図1　玉陵の写真と配置図。陵庭にある碑文によると創建は1501年とされるが、築造に関する当時の文献はなく、必ずしも定かではない。『琉球国旧記』(首里王府編、1731年成立)によれば尚真王が築いたとされるが、碑文の内容は玉陵に葬られるべき者を制限したものであって、尚真王以下9人の名を挙げ、これらの子孫は「千年万年にいたるまで玉陵におさまるべし」とあり、権力争いの様子などもうかがえる。墓室は3室。沖縄戦では日本軍の陣地となり大破したが、74年から77年にかけて修復(『沖縄大百科事典』[沖縄タイムス社、1983年]などより)

★1　しらい　せいいち(1905-83年)＝建築家、哲学的な独自の作風が特徴

★2　やなぎ　むねよし(1889-1961年)＝思想家、美学者、生活に即した民芸品の用の美を唱え、民芸運動を起こした。文化功労者(1957年)

図2　首里城正殿。首里城は東西約400m、南北約270m、面積約46,167㎡の沖縄県最大規模の城跡で、14世紀頃察度(さっと)によってつくられたとされる琉球王の居城。正殿は、首里城公園整備とともに1992年に再建された(『沖縄大百科事典』[沖縄タイムス社、1983年]などより)

年は経たと思われる２０００年12月には、周辺の琉球王国の関連史跡群とともにユネスコ世界遺産に登録されている。

沖縄の破風墓[図3]は元来、王家の墓のスタイルであり、一般にイメージされる墓とはすでにだいぶ趣が異なるが、この玉陵はその破風墓の中でも最も壮大な建造物（破風墓が三基連続した形式）である。首里城西方の東西に連なる岩山を穿ち、北面して築かれ、周囲にグスク（石垣）を設けているが、当時の宮殿の板葺屋根をそのままモチーフにしたと思われる木造建築特有の飾り破風などの装飾が、すべて琉球石灰岩の細工でつくられている。王家のモニュメントであるが対称性は微塵もない。敷き詰められた白いサンゴ礁細片以外には何も置かれていない二重の陵庭（内庭・外庭）は儀式空間を兼ねていたのであろう。この陵庭のアプローチを含めて、空間全体のスケールと造形物の縮尺が一致していないようにも見受けられる。つまり、自然の岩山を刳り抜いたという制約によるためか、水平・垂直方向のいずれも、少なくとも通常の均衡感覚では見られない破調性を持っている。さらには、玉陵の造形自体が当時の王宮建築のミニチュアなのか、それとも創作なのか、部分の佇《たたず》まいとして見るべきなのか、これがすべて（全体）なのかも定かではない。見ようによっては、モダンな造形美をもった新奇な建築物[★3]にさえ思えてくる。

初めは、こうした異彩を放つ配置や平面、類まれな意匠美や、スケールの異様さなどにただただ圧倒されていたが、よくよくこの玉陵を眺めているうちに、やがて今度はまったく別の感動に包まれるようになる。それはあたかも切り取られた千年王国[★4]の街かどに立ったかのような、一種の時空を超えた至福のユートピア感覚ともいうべき高揚感である。もちろん千年王国は本来キリスト教の終末観に由来するもので、少なくとも琉球王朝とは別の神話の範疇であるが、眼前にある南の島の陽光と、碧い空に照らされた真白き珊瑚片の上に佇む不可思議な石造建造物のある光

図3　写真は、外観は破風墓（はふばか）と同じだが、沖縄で一般的な家形（やかた）墓。破風墓は屋根のつくりが破風型をしている墓だが、本来は「玉陵」のように岩壁を背にして掘削した洞穴を有するもの。元々は王家の専用とする形式が、明治以降庶民に普及したといわれる（『沖縄大百科事典』［沖縄タイムス社、1983年］より）

★3　玉陵の意匠性については、福島駿介『沖縄の石造文化』（沖縄出版、1987年）などに詳しい

景は、まさに権力者の夢想したであろう悠久の千年王国の夢に重なっていく。

すなわち、永遠に続く一族の支配と王国の栄耀栄華、死者への鎮魂と安寧な自らの死後の世界構築という、見果てぬ夢や願望が生み出したユートピアとしての石の建造物の存在がひとたび透けて見えてくると、それが洋の東西を問わず既に何度も見てきた権力者によるモニュメントのある光景にもかかわらず、人間の想像力の営みが現出させた理想郷をモチーフとする不可思議な「場所の作品」への共感や、ユートピアの幻想が生み出すある種の迫力につい興奮し、心を奪われてしまう。

その後2年ほど仕事で沖縄に滞在して、繰り返しこの玉陵を訪れ、ついにはそのユートピアパワーに背中を押されて、矢も盾もたまらずナイチャー（よそ者）であるにもかかわらず、冒頭の如く地元紙に「玉陵礼賛」の寄稿までしてしまったのである。

最後のパトロン建築家の死と理想都市――ベルリン

遺憾ながらブルジョア的の時代にあつては、公共生活のための建築表出といふものは、私的な資本主義的社会生活の目的物の利益のために抑圧されつゞけてきた。かゝる傾向を除去するといふことの中にこそ、正に国家社会主義の偉大なる文化史的な課題が存在するのである。

（岸田日出刀『ナチス獨逸の建築』相模書房、1943年、引用はアドルフ・ヒトラーの文化講演1935年より、一部の漢字は引用者が新漢字に改めた）

★4 「千年王国」は、キリスト教による神が直接地上を支配する「至福千年期」のことで、いわゆる終末論の一つ。千年王国に到るためには悔い改めが必要とされる

1981年9月1日、英国ロンドンのセント・メリー病院で、ナチスドイツ戦犯の生き残りの一人であった建築家で元軍需相アルベルト・シュペーア[★5]が、ひっそりと76歳の生涯を閉じた。しばらくの後に、日本の新聞の片隅に載ったシュペーアの小さな死亡記事を目にした時、これで音楽や絵画などとともに有史以前から続いてきた西欧世界のパトロン[★6]芸術としての建築は完全に潰えたと思った。そして同時に、シュペーアのパトロンであった独裁者アドルフ・ヒトラーの夢見た壮大な理想都市ベルリン、全体主義[★7]国家として千年王国を標榜したユートピアでもあるドイツ第三帝国[★8]の首都への改造を目論んだ「大ベルリン計画（ゲルマニア計画）[図4]」も、シュペーアらの描き手たちとともに完全にこの地上から消滅したのである。

パトロンを失った理想都市の描き手たちは、これからの時代や世界にあって一体誰のために、何のための理想都市を、どのようにして描き続けるのか、シュペーアの死亡記事を前に、当時ぼんやりとそんなことを考えた記憶がある。

> 今日独逸に於けるすべての都市計画的な建設事業の王冠ともいふべきものは、首都伯林の新しい形成であらう。一九三七年一月三十日に、ヒトラー総統は建築家アルベルト・シュペーアにこの課題解決のすべてを委任して、彼を首府伯林の建築総監に任命した。そしてヒトラーは、この偉大なる仕事を首尾よく完成させるために必要なあらゆる非常手段をも許容する布告をさへ発した。
>
> （前掲書、一部の漢字は引用者が新漢字に改めた）

しかしながら、ヒトラーが夢想したドイツ第三帝国の首都ベルリンは本当にユートピアであり得たのだろうか。建築家A・シュペーアはここに新古典主義[★9]のオーダーが無限に続くが如く、無

★5　アルベルト・シュペーア（1905-81年）＝ナチスドイツの建築家、軍需相、ベルリン建設総監。ナチスドイツで最もヒトラーの信頼が厚かった人物の一人

★6　「パトロン」は、ラテン語のパテル（父親）の派生語で、後援者、庇護（保護）者などを指す。歴史的には芸術家に対する私的な庇護を授けた者を呼ぶ。ヒトラーとシュペーアは直接のパトロン関係ではないという解釈もあるが、結果的にはヒトラーが独裁者として私物化した国家の野望がシュペーアを後援し、庇護した

★7　全体主義について→p.118

★8　「第三帝国」はDas Dritte Reichの訳。第三の国家、未来の国という意味もある。国家社会主義ドイツ労働者党が神聖ローマ帝国、プロイセン王国によるドイツ帝国につぐ三番目の国家として自らこう称したもの

味乾燥な巨大建築群による壮麗・荘厳なスケールアウトの「壮大風都市」を構想していた。単調なナチスの太鼓の響きに合わせて、機械仕掛けの如く一糸乱れず行進する大規模な軍隊、総統の演説に聞き入る数百万の無言の聴衆の動かぬ人形のような人影が映るそのモノクロームの都市に、果たして人々は自らの居場所を見い出すことができたのであろうか。

ファシストは基本的に自由な都市を嫌い、ファシズムは都市に対抗し、都市に介入する。[★10] 特に、人々が自由に往来し、異質性や個性、多義的な解釈を闊達にぶつけ合うモダニズムの都市は本来、ファシストが最も嫌悪する存在であった。

一方で、建築家は個別のクライアントのために創作しながらも、どこかで普遍的な純粋空間[★11]を、そして、それを見る超越的な眼差しを希求する。そこには人の気配は無用だ。意に沿わない家具や調度品さえも邪魔になる。国の内外を問わず、建築系の雑誌を見るがよい。掲載される新たな建築の写真のほとんどは純粋空間を志向し、モノクロームの光と影に彩られた超越的な眼差しによる無人のカットなのである。

都市の外観があっても、そこに人の気配のない場所を死の都市＝ネクロポリス[★12]と呼ぶならば、自らが人々を跪《ひざまず》かせる神の目を持つことを渇望した狂気のファシストと、こうした純粋空間を見るための超越的な眼差しを希求する建築家が出会い、ともに夢見た千年王国のユートピアこそは、まさに無人のネクロポリスとしてのディストピア[★13]そのものではなかったか。

権力者の描くユートピアとしての理想都市は、すでにその中に反ユートピア、ディストピアを内包している。理想都市は、本来相反していて並存するはずのない存在を、すなわち都市と反都市を同時に孕《はら》む両義性の上に成立している。[★14] つまり理想という一義性を神ならぬ人が支配者や権力者として手中にした途端に、今度は自らの理想を標榜するが故に、都市に管理や制限といった

図4 「大ベルリン計画」の模型（A・シュペーア、1940年）。ヒトラーはベルリンをドイツ第三帝国による世界の首都に改造することを目論み、ゲルマニア計画と呼んでシュペーアとともに手をつけ始めていた。構想では1945年に世界大戦に勝利、50年には理想都市として完成する予定であったという

★9 「新古典主義」は多面的な様相を持つ。起源は18世紀後半のフランスとされ、ロココ・デザインなどの過剰な装飾性などに反発して荘厳さ、崇高性などを古典様式に求めたものであったが、ナチスなどの国家モニュメントには単なる模倣的な歴史主義様式として採用されたことから、蔑称のごとく扱われた。しかし一方で、新古典主義を代表するドイツの建築家K・F・シンケル（1781-1841年）などによる端正さは、モダニズム時代の建築家にもファンが多く、一定の評価もある

全体主義について

エンツォ・トラヴェルソ★15の著書『全体主義』(柱本元彦訳、平凡社、2010年) によれば、全体主義は、1923年ごろから反ファシズム陣営によってイタリアから使われ始め、その後は主に英語で語られた概念であるとされる。歴史的にはムッソリーニからゴルバチョフまでがその範囲であり、ソビエト崩壊などによって概念自体は歴史的にはすでにアクチャルではないとされている。イタリアのファシズムを含み、反ナチズム、反スターリニズム、反共産主義の陣営によって分析、闘争、論争の道具として用いられた概念である。

E・トラヴェルソは、全体主義は一種の抽象モデルで、例えばジョージ・オーウェルの『1984』★16の悪夢が最もそのイメージに近く、歴史的現実は具体的な「全体性」であるとする。実際にはナチズム、ボルシェヴィズムや共産主義はそれぞれ近代の危機や戦争などを基盤としつつ個別の歴史的文脈から出ているものだが、それらが社会や人々の異種性、葛藤、多様性を無化し、国家と社会の境界を消し去る非国家的な万能国家というパラドキシカルな一種のユートピア概念に通じる共通性を持つことから、これらの相違を隠蔽する概念としても用いられていたという。

E・トラヴェルソによれば、このことはまた全体主義という概念が常に(現在でも)他の脅威を隠蔽する可能性(危険性)があることを示すとしている。現在において反全体主義を叫ぶことで隠蔽される脅威として、例えば「グローバリズム」★17などが挙げられている。

本書ではこうした歴史的文脈とは切り離して、抽象的なモデルとしての全体主義をユートピアにおける「全体主義的な」様相を表す概念として援用している。

★10　町村敬志・西澤晃彦『都市の社会学』(有斐閣、2000年)より。例えば秘密警察活動や監視の目の介入は全体主義の都市につきものである

★11　空間的な価値(美や崇高性など)の現前を第一義的に追求すること

★12　「ネクロポリス」(necropolis)の語源はギリシャ語の「nekropolis」。死者の国、死者の都を指す。都市に隣接した巨大霊園や墓地、人の住まない場所のことを指すようになる

★13　「ディストピア」(Dystopia)はギリシャ語の「阻外された場所」の意。ユートピアと正反対の社会のこと

★14　町村敬志・西澤晃彦『都市の社会学』(有斐閣、2000年)より

★15　エンツォ・トラヴェルソ(1957年-)=歴史学者。イタリア生まれ、パリ在住

★16　ジョージ・オーウェル(1903-50年)=英国の作家、ジャーナリスト。小説『1984』(1949年)は、ビッグ・ブラザーの支配による全体主義的ディストピア社会を描いた

反都市性を持ち込まざるを得ないのである。ユートピアの都市は、都市というかたちをとる反都市としてのユートピアを抱えるという両義性の上に立つ、極めて矛盾に満ちた概念でもあるのだ。

ユートピアという名の全体主義的社会

遥かな山の彼方や遠い海の向こうがまったく未知の果てしない異界であった時代、人々は閉ざされた世界に生きながらも、その「果て」に自らの欲望や願望を投影して伝説化させ、さまざまな理想郷を夢想した。アトランティス、エル・ドラード、ザナドゥ、シャングリラ、ニライカナイ[★18]などその数は多く、また、こうした理想郷への想いは世界中に広く分布していた。

都市が誕生してからは、時空を超越した思想としての理想郷（ユートピア的な場所）はしばしば「理想都市(Ideal City)」のかたちをとって人々の前に立ち現れる。理想都市こそは古代から人々が夢想したユートピアを実現すべく設《しつら》えられた舞台であり、その空間的現前の一つに他ならない。それは同時に、人類の豊かな想像力の偉大な記念碑でもあった。

一方で、ユートピアはNowhere Land、つまり「無い場所」という場所である。それは逆説的なイメージを抱えた、いわば人々の見果てぬ夢であり、トマス・モアの1516年の著書[図5]に登場する島社会である国家の名前から世界中に広まったといわれている。もちろん、人類史のあらゆる時代に、それぞれの時代が思い描いた理想郷のイメージがあり、いつかその理想郷に辿り着きたいという強い願望もあった。そして、その多くは権力者が己の崇拝する神や自らの支配(権力)を永遠とする夢想、例えば神の都、太陽の都などに直結していた。特に「第一の都市の時代[★19]」のユートピアは、概ね権力やその支配と結び付いた、きわめて政治的な概念でもあった。

★17 →p.020★17

★18 アトランティスは古代ギリシャの哲学者プラトン（紀元前427-紀元前347年）が記述した高度な文明をもつ伝説の大陸（→p.130★53）、エル・ドラードは南アメリカ・アンデスの黄金郷伝説、ザナドゥ（S・T・コールリッジ『クーブラ・カーン』）、シャングリラ（J・ヒルトン『失われた地平線』）は詩や小説に使われた理想郷の名称、ニライカナイは、奄美群島や沖縄に伝わる伝承の中の理想郷

図5 トマス・モア『ユートピア』より。同書は、1516年にラテン語で書かれた小説で、赤道の南にあるとされた共産社会的な理想郷(島)を描いたもの。トマス・モア(1478-1535年)＝英国の法律家、思想家

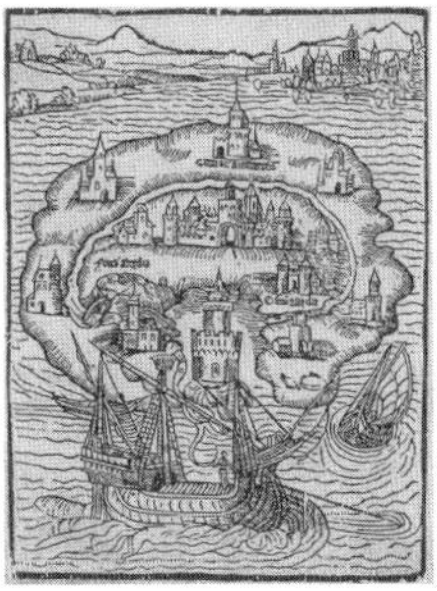

★19 第一の都市の時代→p.017

しかしながら、古代から夢想された数多の理想郷、そしてトマス・モアの描いたユートピアの本来の意味でもある「至高の場所であるが現実にはない場所」は、理想郷として「ユートピア的なるもの」が鮮明になればなるほど、同時に現実社会との乖離や対比が大きく意識され、そこに現実に対する批判としての意味合い、あるいは現実の社会を間に挟んでユートピアと対極にある反ユートピア、逆ユートピア（ディストピア）の存在がクローズアップされることになる。

さらに言えば、理想都市に帰着するユートピアを「理想」という一義的な価値のもとに成立する一種の全体主義的社会であると捉えるなら、ユートピアという具体の場所で、至福のユートピア社会を維持していくために現実的なレベルで必要とされる具体的なシステムや手段は、結局のところ相互監視や異分子の隔離と排除といったきわめて全体主義的な色彩を帯びた厳格で過酷な「管理社会」★20としての都市に重なり合っていく。ユートピアであれ何であれ、権力を行使される側から見れば、そんな社会の実現が本当に真の理想郷足り得るか、といった負のイメージがそこに垣間見える。理想都市は結局、万人の理想ではなく、「誰のための理想の都市か」という問題に置き換えられてしまうのである。

繰り返しになるが、ユートピアはそれを人間が夢想した途端に、その対極にあるはずの反ユートピアを同時に抱え込むことになるといった、極めてパラドキシカルな命題を孕む概念なのだ。そして「古代ギリシャ」の国家体制★21の理想化に帰するといわれる西欧社会の人々の理想郷としての理想都市も、常に現実のシステムや人間の性《さが》の重みに押し潰されるという意味ではまったく同様な矛盾を抱えていた。このあたりについて、例えばM・フーコー★22は、ユートピアが都市空間などの現実の空間を底辺とする歴史的空間の相の中でどこにも着地することのない、一種の歴史に「宙吊りにされた状態」図6であると指摘する。確かにこうした俯瞰的な視点からみれば、ユートピ

★20　「管理社会」は、権力機構などによって、社会全体に管理―被管理のシステムが行き渡った極端に管理化された社会のこと。G・オーウェルの『1984』（1949年）などが例として出される

★21　実際には古代ギリシャの政治体制は都市ごとにさまざまであったとされるが、ここではアテネの民主制（ペリクレスの時代は直接民主制）など、独裁制に対峙する政治システムによる都市を指している（民主制は衆愚政治ともいわれた）

★22　→p.027 ★41

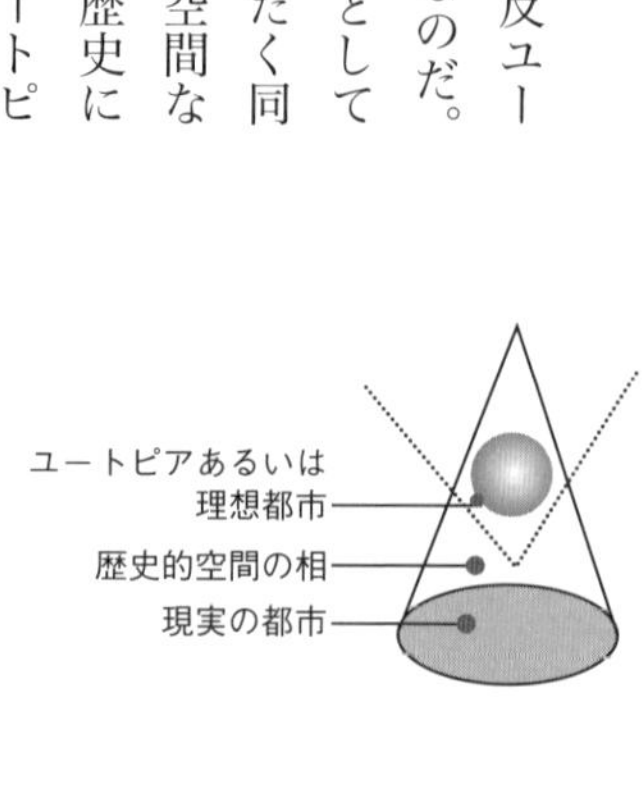

図6　M・フーコーのいうユートピア概念の歴史的宙吊り状態

アの歴史は人類の想像力の偉大な記念碑であると同時に、歴史的空間に宙吊りにされた人間の思考の変遷であり、その思想史に他なるまい。

皮肉にもユートピアの命名者であるトマス・モアは、ユートピアを白日の下に晒したその瞬間に、真のユートピアへの夢の終わりを人々に告げることになってしまった、最初のメッセンジャーとなったのである。

一義的なコード依存型社会の終焉

人間社会は古代から現代に到るまで、明らかに「脱コード型社会」に向かうベクトルに沿って自らの時間を重ねてきている。★23 ここでいうコードとは言語（記号の体系）などにおけるメッセージを解読する決まり、約束事★24のことであるが、人間がもともとこうしたコードを逸脱しようとする、つまり常にメッセージに対して多義的な解釈を是とする、あるいは自由な意思によって表現の可能性を拡張しようとする存在であることから、時代とともに徐々に一義的なコードの意義が薄れていく。

一般に、発信者のメッセージが一義的に伝わるためには機械のコミュニケーション★25、すなわちメッセージの伝達=受発信に用いるコードが常に1対1対応（同一）であるコミュニケーションが理想だが、人間社会の意図や情報の伝達においてはむしろ、人間自身の意思によって多様な読み取りを是とすることで「コード依存型」の社会★26から徐々にコードのしばりを希薄化した「脱コード型社会」へ推移してきている（例えば1960年代のテクスト論★27の考え方など）。現代ではあらゆる局面でコード依存の傾向は徐々に後退しつつあるといえよう。

★23　同世代間でしか通じない会話、携帯メールの絵文字の日常化、方言の復権、公用語を英語にしようとする企業が現れるなど、日本でも過去の時代から言語のコードは変容を遂げ、ますます共通のコードのしばりは希薄化されてきている。これはあらゆる意味で多様性に向かうという歴史の必然と重なる

★24　コード（約束事・きまり）→p.149

★25　「機械のコミュニケーション」は、厳格なコードが存在することによって成立する。例えば原理・法則などによる科学のコミュニケーションやコンピュータによる0と1のコミュニケーションなど

★26　主に近世以前の古代社会を指す

★27　メッセージの発信者はある一定の意図のもとに情報=テクストを発信するが、受信する側のメッセージの読み手はまったく発信者の意図と異なる読み方をする場合がある。つまり、テクスト=情報は受信者がどんな読み方をしても基本的には自由であり、発信者もやがてそれを前提にメッセージを発信せざるを得なくなる。従って、何を言っても言わなくても同じという、特に1960年代にもてはやされた考え方

こうして、権力者側が一義的なメッセージを発信し、強固なコードの縛りによって受信側には極力特定の意図の通り、つまり発信者（権力者側）の意図通り一義的に読ませることで成立する全体主義的社会の維持が困難になってきている。「コンテクスト中心の社会[★28]（物語社会）」の傾向の優位性を背景とする近代以降の社会では、情報環境の激変などの状況とも相俟って、すでに理想という一義的な解釈を前提とする全体社会としてのユートピア概念の成立も難しい局面に立たされているのである。

ユートピアの系譜と理想都市

歴史的なユートピア、あるいは理想都市の系譜や変遷については数多くの研究書があるが、鵜沢隆[★29]はメソポタミアの復元都市[図7]、古代ギリシャのヒッポダモス[★30]や古代ローマのウィトルウィウス[★31]の著作などを見れば、「モデルとしての都市＝アイデアルシティ」という概念はすでに古代から存在していたことは明らかであるという。

こうしたモデルとしての都市、都市社会学でいう「理念型としての都市」を含めた「ユートピアとしての理想都市」の概念がより明確に現れたルネッサンス期には、図像的な都市理念、あるいは遠近法による絵画表現[図8]などを駆使して、人々は情熱を持ってさまざまなアイデアルシティを発信し、後世に遺した。さらに、トマス・モアのユートピアが出版された16世紀から翌17世紀にかけては、城塞都市などの「理想国家」と同義の理想都市が構想され、軍事都市パルマノーヴァ[図9]が実際に建設されるなど、中世社会の都市＝国家防衛といった緊急課題を前に、理想都市の手法を「現実化」する方策が追求される。

★28　脱コード型の社会は、やがて規範としてのコードを失い、すべてのメッセージが物語やテクストに覆われる。従ってこうした時代に発信されたメッセージを読み解くためにはコードよりコンテクストが重要になる。空気を読めない「ＫＹ」が問題になる社会とはまさにコンテクストが自立した社会のことである（コンテクスト［脈絡と参照］→p.152）

★29　うざわ　たかし（1951年-）＝筑波大学大学院教授、専門は建築史、イタリア建築など。本文中の指摘は「モデルとしての都市」『未来都市の考古学』展カタログ（東京新聞、1996年）よりやがて18世紀になると、「第二の都市の時代」[★32]＝工業化を契機とする都市の勃興とともに、劇場などの都市施設や監視と処罰（病院と刑務所、つまり治癒と刑罰の空間）といった権力や啓蒙思想による理想的な「支配の空間モデル」[図10]が提示される。また、ピラネージ[★33]やフランス革命期のルドゥー〈ショーの理想都市〉、ブレやルクーらのヴィジョネール（幻視の建築家）[★34]が、社会の全体的な不安を背景に、絶対幾何学図形や壮大でアンチヒューマンなスケールをもった超越的な幻想のドローイング建築を描く。[図11図12]

図7　メソポタミア、ウル第三王朝のジッグラト（神殿）。紀元前2100年頃。この頃のシュメール人は、ジッグラトを中心とした都市文明を築いていた

★30　ヒッポダモス＝紀元前5世紀頃に活躍した古代ギリシャの都市計画家。史上で残っている最初の都市計画家とされる。広場（アゴラ）を中心に、格子状の街路で機能的に諸施設を配置した（ヒッポダモス方式）

★31　マルクス・ウィトルウィウス・ポリオ＝紀元前1世紀頃に活躍したローマ帝国初期の建築家。現存する最古の建築理論書を著した

図8　ジュゼッペ・ガッリ・ビビエーナ『建築と透視図』（1740年）より

図9　パルマノーヴァ平面図（1593年）。ヴェネツィア共和国の軍事拠点として、17世紀にイタリア北東部につくられた

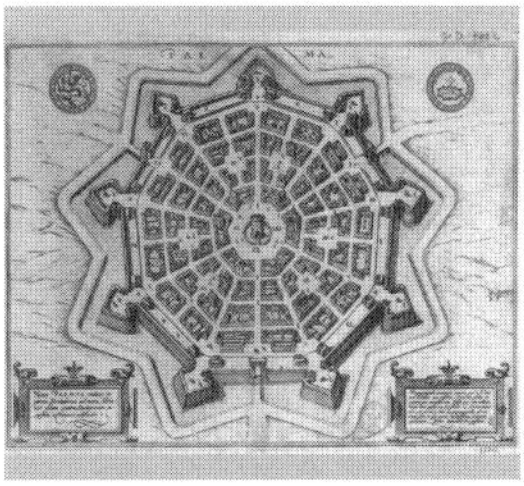

★32　第二の都市の時代→p.018

図10　アントワーヌ・プチ「オテル・デュ計画（平面図）」（1774年）。中央の管理棟から放射状に病棟がのびる一望監視的な配置

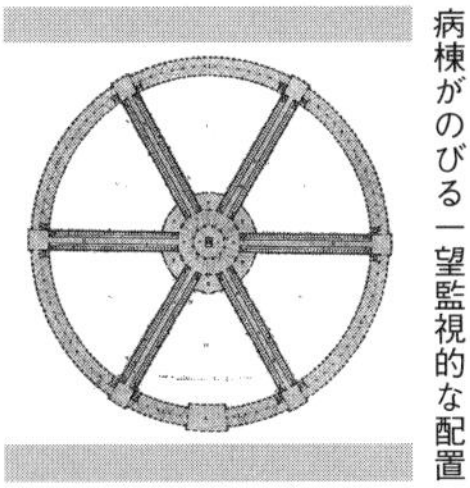

★33　ジョヴァンニ・バッティスタ・ピラネージ（1720-78年）＝イタリアの画家、建築家。綿密な調査に基づく解説と図版を統合した『ローマの古代遺跡』を刊行した

★34　クロード＝ニコラ・ルドゥー（1736-1806年）、エティエンヌ＝ルイ・ブレ（1728-99年）、ジャン＝ジャック・ルクー（1757-1825?年）の三人が「幻視の建築家」と呼ばれるのは、エミール・カウフマンの著書『三人の革命的建築家』（1952年）などが影響している

図11　クロード＝ニコラ・ルドゥー「ショーの理想都市」（1773-79年）

図12　エティエンヌ＝ルイ・ブレ「ニュートン記念館——夜の効果（断面図）」（1784年）

19世紀には爆発的に進行した産業化による「第二の都市の時代」のさまざまな病理の蔓延と、資本主義の発達を背景とした搾取される側の労働者群、貧困層など権力から遠く離れた人々に目が向けられて都市社会主義の運動が起こり、やがて理想都市づくりに向かうという、産業都市時代の社会主義的ユートピアが多く構想される。ロバート・オウエン、サン＝シモン、シャルル・フーリエらが[★35]この系譜に挙げられ、さらにE・ハワードの田園都市〈レッチワース〉[図13]、T・ガルニエの〈工業都市〉[図14]など、産業化と自然の融合といった近代以降の理想都市やユートピアの原型が、次世紀にかけて盛んに構想された。

20世紀になると、19世紀から発展を遂げてきた摩天楼に象徴されるアメリカ合衆国の大都市の躍進があり、その刺激や多大、多彩な影響のもとにサン・テリアらの未来派、[図15]ロシア革命時代のロシア・アヴァンギャルド、[図16]また国際様式の旗手ル・コルビュジエ〈輝く都市〉[★36]、米国のF・L・ライト〈ブロードエーカー・シティ〉[図17]やR・ヒルベルザイマー〈高層都市計画〉[★37]、B・タウト〈アルプス建築〉[★38]、前述の[★39]A・シュペーア〈ゲルマニア計画〉らが目まぐるしい変化の時代、戦争や政治体制の激動を背景に、注目すべき新たな理想都市イメージを提起した。例えば、イタリア・ファシスト党のムッソリーニに寵愛され、夭逝したモダニズムの建築家G・テッラーニの〈ダンテウム〉[図18]などもこうしたユートピアの系列に加えてよいのかもしれない。

第二次世界大戦後の日本では丹下健三、[★40]菊竹清訓、[★41]磯崎新[★42]らが、欧米では1960年代以降のアーキグラム、[★43]レム・コールハース、[★44]ダニエル・リベスキンド[★45]らがこれらの系譜に続いた。

いずれにしても、理想都市とも、都市の未来図とも、あるいは廃墟志向などの単なるアイロニーやディストピアとも判別しかねるこうした多彩なプロジェクト、その表現には、近代以降の都市の解釈の多義性を基盤に、当時の人々の想像力によって、それぞれまったく異なる都市像が示

★35　ロバート・オウエン（1771-1858年）＝英国の社会改革家、空想社会主義者、1819年の工場法の制定に尽力。クロード・アンリ・ド・ルヴロワ・サン＝シモン（1760-1825年）＝フランスの社会主義思想家、フランソワ・マリー・シャルル・フーリエ（1772-1837年）＝フランスの社会思想家

図13　レッチワース（写真）はエベネザー・ハワードの構想をモデルにロンドンの北方約55kmの丘陵地約15平方kmに計画された。コンペの結果、都市計画家レイモンド・アンウィンとバリー・パーカーの案が選ばれた（1904年）。E・ハワード（1850-1928年）はイギリスの都市計画家。『明日―真の改革への平和な道』（1898年）で田園都市構想を明らかにする。後に『明日の田園都市』として再刊

図14　トニー・ガルニエ（1869-1948年）はフランスの都市計画家。図は『工業都市』より、製鉄所（1917年）

図15　「未来派」は機械化によって実現される近代社会の速度を称える前衛芸術運動。アントニオ・サンテリア（1888-1916年）はその代表的建築家。図は三層道路上に建つ、外部エレベータ、回廊、アーケードの付いた集合住宅（1914年）

図16　「ロシア・アヴァンギャルド」はロシア革命を含む、20世紀初頭のソビエト連邦の芸術運動の総称。ロシア構成主義の代表的建築家にヤコフ・チェルニホフ（1889-1951年）、ウラジーミル・タトリン（1885-1953年）、コンスタンチン・メーリニコフ（1890-1974年）など。図はチェルニホフ『建築ファンタジー』（1933年）より、「壮大な農業用構造物、明確に静的な建築物、工場の様相」

★36　ル・コルビュジエ（本名シャルル=エドゥアール・ジャンヌレ、1887-1965年）は、パリを拠点に活動した建築家で、近代建築運動を牽引した巨匠の一人。鉄、ガラス、コンクリートなどの新技術による材料を使い、個人、地域などの特殊性を超えた国際様式（インターナショナル・スタイル→p.077★165）などを提唱。コルビュジエは300万人の現代都市、パリのヴォワザン計画に続き「輝く都市」（1935年）を発表した。いずれも人口過密による都市環境の悪化を解消するため、高層ビル建設によるオープンスペースの確保、自動車道と歩道の分離などが計画されている

図17　「ブロードエーカー・シティ」は近代建築を代表する巨匠の一人である建築家フランク・ロイド・ライト（1867-1959年）が計画した、米国の田園都市的な理想都市案（1934-35年）。自動車、ヘリコプターが移動手段として想定されている。一般的な家族のための小住宅群としてユーソニアン・ハウスが計画された。図は『リビングシティ』（1958年）より「郊外の眺め」

★37　ルートヴィヒ・カール・ヒルベルザイマー（1885-1967年）の高層都市計画（1924年）は、低層に店舗、軽工業、市場、鉄道網などを配置し、その上層を集合住宅、歩行道路とする二層構造。平面的な都市を重ね合わせる垂直計画案

★38　ブルーノ・タウト（1880-1938年）がドイツ表現主義の影響を受けて1919年に発表した。アルプス山中に計画されたガラスによるクリスタル・パビリオン

★39　→p.116★5、p.117 図4

図18　「ダンテウム」はジュゼッペ・テッラーニ（1904-43年）による未完の計画案（1938年）。イタリアの詩人ダンテの「神曲」を建築化する意図があり、黄金比などの複雑な構成によるが、全貌はわかり難い。図は「地獄の間」のスケッチ

★40　たんげ　けんぞう（1913-2005年）＝建築家、都市計画家。1961年に「東京計画1960」を発表（→p.285 図29）

★41　きくたけ　きよのり（1928年-）＝建築家。海上都市構想を発表し続け、沖縄国際海洋博覧会のアクアポリス（1975年）で一部実現

★42　いそざき　あらた（1931年-）＝建築家。空中都市、コンピュータ・エイディド・シティを発表（クールなユートピア像→p.127）

★43　→p.126★47

★44　レム・コールハース（1944年-）＝オランダ生まれの建築家、都市計画家。「囚われの球を持つ都市」のドローイング（1972年）などが知られる

★45　ダニエル・リベスキンド（1946年-）＝ポーランド生まれの米国人建築家。ドローイング「マイクロメガス」で脱構築主義の建築的思想を発表

されている。これらのドローイングを背景の時代とともに眺めていくと、そこにはまさに描かれた「未来都市の考古学」★46の様相が見てとれよう。

ユートピアの抱えるディストピアと不在性

理想都市像には、これを夢想した人々の情念や思想、時代の雰囲気、方向性などが色濃く反映されるが、特に近代以降では楽観的な表現によるユートピアと、悲観的な表現によるディストピアが混在し、並置される。いずれも都市を舞台とするもので、特に後者はネクロポリス（死者の都市）に象徴される反ユートピアとしてのディストピア、死の影が付き纏う重苦しい都市、つまり逆ユートピア像とも重なる。

以下に、１９６０年代以降の三つの代表的なユートピア像について概観してみよう。

楽観的なユートピア像

英国の建築家グループ「アーキグラム」★47の１９６０年代の魅惑的なドローイング、例えば〈ウォーキング・シティ＝歩く都市〉図19〈プラグ・イン・シティ＝差し込み式都市〉〈インスタント・シティ＝出前都市〉などには都市の本質、都市性そのものに寄せる憧憬や揺るぎない信頼がある。つまり都市は、退屈な田舎や都市性が欠如して同質性に満ちたフラットな郊外などに比べてはるかに快適であり、ハイテクで情報密度が高く、刺激に満ちた楽しむための場所である、というきわめてオプティミスティックな、あたかも高度成長期１９６０年代最後の徒花のような都市礼賛と、その背後に潜む技術過信への不安などがアーキグラムのドローイングの背景にある。

★46　「未来都市の考古学」は1996年に東京都現代美術館などで開催された展覧会の名称。ルネサンス期から20世紀までの理想都市計画案などが図版、模型、CGで展示された

★47　「アーキグラム」は1961年に結成された英国の建築家グループ。当時は建築界のビートルズなどといわれた。メンバーはピーター・クック（1936年-）、ロン・ヘロン（1930年-）、デヴィッド・グリーン（1937年-）ら。「建築の重さ」をイメージするという同名の雑誌を発行し、主にプロジェクトのドローイングで世界に知られた。70年代初頭で活動は終わったとされる

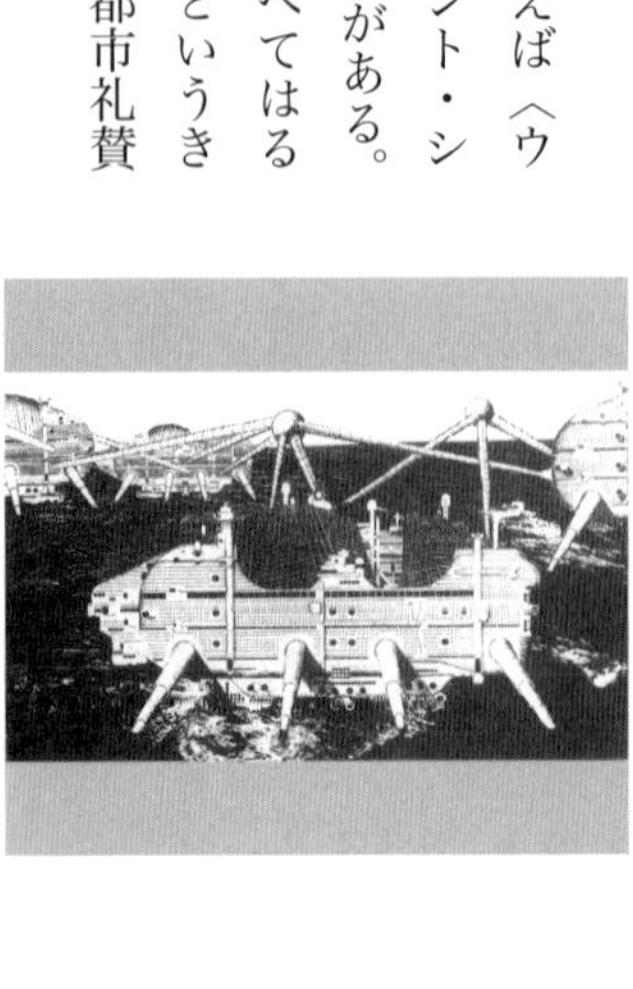

図19　ロン・ヘロン「洋上のウォーキング・シティ」（1964年）

悲観的なユートピア像

例えばリドリー・スコット監督の映画『ブレードランナー』[図20]（1982年公開）は優れた、また稀有な映像表現であるが、公開当時は青少年の未来イメージに暗い影を投げかけ、希望を失わせ、国の将来をも危うくするということで、日本の議会でも有害映像の例として取り上げられている。酸性雨や大気汚染などによるハードの疲弊と、正常な維持管理機能を失った汚れきった環境にある退廃的な近未来都市のイメージをあまりに鮮烈に映像化したことによって、一部の人々が反ユートピア、反体制的な映像としてこれを忌避したのである。この後、特にハリウッド作品の描く未来都市には『ブレードランナー』の後追いもあって、暗黒の都市空間が続出した。ペシミストの描くディストピアとしての未来都市は、現在の都市社会が内包する未解決の問題による破綻状況のイメージなどによって出現したものであるといわれている。こうした映像は、都市が抱える社会解体への不安や都市に対する不信の行方を具体のイメージとして提示することで、今の世界を再認識する、あるいはこれを反面教師とするという意義もあるだろう。

クールなユートピア像

例えば、コンピュータによって制御される未来都市の様相はどのようなものだろうか。現在の都市はあまねく情報化によってすでにこうした状況をある程度手中にしているともいえるが、建築家・磯崎新は コンピュータ・エイディド・シティ[図21]（Computer Aided City）でよりクールな都市の未来像を描いた。「コンピュータ・エイドの都市を描くとき、倫理的基準を組みいれることは無意味である。夢想のような提案は、むしろ反倫理的なのだ。コンピュータは、屠殺場にも競馬にも、スーパーマーケットにも教育機械にも、同時に使用されている[★48]」と磯崎は言う。技術が

図20　ブレードランナー・オリジナル版パンフレット。『ブレードランナー』は、P・K・ディック『アンドロイドは電気羊の夢を見るか?』（1968年、邦訳初版は浅倉久志訳、早川書房、1969年）を原作とする米国映画。リドリー・スコット監督による近未来都市のリアルな描写が話題となるが、このストーリーのイメージは、J・ボードリヤール（→p.135★64）のいうシミュラークル（→p.028★45）と重なる

要請する変化は都市を改善へと導くのか、それとも破壊・衰退に導くのか、コンピュータ端末が支配する未来都市は果たして人が住む環境足り得るのか、そんな問いかけに対して磯崎が提示したユートピアは、あらゆる種類の都市施設を区切りなしにひとまとめにしてしまうような、すべてがコンピュータライズ、すなわち均質化されたクールで機械的な都市であった。鈍く光る金属の巨大なナマコのようなセンターと、半導体ユニットそのままのような外観のサブ施設群からなるユートピア。コンピュータ端末の前では、形態も、その意味も、場所さえも無用となるのだ。ヒエラルキーが消失し、形態すら自らのシニフィエ★49を失った単一のパッケージである電子機器の理想都市には、音もなく、コンピュータ端末だけがひたすら稼働し続ける、そんな人工世界の極限の光景を磯崎は20世紀の後半、１９７０年代の初めに描き出している。

コンピュータ・エイディド・シティから既に40年以上の時を経た21世紀の現在、現実の都市は必ずしも磯崎の描いたようなディストピアの様相を呈しているわけではないが、そのメッセージは未だにある種のメタファーとして十分有効である。

人間が機械に支配される未来、これもその後、繰り返し映像化されたテーマであるが、戦争や大災害といった極端なカタストロフィー現象などなくても、合理主義的な装いをまとった新たな技術の要請によって意外なほど簡単にクールな反ユートピア、ディストピアが我々の眼前に出現するのではと思わせるところに、磯崎のコンピュータ・エイディド・シティの本当の怖さがある。

ユートピアの二重の不在性

ところで、反ユートピアの都市、ディストピアは実際には我々の間近にあり、常に意識の中にも存在し続けているのではないか。

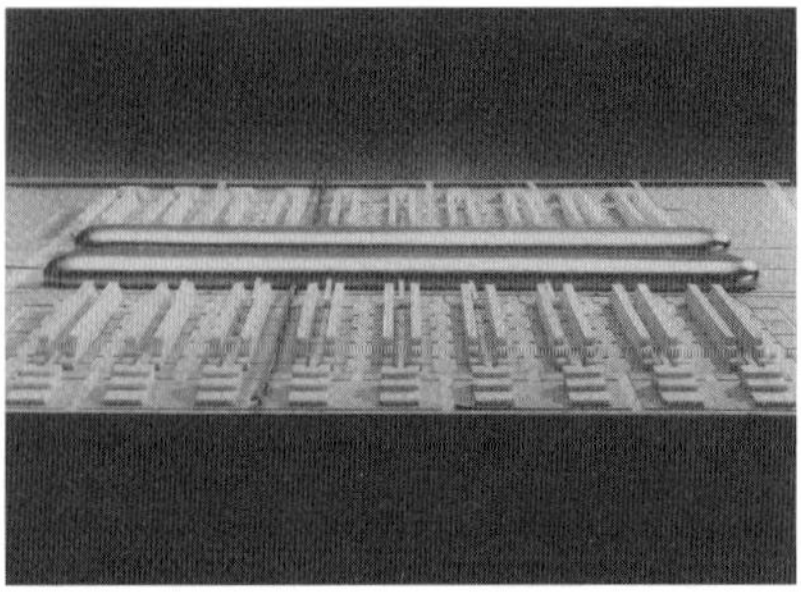

図21　磯崎新「コンピュータ・エイディド・シティ」（1972年）

★48　「特集＝磯崎新の全作品」（『SD』1976年4月号、鹿島出版会）の「コンピュータ・エイディド・シティ」より。引用文中、現代では用いない用語もあるが、原文のままとしている

★49　「シニフィエ」（記号内容）は言葉が直接指し示すものにまとわる間接的な意味、イメージのようなもの（記号表現と記号内容→p.150）

例えばネクロポリス＝死者の都市になぞらえられる広大な霊園[図22]や墓地は、明らかに都市が内包する一種のディストピア、反都市であろう。なぜ生きている人々は、古代から死者の空間であるこうしたネクロポリスを「生者の都市」の内部に並置して、そこから心の安穏を得たり、こうした死後の住まいを自ら取得し構築することに腐心するのだろうか。

もし、人々が死後の世界に理想郷を置く理由の一つが、世知辛い現世を仮住まいとする意識の裏返しであるとすれば、ディストピアであるネクロポリスこそが実は真のユートピアということになる。だが、このことは、もともと無い場所であるユートピアが、実際には「場所」の不在とともに、今度は「身体」の永遠の不在という二重の不在を抱えてしまうことを意味している。

都市におけるネクロポリス内包の希求、あるいは主体の「死と再生」のテーマは、こうしたユートピアの二重の不在性を物語るのと同時に、一方では生者と死者の空間の境界を曖昧にすることで、その循環（再生）による時空の連続性、ユートピアの永劫回帰的なイメージを担保するのである。

ユートピアの政治性と理想都市（神話・イデオロギー・ユートピア）

理想都市は、はたして今まで見てきた如く、権力者や、歴史の流れの中で人々が持つさまざまな欲望や願望、信条を映して描かれた見えない都市のプロジェクトとして、あるいはユートピア計画が描き出した単なる絵空事としてのみ存在していたのだろうか。

アンリ・ルフェーヴル[★50]は、農業の時代から工業（産業化）の時代を経てもなお、人間のコミュニティにおける都市中枢（これをH・ルフェーヴルは「政治都市[★51]」といっている）が持っている政治

図22　中国南部シャーメン市（福建省厦門［あもい］市）の新市街地区の郊外にある大規模霊園。中国の霊園の墓碑には故人の写真が直接石の表面にプリントされている

★50　→p.008★5

的な次元の中には、変わらずこのユートピア（的なもの）が含まれ続けているという。

H・ルフェーヴルはヘーゲル★52以前の（西ヨーロッパの）都市について、例えばプラトンの「クリティアス★53」におけるアトランティスの神話を引き合いに出し、調和のとれた、田舎的でも禁欲的でも職人的でもない都市国家に特有な、一種の都市的共産主義のような制度による都市においては、「神話」と「イデオロギー」、そして「ユートピア」という結びつきが、そのまま農村的構造から都市にスライドされ、これらのいわば三種セットの契約の前には諸矛盾や抗争は魔術で退散させられ、せいぜい芸術作品に現れることで雲散させられてしまうことが意図されていると分析する。例えば、ギリシャ悲劇★54におけるアポロ的精神（＝都市）とディオニュソス的精神（＝田舎）の対立のように、都会に奪い取られるという農民的テーマとしてのあらゆる悲劇が無数に存在し、一方で都会には多くの脅威がのしかかることを繰り返し表現することで、双方向的な被害・加害意識においてそれぞれカタルシスが図られているとされる。つまり、ユートピアの政治性は、神話とともにまさに都市と農村の対立の融和において大いにその威力を発揮するのである。

この場合、「非制度的ディスクール」、すなわち非制度的なものとして哲学者などによって語られるものが「神話」であり、「制度的ディスクール」として制度の批判や反駁、改変などを含みつつ、それらもあくまで制度の規定内で止揚されるものが「イデオロギー」であり、制度的なものの超越が「ユートピア」になるという。

「第一の都市の時代」における都市のユートピアは、プラトンの描くアトランティスがそうであったように、基本的に自らの周囲に食料などの生産の拠点である農村的な連合を組織することを前提に語られているという。この場合の農村とは、進行方向を持たない時間の循環的なイメージがあるのみで、ひたすら自然とかかわって永遠に生産し続ける存在である。一方の政治的中枢

★51　権力者の集中する都市の起源となる機能・居住空間をH・ルフェーヴルは「政治都市」と呼んでいる。この空間は人間の定住とともに始まったとされる

★52　ゲオルク・ヴィルヘルム・フリードリヒ・ヘーゲル（1770-1331年）＝ドイツの哲学者。ドイツ観念論哲学の完成者といわれる。共同体を基盤とする人倫を説く。I・カント（→p.078★167）とは対照的な思想家

★53　「クリティアス」は、古代ギリシャの哲学者プラトン（紀元前427-紀元前347年）の著作とされる。一夜にして大西洋に沈んだアトランティス大陸の話が出てくる

★54　「ギリシャ悲劇」は、古代ギリシャにおいて、アテナイのディオニュシア祭で上演された仮面劇で、悲劇を題材とし、ヨーロッパ古典文芸のもととなったといわれる

である都市は、終局へと向かう時間や、光り輝く空間の中に調和を持って配置された宇宙のイメージを持つが、アトランティスのように、結局は滅びることによって語られる存在であるとH・ルフェーヴルは言う。そして、この統合された農村と都市（中枢）の微妙な結びつき、緊張関係を基盤に成立しているユートピアこそが理想都市であり、神話、イデオロギー、ユートピアという三種の次元を背景とする政治的な権力支配の構図は、そのまま農業的であると同時に都市的であるユートピア的共産主義[★55]の源泉となっているとH・ルフェーヴルは指摘する。このことは、例えばフーリエのファランステール[★56]のユートピアにおいて十分説明できるという。都市で（時に農村対都市の対立の基軸として）語られる農業時代の神話、ユートピアが、実は遊牧・田園生活や非農業的な生産活動を参照しており、それはすでに工業的な神話の前触れであった。つまり共同体からの解放や、農業労働における分業化すなわち効率化の想定など、本来はきわめて都市的な概念であるものを含んでいることから、結局、農村時代の神話とされるものが、実は多分に都市的な要素（神話）やユートピアを含んで語られていたことになる。

　理想都市に向かう人々の心情は常にユートピアの政治性の発揮に支えられており、都市中枢である政治的都市はあらゆる形でユートピアを活用し、取り込むことで、人々の意識を制度的なものを超えたレベルでさえ繋ぎ止めようと図るのである。

　やがて18世紀の半ば以降からの「第二の都市の時代」＝工業化を契機とする都市の凌駕によって、今度は「自然」がノスタルジーや希望（ユートピアの言語）として語られる。しかし、その後１００年ほどで、爆発的な産業都市化のさらなる進行は、こうした楽園のノスタルジーすらも呑み込んでしまい、やがて自然は完全に都市に従属する存在である「人工楽園」となる。

　例えば、現在でも都市において蠱惑《こわく》的に語られる「緑なす環境」とか「四季の訪れ」や「季節

★55　「ユートピア的共産主義」とは、歴史的にはK・マルクス（→p.009★9）、F・エンゲルス（1820-95年）が自らの主張である科学的社会主義とは区別して空想社会主義として呼んだ概念を指すが、ここではH・ルフェーヴルが単に平等な生産、分配などを基盤とする市民構成による共産主義的な農村集落や理想都市をイメージして指す概念

★56　「ファランステール」は、フランスの空想社会主義者シャルル・フーリエ（1772-1837年）が建設を目指した、アソシアシオン（協同体、フーリエの用語では「ファランジュ」）による農村的ユートピア

のメランコリー」などは、実際には自然そのものではなく、都市に従属する装置化された疑似自然[★57]がもたらす感覚に他ならない。こうした都市に埋め込まれた疑似自然である「緑」や「四季」は、まさに「第二の都市の時代」の主要なユートピアの言語として機能する。

さらにH・ルフェーヴルによれば、ある一つの概念へと向かう都市のイメージは、都市現象の中に埋め込まれた都市現実のシンボル（象徴）、パラディグム（範列、等価と対立）、シンタグム（連辞、つながり）のそれぞれの次元において、すなわちイデオロギーとユートピアが物語や神話的テーマの巧妙な記述と混淆して再—現前し、結局「都市的なるもの」は、こうした神話、イデオロギー、ユートピアおよび科学を通して理解されるという。[★58]このうちで、特にユートピア概念は、制度的ディスクールであるイデオロギー＝狭義の現実社会のシステム（工業化時代のパラディグム、すなわち科学や操作主義的な都市計画）への反応、つまりそれらに対する反駁や絶望として立ち現れるのだ。

近代以降の社会では、こうした科学万能主義や極端な管理主義、操作主義的な都市計画などに対する人々の反発や絶望感が強いので、ＳＦなどのジャンルでは概ね都市現象に対するペシミスティックな予測が幅を利かせることになり、常に悲観主義的なテーマが現れがちであるという。確かに『ブレードランナー』などのディストピアとしての近未来都市を描いたＳＦ映像を見ていると、未来は本当にこの通りになるのではないかと思えてしまうのは、そんな背景によるのかもしれない。

Ｈ・ルフェーヴルのいう「社会の完全なる都市化」、あるいは「完全なる都市社会[★59]」がすでにコード依存型社会を前提としたユートピア[★60]（理想都市）を志向するものではないことは明らかである。だが、なお不断のプロブレマティックな都市とのかかわりによる「都市革命[★61]」が未来に向

★57　「疑似自然」とは、自然に似せた環境、人間に飼いならされ、記号化された自然の意。H・ルフェーヴルは「自然の再—現前（代理）は、そのようなものとしてあらわれた都市現実をとおして、つまりそれによって、それのためにしか、形成されない」（『都市革命』今井成美訳、晶文社、1974年、括弧内引用者）という

★58　H・ルフェーヴルによれば、都市現象においては、単なる制度的なものの配列、対立といった二項関係ではなく、そこにシンボルとしての神話が機能し、見い出されるとする（『都市革命』[今井成美訳、晶文社、1974年]より）。都市的なるもの→p.073★156、「パラディグム」と「シンタグム」は、F・ド・ソシュールによる記号論の考え方（→p.154★89）

★59　→p.010★17

★60　『都市革命』訳註によれば、「プロブレマティック」とは「あいまいさ・難解さ、を意味すると同時に、その問題を解決にむけて設定すること」とされ、原語の両義性を保持するために読み下しにしたとしている。ここでは「その問題の解決に向けて前向きにその問題を捉えること」という意

けた希望、つまり我々が暗黒のカオスである疲弊・腐敗しきった絶望の都市ゴッサム・シティに[図23]向かうことなく未来へ進む、という屈折した望みを繋ぐ切り札となるべく構想されていることも、また確かであろう。そうであれば、それは多分、H・ルフェーヴル風に言うならば「多義的な使用価値を前提とする物語（＝脱コード型）社会において、完全に都市化された社会」としての理想郷とでもいうべきものになるだろうか。

　現代における都市のイメージ言語としての「理想都市」を、このように社会が示す多様な方向を包含し、許容する多義性の了解の上に成り立つ理想（＝一義性の）都市というあり得ない存在として捉える限りにおいては、まさしく「理想都市」は、相変わらず旧来のユートピア概念と同様に、幾重にもパラドキシカル（矛盾だらけ）でコンフリクト（不一致）を生じさせる厄介な概念であり、[★62]歴史的な「宙吊りの都市」として、つまりは「見果てぬ夢」として、今後もあり続けることになるだろう。

★61　→p.073★156

図23　映画『バットマン』に登場するゴッサム・シティは架空の都市だが、映画版のモデルはシカゴといわれている。写真はバットマンシリーズ『ダークナイト』のパンフレット

★62　「理想都市」は、独裁者の信条や人間の理想という一義的な価値観が支配する都市を指すが、これがユートピアとしての理想都市の本質であるならば、通常多義的な存在である実在の都市は原理的にユートピア足り得ないことになる、という意

イメージ言語2　イメージされる都市
——永遠の砂漠とイメージアビリティ

都市は見られるものである。都市がどのように見られ、見られたのかは、人々の日常における大きな関心事の一つと言ってもよい。見られることの、そして有徴化★63されることの総体として「イメージされる都市」、あるいは記述された「都市のイメージ」がある。

多角的に都市を読み解き、構想し、参照して、全体性への眼差しのもとにその生活様式などを探究すること、そのために本章ではさまざまな視座から都市にかかわる言語、ディスクールなどを「イメージ言語」として取り上げ、こうした「言語によるイメージの集合体としての都市」の記述を目論んでいるが、一方で、都市自体も当然ながらイメージされる対象である。ここでは、そうした見られる都市、すなわち「イメージされる都市」についてあらためて考察してみよう。

永遠の砂漠 Los Angeles

われわれヨーロッパ人は、審美学、意味、文化、風味、誘惑の熱愛者だ。われわれにとって、

★63　「有徴化」とは有標、マーク、特徴が前に出ることなどの意であるが、記号論では印がつくことを指す。ここでは転じて主体の認識の対象となることを指している（無徴と有徴／通過と到達→p.166）

深い精神性を備えたもののみが美しく、自然と文化の大胆な区別だけが好ましい。われわれは批評精神と超越性なるものに永遠に屈している。そんなわれわれにとって、衝撃であり、前代未聞の安らぎであるのは、無意味というものの魅惑を見出すこと、砂漠にも都市にもある、極度の、驚くべき孤立性を見出すことである。
（ジャン・ボードリヤール「永遠の砂漠」石本隆治訳『現代思想』1982年5月号、青土社）

これはフランス人のジャン・ボードリヤール★64が1980年に米国の都市ロサンゼルス図24について書いた小文の一節である。ボードリヤールといえば『物の体系』『消費社会の神話と構造』『記号の経済学批判』『象徴交換と死』『アメリカ―砂漠よ永遠に★65』などの著作で知られる言わば「消費社会の批評家」であるが、ここではヨーロッパ人の眼からみたアメリカ西海岸の都市ロサンゼルスの印象を、ヨーロッパの都市との二項対立的な比較を軸として、韻を踏んだ独特のタッチで記述している。

J・ボードリヤールによれば、ロサンゼルスはこんな「見られる都市」である。

（この）都市は動く砂漠にすぎない。史跡がなく、歴史がない。あるのは動く砂漠とシミュレーションの宣揚。切れめのない、無差異的な町並みにも、バッドランズの無垢の沈黙の中にも、同一の野性がある。なぜロスアンジェルスが、なぜ砂漠が、これほどにも魅惑的なのか――そこには深みが全く欠け、人が深みから解放されているからだ――ここにあるのは輝くばかりの、動的な、表層的な、中性的性格。意味と深みに対する挑戦。自然と文化に対する挑戦。無限定で、起源も参照物もない超空間。

★64 ジャン・ボードリヤール（1929-2007年）＝ポストモダンを代表するフランスの思想家。大量消費時代では、商品が使用価値としてだけではなく、記号として立ち現れることを説いた

図24 ロサンゼルスのダウンタウン（2007年）

★65 本書の引用は『現代思想』1982年5月号（青土社）に掲載された石木隆治訳「永遠の砂漠」によっているが、その後、田中正人訳の『アメリカ 砂漠よ永遠に』（法政大学出版局、1988年）が出版されている

こうしたものには、いずれも蠱惑《シャルム》はなく、誘惑《セデュクシオン》もない。誘惑はイタリアにあるものだ。
（前掲書、括弧内引用者）

そしてさらにロサンゼルスの、ヨーロッパの都市イメージとの真逆性が綴られる。

（ここには）誘惑はないが、絶対的な魅惑《ファシナシオン》がある。あらゆる種類の審美学的形式や、生に対する批評が消失し、無目標の中性的性格となって輝く魅惑だ。物そのものの、そして太陽の中性。砂漠の中性、それは、欲望なき不動性。ロスアンジェルスの中性、それは無方向な、欲望なき交通。審美学の終焉。
（中略）都会には建築様式が不在で、都会は、もはや長い、有徴的な道行き《トラヴェリング》にすぎない。そして、人々の顔、身体にも、情感と性格の驚くべき不在。彼らは、美しく、しなやかで、軽快、クールであるか、さもなくば異常に太っている。
（前掲書、括弧内引用者）

砂漠があり、欲望はないという「砂漠的形式」——すなわち痕跡の消失、都会における記号のシニフィエの消失[★66]、身体における心理の消失、演劇的、社会的誘惑ではなく、動物的、抽象的魅惑、直接的にはむき出しの土地の魅惑、本質的には無味乾燥と不毛の魅惑——とJ・ボードリヤールが呼ぶロサンゼルス。

点的機能と線的機能からなる大雑把な網状組織である都市、フリーウエイを攻撃性もなく目的もなく無数の車が等速で休みなく走り、繰り出されていく。スーパーリアリズム型テクノロジーと高移動の時代における唯一の交通社会形態をもった都市、表層、網目状組織、簡易テクノロジ

★66　「シニフィエの消失」とは、事物が背後の意味内容を失い、単なる記号表現としてのみ存在していること
（記号表現と記号内容→p.150）

ーの中で自己充足し、垂直性もなくアンダーグラウンドもなく雑踏、共同体もない。市街も家並もなく中心地も記念碑もない。幻想の空間、幻影的、非連続的な継起、そこではあらゆる機能が分散し、あらゆる記号に位階がない。

そして「この土地に希望はない」とJ・ボードリヤールは言う。

この「永遠の砂漠《デゼール・フォー・エヴァ》」では散文的な都市イメージの記述の一方で、実は都市を見る多様な視点と各々の視点から紡ぎ出される濃密なイメージ言語やディスクールが緻密に内包されている。例えばそれは地理、風土、歴史、文化、誘惑、欲望、参照物、構造、劇場性、平面性、垂直性、移動性、有徴性、記号性、不在性、審美性、意味性などであり、これを孤立と連携、砂漠と演劇性、表層と深み、起源・参照物の無さと歴史性、魅惑と誘惑、有意味と無意味などといった、ヨーロッパの都市との二項対立★67的な比較要素によって示すことで、イメージされる対象となる都市の様相がより鮮明に印象付けられ、同時に都市に向けるJ・ボードリヤールの眼差しが確実に明瞭な焦点を結ぶよう、巧みに構成されている。

J・ボードリヤールは単純にヨーロッパの都市を賛美し、他方で歴史の浅い米国西海岸の都市をヨーロッパ人の眼で優越的に眺めているわけではない。「徹底的な無耕作《アンキュルチュール》＝無文化性とこれほどの自然美の突飛な結合、自然の驚異と絶対的シミュラクルとの突飛な結合は、他の土地では全く見当らないものだ」（前掲書）というこの都市には、意味と郷愁をたっぷり担った自然美と、儀式的な地域文化の意味の横溢の双方から解き放たれた土地の砂漠性と同時に、文化自体の砂漠性ゆえにすべてのものが平等で同一の超自然的な輝きを持つことができる稀有な存在であるとして、そこでは記号すらその背後の内容としてのシニフィエを失い、シミュレーションによるシミュラークル★68（見立て）として実在する都市であるロサンゼルスを見ている。あたかも、サラサラの

★67「二項対立」は、対となる対立する概念、あるいは二つのアプリオリに相反する概念などを並置することであるが、脱構築などによって、乗り越えられるべき概念とされる考え方もある。ここでは都市というカテゴリーにおける「ヨーロッパ的なるもの」対「米国的なるもの」という対立項を指す

★68「シミュラークル」は、起源や現実を持たないシミュレーションによるオリジナルなきコピー、実在から生まれる背後のない対面する鏡面の鏡像の連鎖の様なもの。ポストモダニティの社会の欲望や生産の終焉を指してJ・ボードリヤールが用いる概念（→p.028★45）

砂のような中性的で世界最先端のテクノロジーを持つ集落が、砂漠の幻影の如く奇蹟的に表出しているような都市のさまを、自らの関心の最も直接的な検体として、あるいは、ついに見い出した非農・無耕作の極致であるシミュラークルの検証物としての都市を興味深く見ているのである。

都市は、主体自らが抱くさまざまな関心の有意味性のレベルにおいて、まさにイメージされる。イメージされる都市、それはすなわちトラヴェリング状態★69の果てにある有意味の実在であり、重々しいと耐えがたく、軽すぎると通過するだけの単なる無徴の集合空間となる。そして、あらゆる参照物の背後にある意味そのものが消失して、ひたすら現在だけが通り過ぎるという文化の絶対零度への接近はトポス（有意味の空間）を限りなく砂漠化させて、J・ボードリヤールの言うシミュラークルとしての、あるいはP・ヴィリリオ★70のいう場所の黄昏★71としてのカリフォルニアの都市空間と重なっていく。

J・ボードリヤールはまた、両義的な砂漠性★72によって金銭やものが影を失う都市ラスベガスやギャンブルについても「記号を発するもの、ないしは痕跡の極端な稀少性が人々を一攫千金へと駆り立てる」（前掲書）として言及している。ラスベガスについてはここでは直接触れないが、例えば建築家R・ヴェンチューリ★73の『ラスベガス』には、類似の視点からこの都市についての詳しい建築的考察が述べられている。

ロサンゼルスは、J・ボードリヤールによって暗喩的に砂漠に突如出現した孤立性を特徴とする有枠の平面都市のように描かれているが、実際はスカイスクレーパーが林立するアメリカ第二の大都市であり、今日も相変わらず世界のメトロポリタンエリア＝大都会に共通のスーパーテクノロジーと、うごめく都市的喧騒に包まれた「見られる都市」であることは言うまでもない。

★69　「トラヴェリング状態」とは、移動にともなう主体の開放的な心情をいう概念。「旅」およびその誘いの契機となるもの（トラヴェリング＝道行きとは→p.168）

★70　→p.099★227

★71　→p.109のP・ヴィリリオ引用文を参照

★72　砂漠型の立地としての隔絶された都市と、シミュラークルとしての都市の砂漠性の両義性の意

★73　ロバート・ヴェンチューリ（1925年-）＝米国のポストモダンの建築家と言われる。主な著作に『建築の多様性と対立性』（1966年）、『ラスベガス』（共著、1972年）など

イメージアビリティ

都市の外観――見られる都市

米国の都市研究者ケヴィン・リンチ[★74]は、その著書『THE IMAGE OF THE CITY』（1960年、邦題は『都市のイメージ』）の序文の冒頭で次のように述べている。

> この本は、都市の外観と、この外観にはいったいどんな重要性があるのか、またこれを変化させることはできるのか、などについて述べたものである。都市の風景にはいろいろの役割があるが、そのひとつは人々に見られ、記憶され、楽しまれることである。
>
> （ケヴィン・リンチ『都市のイメージ』丹下健三・富田玲子訳、岩波書店、1968年）

とりあえず、J・ボードリヤールとは対照的な都市のディスクールとして、あるいは別の視点から都市のイメージ分析の手法などをより詳細に見ていくために、ここでは「イメージされる都市」において、主体の接触にとっての最も直接的なインターフェイスとなる都市の「外観」、すなわち見えるイメージという形態概念やその要素などを軸に、J・ボードリヤールと同じロサンゼルスなどの都市を分析対象とするK・リンチによる研究を手掛かりとしよう。

K・リンチは、「都市に対するわれわれの感じ方は、一様ではなくて、部分的であり、断片的であり、その他いろいろの関心事とまぜこぜになっている。そこにはすべての感覚が活動しており、イメージとはそれらすべてが合成されたものである」（前掲書）としつつ、こうした都市環境にとって決定的に重要なのは「外見」の明瞭さ、わかりやすさ（レジビリティ[★75]）であるという。

★74　ケヴィン・リンチ（1918-84年）＝米国の都市計画家、マサチューセッツ工科大学教授を務めた。『都市のイメージ』は2007年に新装版が出版された（岩波書店）

★75　レジビリティ（Legibility）は、読みやすい、明瞭な、一見してよくわかるという意通常、都市においては、人々は多くの他人や地図、標識、地番案内、サインなどに囲まれているので、完全に道に迷うということはないように思われる。しかし、一度でも方角を見失う経験をすると、人はその恐怖感がいかに大きいかがわかる。つまりLostは「迷う」を超えて「不幸」をすら意味する深刻な場合となり得る。人が道を見つけるための手掛りは環境のイメージであり、それは個々の人間が物理的外界に対して抱いている総合的な心象である。生き生きとした、まとまりのある、くっきりとした環境イメージは、人々に情緒の安定をもたらす。それは道に迷ったときの恐怖感と正反対のものであるという。

K・リンチは一方で、もちろん環境の中の神秘さや迷路、意外さの価値を否定しているわけではない。ただ、その意外さは①基本的に危険がなく一定の枠内での意外さであること②つきつめて調べていけばやがて理解できる形態を備えていること——の二つの条件が整わない限り、そうした環境は単に不快なだけであるとする。あるいは細部にいたるまで精緻に秩序立てられた環境の下では新しい物語は生まれにくいので、意外さを契機とする環境への観察者の積極的関与も重要であるとしている。

K・リンチの分析は、基本的には都市の形態要素についてのものであるが、その内容はきわめてわかりやすい。すなわち都市は明瞭な外観を持ち、レジビリティと一定の枠内での意外性、そして、よく考えれば必ず理解できる程度の物語性を担保することによって人々が安心してそこに住まい、参加意識や関与の余地を残すことができる存在になり、明確にイメージされ得るというものである。

これはまさに、R・ヴェンチューリが指摘する米国人による「ディズニーランド」型都市づくりのマニュアルそのものであろう。自己完結型のユートピア志向★76と言ってもよいかもしれない。

★76　町村敬志・西澤晃彦著『都市の社会学』（有斐閣、2000年）より。社会学者の吉見俊哉（1957年-）を引用してディズニーランドの空間的特性を自己完結型と呼んだそれは、J・ボードリヤールが半ば呆れつつも羨望をもって眺め、ヨーロッパの都市とは異質の世界であるとした米国型の都市イメージの根源にある、きわめてポジティヴかつオプティミスティック（楽観的）ないわば日向《ひなた》思考である。そこで過ごす時間が楽しければ、それは充実した環境といえるというのであれば、あるいはこれも一種のプラグマティズム★77に由来する考え方であろう。さらには、異質なナショナリティ、異質なコミュニティの混成（移民）社会である米国における、別の意味での宿命的な「深み」の中で、「恐怖＝異質性」を超えて（排除して）統一的な都市イメージを構築するには、実はレジビリティなどが最も現実的な手法、評価指標であるとして、よりポジティヴに意識されているのかもしれない。

しかしながら、非米国人であるヨーロッパ人やアジアおよび日本人は、良し悪しの評価は別にしても、こうした思考に対してどこか馴染みきれないという意識や違和感を抱くかもしれない。つまり都市は本来、例えばJ・ボードリヤールが言う如く、あらゆる審美性、批評性、痕跡や深み、欲望、意味と郷愁をたっぷり担った自然美との融合、儀式的な地域文化の意味の横溢、演劇性と猥雑さ、迷路性と神秘性、日陰と憂鬱さなどに満ち満ちたものであり、むしろ都市の外観や輪郭は明瞭さを欠いているべきで、その不明瞭さにこそこうした深遠な都市のイメージが潜み得るのではないか、と心の底で考えているとしたら、K・リンチが考える都市イメージの持っている日向思考による心象風景との間には、大きなズレが生じることになるだろう。

多分そのズレは人種や気候風土、人間観、歴史観など、主体やその集団を形成するさまざまな要素における基本的な場所や、そこでの生活の相違自体から直接滲出《しんしゅつ》していると思われる。そうであれば、都市のイメージは結局見られる側の都市に生活する人々の様相そのものであり、その構造的な表出に他ならない。実はK・リンチも「イメージアビリティ★78」という形態分析的な概念

★77「プラグマティズム」は、米国のチャールズ・サンダース・パース（1839-1914年）、ジョン・デューイ（1859-1952年）らにより、1870年代に生まれたアメリカ人によるアメリカ人のための思想と呼ばれる考え方。実用主義などと訳される。ギリシャ語のPragma＝行為、行動が語源。ある知識が真理であるか否かは、その知識が働きを持っているかにかかっている。その知識に基づいて人間が行動した時に、その結果が有効であればその知識は真理であるとする。真理は絶対不変なものではなく、大切なのは行為であるというもの

★78 Imageability（イメージアビリティ）とは、Image（イメージ）＋Ability（能力）を組み合わせたもので、ケヴィン・リンチの造語である

を都市にあてはめて、そのことを説明しようと試みている。再びK・リンチの『都市のイメージ』に戻って、このイメージアビリティの考え方についてみていこう。

都市のイメージアビリティ

K・リンチは、都市のイメージは以下の三つの分析視角により検証されるとしている。

①アイデンティティ(Identity)＝そのものであること、その対象物を他のものから見分けさせているもの

②ストラクチャー(Structure)＝構造、対象を空間やパターンの関係として観察者に認識させているもの

③ミーニング(Meaning)＝意味、観察者に何らかの意味をもたらす空間や、パターンの関係以外の関係性

上記のうち③ミーニングについては社会、歴史、個人レベルなど、意味が生じる契機は広範であり、その個別性も強く一様には捉えられないので、とりあえず都市という分析対象（としての形態）からは切り離している。残った都市のイメージ成分のうち①アイデンティティと②ストラクチャーの性質にかかわる物理的特質について、これをK・リンチの造語である「イメージアビリティ」という概念によって説明する。イメージアビリティとは、「物体にそなわる特質であって、これがあるためにその物体があらゆる観察者に強烈なイメージを呼びおこさせる可能性が高くなる」（前掲書）とされている。

このイメージアビリティは〈レジビリティ＝わかりやすさ〉や〈ヴィジビリティ＝見やすさ〉と同義であり、イメージされる可能性、つまりよりわかりやすく、より見やすいものほど、より

強く直接的にイメージされやすいという特性に他ならず、K・リンチの「都市は人々にイメージされるものである」というテーマの核心部分に重なる。都市においてはイメージアビリティ、つまり見やすさ、わかりやすさなどを高めることが美しく楽しい環境をつくることと同義であるが、さらに、都市のイメージアビリティには、その都市が持つ固有イメージの発信能力や、発信された固有の記憶の総体なども含まれているという。

K・リンチは「美しい環境には、この他にも、意味または表現の豊かさ、感覚的なよろこび、リズム、刺激、選択といった基本的な特性も含まれている」(前掲書)とした上で、こうした特性の重要性は否定しないが、特に知覚の世界におけるアイデンティティとストラクチャーの必要性を考慮すれば、この特質が複雑で常に変化しつつある都市環境という特別なケースに対して特殊な関連を持つことを説明する必要があることを強調しており、実際にマサチューセッツ州ボストン、ニュージャージー州ジャージー・シティ、カリフォルニア州ロサンゼルスの米国の三都市で、多くの被験者との面接調査などにより、イメージアビリティ概念の重要性を裏付けるべく分析や個別要素の抽出などを行っている。

イメージアビリティとは何か

一例をあげればフローレンスは非常に個性の強い都市であり、その個性にはたくさんの人々が深く心をとらえられている。(中略)どんな経済的社会的問題をかかえているにせよ、このような環境に住んでいると、よろこびの、悲しみの、あるいは自分もその一部であるという親近感の、特別な深みが日々の体験に与えられるようである。
(前掲書)

K・リンチは、イメージアブル（Imageable）な、つまり見てわかりやすく、首尾一貫し、明晰な景観をもつという都市世界を構築する機会が、我々には与えられているという。例えば、現実の都市ではイタリアのフィレンツェ[図25]などが強烈な個性を持つことで、世界でも最もイメージアビリティの高い都市の一つとされている。

さらには、最大の価値を持つ都市のイメージとは「強烈な全体的な場に最も近いもの、つまり、密度が濃く、固定していて、鮮明で、あらゆるエレメントのタイプや形態の特徴がまんべんなくとり入れられていて、場合に応じて体系的にでも連続的にでも組み立てられるようなものであろう」（前掲書）としているが、実際にはこのようなイメージは稀であるともいう。

また、イメージアビリティについては都市の規模との関連性もあるとする。例えば、世界中のメトロポリタン・エリア★79には、いまだこうした高いイメージアビリティは存在しない。だが一方で、今まで知覚の拡大を繰り返してきた我々には、それは決して不可能ではないとK・リンチは楽観的に見通すのである。

この「イメージアビリティ」は、なかなか興味深い概念である。まずK・リンチは、これが物体の持っている性質（物理的特質）にかかわるとしているが、このあたりはまさに生態学的なアナロジーに近く、米国の都市生態学★80の影響がうかがえる。実際には物体が自らの意志で、他の存在に対して自らを目立つようにするということはあり得ず、従ってこれは一種の比喩であり、観察者、つまり主体に対象を空間やパターンの関係として認識させているもの＝構造特性につながる概念であろう。

だとすれば、イメージアビリティとはこうした物体の構造を主体がパターンとして認識し、それを有徴性のレベルで有意味な存在に置き換え、主体を取り巻く外在的な環境との関係性のなか

図25　「フィレンツェ」はアルノ川沿いの丘に囲まれた窪地のまちで、イタリア中部トスカーナ地方の州都。ローマ時代につくられ、特に15～16世紀にはメディチ家によりルネサンスの都市として栄え、まち自体が中世を体現する。ここに滞在した経験を持つK・リンチによって、世界でも特にイメージアビリティの高いまちとされた

★79　→p.019 ★12

★80　都市生態学と都市社会学→p.040

で、それがアイデンティファイ＝同定化されるという意味作用そのものに他なるまい。主体により認識された有徴性は主体の中で参照され、比較され、吟味され、検証されて、ある種の同定化＝差異化の作用によって固有のアイデンティティに昇華していくのである。これは、主体が自ら行う外界のイメージ化の作用そのものであり、アイデンティティ、構造、意味という都市のイメージ分析の三要素とは、実際にはそのまま主体が都市をイメージする際に働きかける作用因子であろう。つまり、物体に固有な性質とは、主体とのかかわりで物体がイメージ（有徴化）される契機、一種のアフォーダンス[★81]的な作用であり、そのうちでよりイメージされやすい（有徴化の可能性が高い）特質こそが、実はK・リンチの言うイメージアビリティの概念なのである。

都市形態イメージについて

K・リンチはこの『都市のイメージ』の中で、都市の輪郭や外観のイメージを構成するエレメント（形態要素）についても触れている。それが有名な都市形態の五つの構成要素、すなわちパス、エッジ、ディストリクト、ノード、ランドマークである。[図26]

K・リンチはこの五つの構成要素を観察者（＝主体）との位置関係で次のように説明している。

①パス(Paths)＝道、観察者が日頃または時々通る道筋、街路・散歩道・運送路・運河・鉄道など、支配的な形態エレメント[図27]

②エッジ(Edges)＝縁・境界、観察者がパスとして用いない、見なさない線状のエレメント、何らかの境界として認識[図28]

③ディストリクト(Districts)＝中～大の拡がりを持つ都市の部分、観察者は心の中でそこへ入

★81 「アフォーダンス」はJ・J・ギブソン（→p.163★102）による造語で、環境が動物（人間）に提供する情報（情報として見る→p.162）

る、支配的なエレメント 図29

④ノード(Nodes)＝結節点、都市内部にある主要な地点、パスの接合・集中点、コア（核）あるいはディストリクトの焦点・象徴、観察者によって内外から参照されるエレメント 図30

⑤ランドマーク(Landmarks)＝目印・点であり観察者は外から見る、選択されたエレメントで高さが周囲より高い、あるいは局地的なエレメント 図31

K・リンチによれば、この都市の五つの形態要素は環境イメージの生の材料であり、現実には一組とは限らず、パスのネットワーク、ランドマークの集団、ディストリクトのモザイク模様などの同種のエレメントの集合や、異なるエレメント間の配置による複合体が、まさに実際の都市のイメージとなると言う。それが都市を良くも悪くもする可能性があり、例えば各々のエレメント間の効果を損なうような状態は良い状態とはいえない。また、人々も各エレメントを実際には個別ではなく複合体としてイメージしており、人によってその大きさや距離もまちまちで、これらのエレメントが適切にデザインされることが都市形態にとって重要であると指摘している。

K・リンチが挙げたこの五つのエレメントは、単なる都市の形態要素という枠を超えて「都市成立の形態エレメント」として認識されている。つまり、この五つのエレメントがあれば都市であり（都市空間成立の要件）、都市を構成する最小の空間ユニットには必ずこの五つの形態エレメントがある（都市の最小ユニット成立の形態要件）と認識されるほど有名な概念となっている。

確かに国の内外を問わず、生まれて初めて訪れた都市でも、よほど広大なエリアでなければこの五つのエレメントを意識し、探索しながら地図を見たり、「街歩き」をしたりすることで、不思議とその都市の構造がすんなりと認識、理解できることが多い。迷うことも少なくなる。現在でも実際の都市やまちをイメージし、認識する際の極めて有用なツールである。都市形態の初歩

図26　都市形態の五つの構成要素

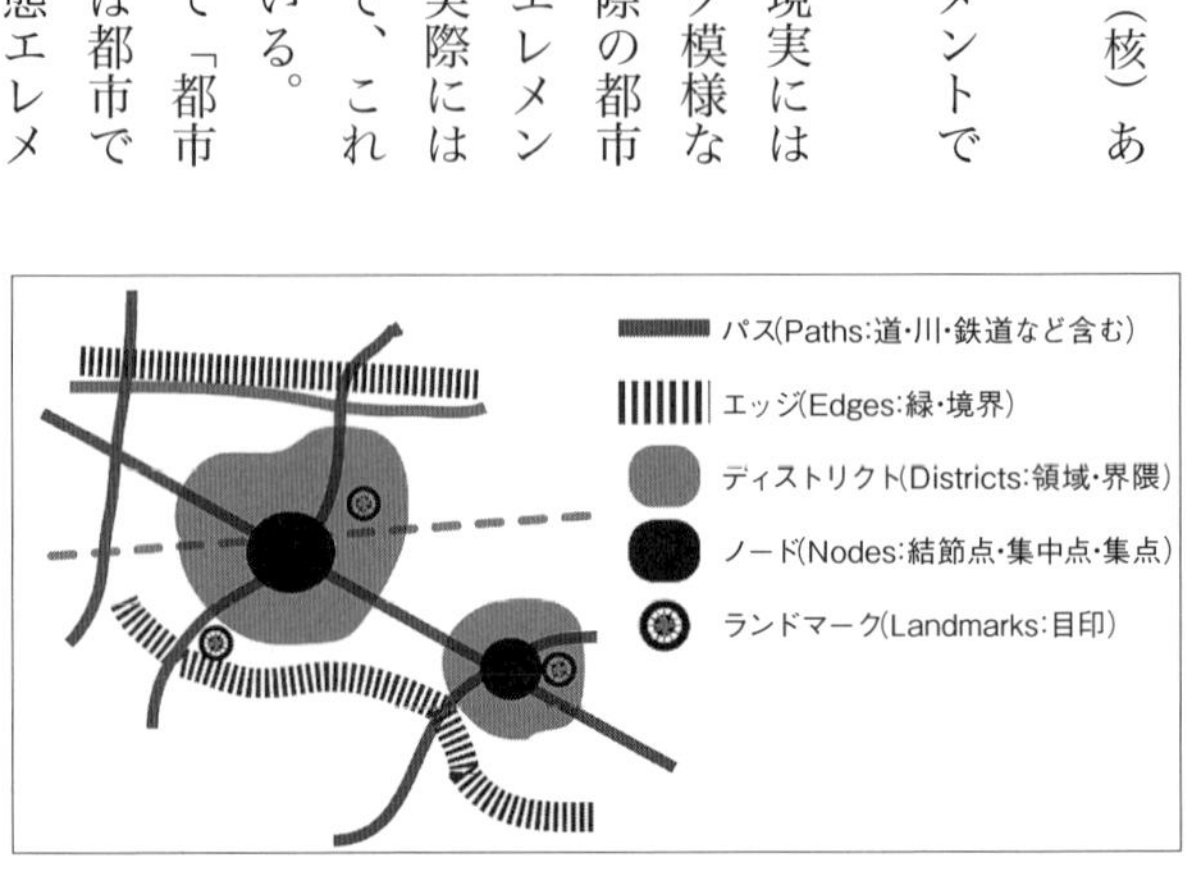

図27　パス…パリ・シャンゼリゼ通り

的な分析を、こうした形態エレメントから入っていくというアイデアは秀逸であり、特にディストリクトとノードの関係は、さらに複雑な都市構造における中枢性の分析にも応用できる概念としても有用である。

永遠の砂漠という名の都市のイメージアビリティ

都市は形態や意味、歴史、さまざまな参照物などを介して人々にイメージ、すなわち有徴化され、アイデンティファイ、すなわち有意味化される。主体によって見られる都市は、そのサンプルの数だけ主体と都市の関係を物語ることになる。

K・リンチの都市イメージの分析視角は、輪郭や外観といった表層的なインターフェイスとその内実（政治・経済やコミュニティ・人種問題などの社会背景との関連を含む）から滲出される意味作用の境界における適用範囲が曖昧であり、その意味（深み）についてはあっさりと分析視角から除外するなど、やや乱暴な手法によっている。だが一方で、偏狭な学問的価値の視点を外せば、こうした分析が可能にする、ある意味での概念化における見通しのよさへの寄与は大いに意味がある。さすがシカゴ学派に続く米国流というべきか。

ところで現在、世界の都市はグローバリゼーション★82の名のもとに、一律にK・リンチのいうレジビリティやヴィジビリティに満ちた、まさにアメリカ人のユートピアとしてのディズニーランドの現実化を志向し、それを着々と実現するという方向に向かっているのではないか、という根強い見方（分析や批判）がある。

こうした見方によると、個性や異質性は背後に隠され、表層や見かけの同質性が、欲望のシミ

図28　エッジ…トレド（スペイン）の要塞

図29　ディストリクト…新宿副都心

図30　ノード…サンマルコ広場（ヴェネツィア）

図31　ランドマーク…東京スカイツリー

ユラークルが、都市の外観を覆い尽くしていく。デノテーションやコノテーション★83すら失った、行き場のない記号の群れが支配するグローバルな都市空間では、むしろK・リンチの楽観的な見通しを遥かに超えたイメージアビリティ自体の同質化＝無化が進行する。イメージアビリティは結局、差異の概念でもある。従って、差異が消滅すれば、同時にアイデンティティやストラクチャーの概念も無化されるのである。

そうであれば、J・ボードリヤールが「永遠の砂漠」と呼んだ都市の砂漠性から、仮にその表示義★84であるロサンゼルスが砂漠の中に出現したという実際の「砂漠の都市性」を消去してみても、結局そこには中性性の極みとしてコノートされた★85、いわば文化としての都市の「砂漠性」が残されるのではないか。それが世界中のグローバルな「都市のイメージ」に共通する心象風景であるならば、それこそが「永遠の砂漠」とも換言すべきある種の都市のイメージアビリティそのものではないだろうか。

そう遠くない将来、世界における都市構築のもっともすぐれた理論家として米国人K・リンチの名が再び称賛される日が来るのかもしれない。そこにはわかりやすさ、見やすさ、適度な意外性と物語性に彩られた都市が、あふれる緑の中に、実際には文化の砂漠と化した都市が群生し、人々の張り付いた笑顔が通りを埋めつくして、燦《さん》々と砂漠の陽光を浴びながら、見事なまでに輝いていることであろう。そしてそこはまた、「永遠の砂漠」という名のイメージアビリティを持ったグローバルな都市に他ならない。どこまで行っても、どれだけ掘り下げても、そこにあるのは、すくい取ればただ指の間からサラサラとこぼれ落ちる中性的で無味乾燥な砂だけ、まさに「デゼール・フォー・エヴァ」の世界なのである。

★82　→p.020★17

★83　記号論における記号内容の要素で、「デノテーション」は本来の直接的意味作用、「コノテーション」は連想されることなどの間接的意味作用（記号表現と記号内容→p.150）

★84　「表示義」は言葉本来の意味（デノテーション）、比喩などで連想させる意味は「共示義」

★85　「コノートされた」は、言葉の背後の意味作用によって浮上したという意

イメージ言語3

コンテクストと都市
——記号・コード・コンテクスト

コンテクストについて

本書には今まで記号、コード、コンテクスト、あるいはスキーマといった概念がたびたび登場しているが、ここでは都市のイメージ言語におけるそうした言葉の意味、考え方についてあらためて整理してみよう。
20世紀の知の枠組みを揺るがし、その再構成の起爆剤の一つともなった記号の概念の発見者はフェルディナン・ド・ソシュール★86である。既に語り尽くされた感はあるが、以下にF・ド・ソシュールによる記号の考え方の最も基礎的な部分について、その概略を基本的なテクストとして見ていこう。

コード（約束事・きまり）
とりあえず日本語という範疇《はんちゅう》で考える時、なぜ「りんご」は「りんご」と呼んで、「なし」「ぶ

★86　フェルディナン・ド・ソシュール（1857-1913年）＝スイスの言語学者。従来の言語の起源や歴史的推移を扱う比較言語学（「通時言語学」と規定）に対し、言語の内的や構造を「共時言語学」として重視した。共時的な言語論の考え方による言語学講義を残し、これが記号論や構造主義の基礎となった。本人は著作などを残さなかったが、聴講した人々が後世にこれをまとめた

どう」「かき」などとは言わないのだろうか？

ものとしての「りんご」は、図32にある果実としての「これ」（もちろん実際には果実であれば、種類や産地、形状、色、鮮度などの個別性はあるが、それらの総体として）一つである。しかし文字＝語としての「り・ん・ご」は、たまたま「これ」を指しているにすぎない、いわば記号である。だから本来は「これ」を「なし」「ぶどう」、その他なんと呼んでもよいはずである。実際に英語では「これ」をAPPLEというが、APPLEという単語は日本語の「りんご」という単語とは何の関係もない。フランス語のPOMEも同様である。

ところが、「これ」を「なし」や「ぶどう」ではなく、あくまで「りんご」と呼んでいるのは、そう呼ぶ、という約束事があり、その約束事が一定の範囲で人々や社会に共有されているからであろう（表意文字の概念はここでは考慮しない）。

ここではその約束事は「日本語」であり、日本語を用いる日本語圏で、その約束事が共有されている。つまり、「これ」を「りんご」と呼ぶぞ、というように、ものとその呼び名を結び付けているのは、「日本語」という約束事の体系である。こう考えると言語は、事物を指す語（記号）による記号の体系である。そしてこの約束事を「コード」と呼んでいる。日本語は、日本語圏の言語という記号の体系であり、一つの約束事＝コードである。「これ」(図32)をAPPLEと呼ぶのは、言語における英語という英語圏の約束事＝コードによるものである。フランス語など他の言語もまったく同様である。

記号表現と記号内容

F・ド・ソシュールによれば、言語などの「記号」には、常に紙の表裏の如くワンセットにな

図32　「これ」

っている次の二つの要素がある。それらは①記号表現(SA;Expression)と②記号内容(SE;Content)である。これを「記号には表現と内容がある」と言い換えてもよいのかもしれない。

記号表現SAは、シニフィアン、意味するもの、能記（＝その記号が表現、指し示しているもの）などと呼ばれる。先程の例では、「り・ん・ご」と発音される語が記号表現であり、いわゆる命名（表記）に近い概念である。

記号内容SEは、シニフィエ、意味されるもの、所記（＝その記号が指し示している内容）などと呼ばれる。つまり命名されたもの自体である。

この記号内容SEには次の二つの要素がある。

①直接的意味作用と呼ばれる記号内容。外示的、表示義＝デノテーション（つまり指示物、モノとしての意味）のことである。先程の例ではもの自体、「これ」（図32）のことである。

②間接的意味作用と呼ばれる記号内容。内示的、共示義＝コノテーション（つまり暗喩的な意味、文化としての意味）のことである。先程の例では「これ」がもたらす、さまざまな連想やイメージに導くような、語から想起される意味合いのことである。通常、「イメージ」といわれている人の精神作用は、実はこのコノテーションの作用によっている、あるいは直接これを指している場合が多い。

例えば人が「り・ん・ご」という言葉を聞いたときに、もし食べるリンゴとは別に、そこから清々しさ、初々しさ、あるいは何らかの性的なものなどを思い起こした（連想した）とすれば、それが「り・ん・ご」という言葉（＝記号）の「間接的意味」（コノテーション）である。これらは、ある集団や文化圏で共有される「モノが喚起するイメージ」なのである。

このようにモノ（例えば先ほどの、ものとしてのリンゴなど）は、ものとしての直接的な意味（デノテーション）と、いわば文化としての間接的な意味（コノテーション）を常に併せ持っている。これは他の動物と異なる、人間社会の大きな特質の一つであるといわれている。

例えば、本書でいう「都市のイメージ言語」とは、都市という言葉から紡ぎだされる、あるいはイメージされる、この間接的意味作用＝共示義としての言語イメージの集成のことに他ならない。

コンテクスト（脈絡と参照）

次に、「ぼくは楽しんだ」「ぼくは太陽だ」「ぼくはマグロだ」という三つの表現について考えてみよう。これらの表現はまったく個別のもので、それぞれの間には特に関係はない。

この中で、最も意味の取りにくい表現はどれだろうか。「ぼくは楽しんだ」という表現は、状況は定かではないが、人が〈楽しんだ〉という意味自体が伝わりにくいということはあるまい。

次の「ぼくは太陽だ」という表現はどうだろう。例えば自分は誰かにとって太陽のような存在であるという趣旨で言っているのか、あるいは自分の名前が太陽である、と言っているのかは、これだけではよくわからない。

さらに三番目の文意となると、恐らくこの表現だけでは、状況はまったく伝わるまい。これが小説の会話部分なのか、擬人法的な表現なのか、あるいは友人たちと食事をしに出て、店でメニューを見ながらマグロ料理を注文しているような状況における会話の一部なのかは、これだけではとても判断できない。

つまり、こうした表現の場合、その前後の状況が分からなければ、文脈や場面の前後関係や脈絡（これをコンテクスト [Context] という）が示されなければ、表現の意味や状況を正確に把握することも理解することもできない。

★87　一義的なコード依存型社会の終焉→p.121

図33　コミュニケーションにおけるメッセージの伝達

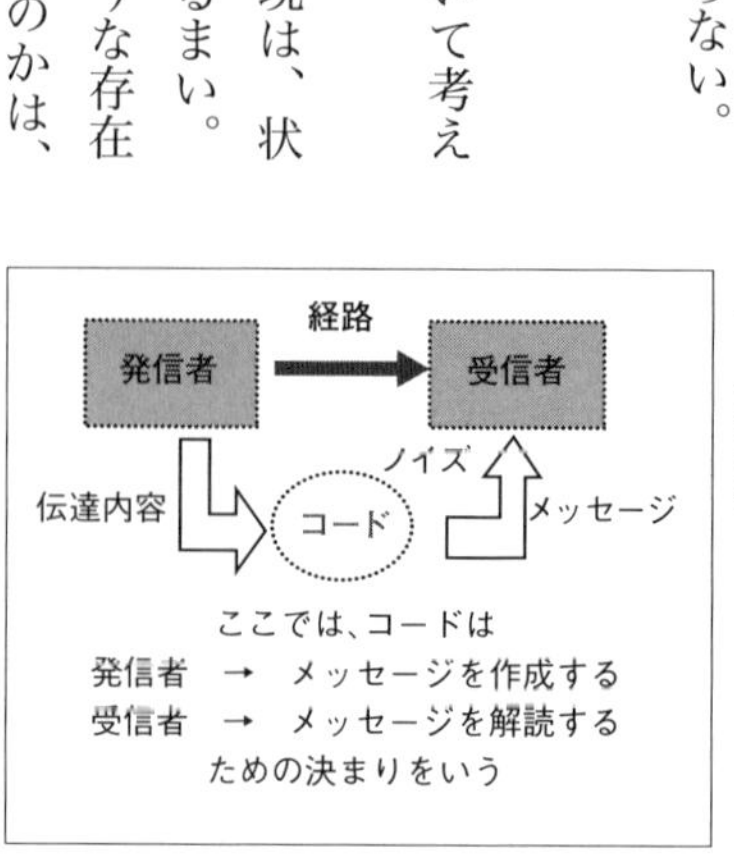

このようにコンテクストは、脈絡・背景・前後の文脈などを意味しており、個々の語または個々の文の間の論理的関係や続き具合（文脈）など、ある事柄の背景や周囲を示す概念を指している。

理想都市の項で述べたとおり★87、人間は常にコードを脅かす（コードを逸脱しようとする、自由意思による表現の可能性の拡張行為を試みる）存在である、という基本的なテーゼがある。例えば先ほどの三つの例文は、いずれも日常的に使われているもので、決して特殊な表現というわけではないが、これだけでは文意は伝わりにくい。特に二番目、三番目のケースの文意自体の理解には、さらに何らかの前後関係を示す情報、すなわちコンテクストが示す情報による補完が必要となる。

一般に、人のコミュニケーションでは図33、コード（発信者がメッセージを作成する、そして受信者がメッセージを解読するための決まり）の使用において、「多義性」（一つの記号表現が二以上の記号内容に対応）、そして「同義性」（一つの記号内容が二以上の記号表現に対応）に満ちた表現が頻繁に使用されるので、「一義性」を基盤とする機械のコミュニケーション（記号表現と記号内容が一義的に対応、例えばコンピューターの0と1のコミュニケーションなど）と異なり、もはやコードだけでは十分に対応できないという現実がある。

つまり、人のコミュニケーション（メッセージの伝達）においては、何らかのメッセージにおけるコードの補完機能を担う存在が必要であり、まさにコンテクストがこうした役割を担う。使用者はコードを逸脱しようとし、コードは使用者を拘束しようとする緊張関係があり、これを破綻しないように取り持つのがコンテクストで、コードとコンテクストは相補性の関係にある。繰り返すが、その背後には人間の言語、すなわち記号表現における恣意性とコードの逸脱の志向がある。

さらに、コンテクストには、言語的コンテクストと、非言語的コンテクストがある。例えば、図と地図34（FIGURE&GROUND）や部分と全体（ゲシュタルト質）★88などは物理的・非言語的コンテク

図34　図と地（FIGURE&GROUND）の反転マップ。図とは、一般に形・形態・姿・図・挿絵などをいう。ここでは、「他から浮き上がって見えるもの・対象」の意。地とは、「地面」のこと。ここでは対象の周囲・背景（ぼんやりしたもの）を指す。これらはきわめてコンテクスチュアルな関係にある。図と地では、透明視による反転が起きている。図と地が瞬時に反転する。左図はペテルブルクの「図／地」反転マップ（W.W.Copper, 1967）

★88　全体を見る→p.161

スト（の関係）であるともいえる。

こうした非言語的なコンテクストには、F・ド・ソシュールなどにより明らかにされたパラディグム（等価と対立）[★89]という考え方が、深くかかわっている。

コンテクスチャリズム

ここでは非言語的コンテクストの展開例として、建築や都市のモダニズムに対峙する概念とされ、一時期ポストモダンの動向とも呼応して話題となった「コンテクスチャリズム」の考え方を取り上げてみよう。

コンテクスチャリズムとは

すでに見てきたように、場所の固有性の強弱とイメージアビィリティ[★90]の強度には強い相関がある。従って、そうした固有性を創出している事物を一種の符号（スキーマ）として参照する方法論として、1960年代にコーリン・ロウ[★91]など、米国コーネル大学のグループにより、建築や都市デザインの分野で提唱された考え方がコンテクスチャリズムである。「設計の際に敷地、あるいはその他のコンテクストを重視して発想する姿勢[★92]」とされるこの方法論は、「イメージアビリティ」「らしさ」や「アメニティ[★93]」の概念などともかかわる。

一般に建築家や都市計画家は、建築や地域の計画時には過去の経験を参照するなどして、新たな環境の符号化にあたるが、その符号化に使われる「事物、状況、出来事、行為などについての既有知識の集合」、いわゆる「参照物」をスキーマという。人間の内面にある構造化された知識

★89　ものは、基本的に群化（まとまって見える）＋分節（構造化される）によって見えるという。こうした見え方はいわば範列（パラディグム＝等価と対立による）的である。例えば言語では

縦の関係はパラディグム　一つが選ばれると他は消える

John	see	dog
Bill	hear	cat
Mary	touch	rat

横の関係はシンタグムで配列が問題となる

この場合、タテは等価（どれを選んでもよい）と対立（一つを選ぶと他は消える）という関係にある。これをパラディグム＝範列という。文の配列はシンタグム＝連辞である。ルビンの図形の白と黒や、ネッカーの錯視は、パラディグマティック（範列的）とも言える（一方が消える＝一方を透明視する）

E・ルビンの反転する花ビン（1915年）

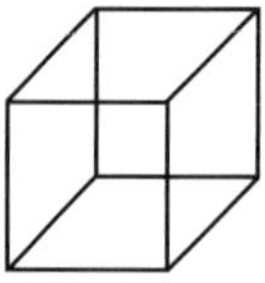

L・ネッカーの錯覚（1832年）。透明なひし形立体の奥行が自動的に反転する

の集合であるスキーマは、ある意味でコードの集合に近い存在であろう。そしてコンテクストとの相補性がある。この方法では、コンテクストとスキーマがキーワードになる。

コンテクスチャリズムは、歴史環境の保全や歴史的まちなみ景観の重視など、モダニズム批判の動きと連動して、１９７０年代〜80年代に流行した考え方である。一方で、コンテクスチャリズムは、現在以前の環境をコンテクストとして捉え、そこから多くのスキーマを収集して計画にあたることから、現状の環境を無批判に許容、受け入れるなどのコンサバティヴ（保守的）な姿勢にも繋がるという批判もあった。

C・ロウは、コンテクスチャリズム、つまり環境の特徴や構造を読み取る重要性を説くことによって、モダニズムの持ついわゆるユートピア的傾向（一義的な空間や美学の理想像の様式化）に批判を加えたとされるが、こうした動きは、まさにモダニズムの埋葬をうたうポストモダンの動向とも直結し、安易に新しいものをつくるべきではない、という環境保護やストック社会志向の思潮を巻き込みながら、都市や建築の好みにおいて、ある種の保守的な層に勢いをもたらした。

しかし、実際にはこうしたコンサバティヴな傾向が、コンテクスチャリズムという方法論の本質というわけではない。建築や地域、都市など場所とかかわる計画やものづくりにおいて、その場所の環境の特徴や構造を読み取ることの重要性の認識は、むしろより普遍的な方法論に通じており、モダニズムにおいても、それはまったく同様に基本的な態度としてあった。だが、結果として多数を占める似非《えせ》モダンの構築物の無神経さに対する鉄槌としては、コンテクスチャリズムは当時、確かに一定の輝きを放ったのである。

★90　都市のイメージアビリティ→p.142

★91　コーリン・ロウ（1920-99年）＝英国生まれ、その後、米国のコーネル大学などで教鞭をとる。建築史家

★92　『建築学用語辞典　第2版』（日本建築学会編、岩波書店、1999年）より。コンテクスチャリズムについては秋元馨『現代建築のコンテクスチュアリズム入門』（彰国社、2002年）などに詳しい

★93　イメージ言語5　異質性としての「らしさ」→p.172

場所のコンテクストと積層された空間の記憶

中国における風水思想は、夏・殷（王朝名は商）・周の古代三王朝にその出発点があるといわれている。これら三王朝が栄えたのは、黄河の中流地域の中原で、とりわけ夏の禹王は暴れる黄河を治水し、測量を進める一方で、占術にも凝っていたといわれている。鬼門にあたる北東からはつねに強風が吹きつけており、そこに、気候といった自然条件への対応としての理論づけがなされていく。一方、それに加えて防御という人工的条件からも理論体系が形づくられていったのである。

（市川宏雄『文化としての都市空間』千倉書房、２００７年）

場所のコンテクストを重視するという「コンテクスチャリズム」については、いくつかの類似した考え方がある。例えば、風水思想[★94]やゲニウス・ロキ[★95]など、周辺環境や土地の相を読み取り、それを計画に生かすという考え方や方法論も、広い意味ではコンテクスト、スキーマの概念の一種と考えられる。ゲニウス・ロキはラテン語のゲニウス（守護霊）とロキ（場所・土地）に由来し、その土地固有の霊が語るものに耳を傾けて、土地の利用や改変をなすこと、といった考え方による方法論として、18世紀に英国から広まったといわれる。

都市や建築などの、地上の構築物の建設は、当然ながら実際の土地の利用（敷地化）を伴う、具体の場所にかかわる行為である。こうした具体の場所については、場所を貫く縦の歴史という考え方がある。つまり文字通り層を重ねてきた土地利用の歴史である。

通常、歴史の流れは、ヨコの連続性のイメージとして感得される。つまりある土地の利用形態

★94　「風水思想」は、中国古代の、気の流れによって、都市や家、墓などの位置を決める思想。陽（生）と陰（死）の空間区分などによる地理学的要素も持つ

★95　「ゲニウス・ロキ」は、ローマ神話における土地の守護精霊（地霊）に由来する。土地の生成的な固有性、土地柄といった概念。鈴木博之『建築の七つの力』（鹿島出版会、’984 年）などに詳しい

の変遷は、地上部分の時系列的なコマ送り写真のように捉えられがちである。しかし、動くことのない土地の側から見れば、それは、さまざまな利用形態が、層を重ねてタテに変遷してきたのに過ぎない。確かに構築物の架構技術の進歩は、利用可能な土地の範囲を拡大してきたが、実際に人が利用できる地上の空間は比較的限定されており、日本でも、最古の木造建築であるとされる奈良の法隆寺でさえ、それ以前にあった別の建築物（若草伽藍）の焼失後、同じ場所に建立されている図35ように、基本的には同じ場所が行為としてのスクラップ・アンド・ビルドによって、幾重にも繰り返し利用されてきたのである。特に利用価値の高い土地は、掘削すれば殆どと言ってよいほど、何らかの過去の利用の痕跡を示す遺構がでてくる。土地に刻まれた記憶というのは、そのまま土地自体の非言語的コンテクストである。

そして、その場所の主体とかかわった層をなす意味の総体は、非常にシンプルな土地利用というかたちで参照され、具体の場所における歴史の地層となっており、いわば積層された空間の記憶として存在する。デヴィッド・ハーヴェイ★96が指摘するように、時間は流れとしてではなく、むしろ「経験された場所と空間の思い出」★97として、常に人々に記憶されるのである。

本書では、現代の建築における、想起的なコンテクスチャリズムの考え方（場所のコンテクストの顕現化）による方法論の具体的な参考例として、沖縄における二つの事例と、建築家・鈴木了二の「金刀比羅宮プロジェクト」を次頁で取り上げているので、参照されたい。

図35　法隆寺西院伽藍の金堂（右）と五重塔（左）。西院伽藍は世界最古の木造建築物群。現在の建物は7世紀後半〜8世紀初の建立とされ、それ以前に焼失した前身の若草伽藍（四天王寺式）があったことも発掘調査で確認されている

★96　→p.009★10

★97　D・ハーヴェイ『ポストモダニティの条件』の引用文を参照（→p.088）

現代建築における場所のコンテクスト顕現化の実践例

那覇市立城西小学校

沖縄県那覇市、設計＝原広司＋アトリエ・ファイ建築研究所、１９８７年

かつてあった沖縄の集落の様相を再現したというコンテクスチャリズム。小学校の校舎を赤瓦の甍の分棟による建築群、群造形によって表現した。それらのシルエットが重なった時に、人はかつてどこかにあったと思われる原風景としての沖縄の集落の様相を垣間見ることになる。

石垣市民会館

沖縄県石垣市、設計＝前川國男建築設計事務所＋ミド同人後藤伸一、１９８６年

もともと海の底であった石垣港の埋め立て地に建つハレ（非日常）の空間としての劇場建築。それを市民が訪れる竜宮城に見立てて、沖縄離島の竜宮伝説というイリュージョンを体現したコンテクスチャリズムによる。照明が灯る時間にはまさに南国の非日常の不可思議な空間が立ち現れる。この場所にしかない非日常というコンテクストを建築化した。

金刀比羅宮プロジェクト

香川県琴平町、設計＝鈴木了二建築計画事務所、２００４年

山腹の地下にある神社の執務空間の前に広がるドライエリアとしての土だけの仕上げのない中庭空間は、その場所の地中深くから連続する土が地上に表出した状況としての仕上げである、と見立てている。この中庭は大地の切断面という縦の歴史を視覚化した高度なコンテクスチャリズムによる非凡な造形である。

イメージ言語4

移動と道行き
——Affordance, Pass & Destination, Traveling, Intersection

主体の移動についての考察

21世紀最大のビジネスチャンスは「移動[★98]」にあると言われてすでに久しい。

例えば旅行ビジネスがある。現在でも日本の新聞は毎日「旅の広告[図36]」で溢れかえっている。季節や日によっては国内系、欧米系、アジア系と行き先別の広告がそれぞれ一面を超えて掲載されているといった盛況ぶりである。

なぜ、人はそれほどに旅、つまり移動を好むのだろうか。例えば、余暇時間の増大、高速交通網の整備、高齢社会や女性の社会進出との相関、オンライン環境の整備などによってむしろ移動自体が目的化されたなど、実にさまざまな背景がその理由として囁かれている。だが、ここでは人々が移動に向かう理由や背景の考察、あるいは交通問題や人口動態など、都市にかかわる具体的な移動の社会的、定量的分析や構造を問題にするわけではない。ましてや、旅の文学的・風景論的考察を行うわけでもない。

★98　通常、狭義の移動ビジネスは移動販売車などによる物品販売などを指すが、ここでは旅行や出張、買い物など交通機関や道路、その他空間テクノロジーの利用による人々のあらゆる移動全般をサポートするビジネス全般を指す

図36　旅の新聞広告

ここで取り上げる移動のディスクールとは、あくまで「主体の移動」あるいは「移動する主体」についての考察である。それは主体（人間）の「行為」または「運動」による結果としての移動ともいえる。あるいは次から述べる主体の「視点の変更」やアフォーダンスに倣って空間における「レイアウトの変更」への着目といっていいのかもしれない。都市において展開される人々の想像力を喚起・刺激する創造に満ちた多くの場面は、実はこうした移動（による視点の変化）によってもたらされる情報流動によって成立しているのである。

そして、こうした移動する主体についての考察を、場の活性化、界隈性の構築などの計画領域まで含めた都市と人々のかかわり方に繋げて、新たな視点をもたらす契機としていくものである。

移動についての考察は、まず主体がものを見ることの分析、つまり人がモノを見る仕組みやその類型についての論考から始めよう。

モノを見るとはどういうことか？

イマジネーションで見る

人は想像力によって見えない風景を見ることができる。例えば、きわめてフィジカルな風景ですら、それをイマジネーションによってあり得ないメタフィジカル（形而上学的）な風景として見てしまうことができるのである。

ここに一枚の古い絵画がある。誇張された遠近法で、昼下がりのひと気のない都市風景を描いたジョルジョ・デ・キリコの「街の神秘と憂愁」図37である。

人はこの都市の風景画に、一体何を見るのだろうか。描かれている事物は、西洋の都市などに

図37　ジョルジョ・デ・キリコ「街の神秘と憂鬱」（1914年）。G・デ・キリコ（1888-1978年）はイタリアの画家、彫刻家。形而上絵画の創始者で後のシュルレアリスム運動にも大きな影響を与えた

あるごくありふれたいくつかの参照物である。しかし、人は果たしてこの風景画を、単にありふれた事物の不可思議な羅列としてしか見ないのだろうか。

例えば、画面手前右にある放置された有蓋車。その扉は開かれている。これを逃亡への誘いと見立て、奥に見える長い影を逃亡の先にある悲劇の「杖を持った告知者」として見ることはないのだろうか。そうであれば、この風景は都市における逃亡の果てに訪れる絶望（逃亡の不可能性）の告知としても見えてくるのではなかろうか。そして、逃亡とは無縁の象徴が、まさに周囲に無関心に輪を回し続ける少女の振舞いではないのか。そして、それは疲れ果て、諦めきって周囲に無関心を装う、同じ都市に住み、不安や懐疑、絶望を隠して都市を漂流する見る者自らの姿と重なっていくのではないか。[★99]

画家の想像力が、ありふれた風景をあり得ない取合せによって変容させ、我々にさまざまな想像力を働かせて、普段は決して見えることのない神秘の空間を垣間見せる。ちょうどこのG・デ・キリコの「街の神秘と憂愁」のように。しかし、もちろん人はどのようにこの絵を見てもよいし、実際にこの絵の解釈は見る人によってさまざまであろう。

それは絵画の力であると同時に、人が常に空想の力、イマジネーションによって見えないモノを見ようとする存在であることによっている。つまり、本来人は想像力によって想起的にモノを見る存在であり、こうした見方はいわばモノを見るという行為における視角の恣意性（テクストとしての視覚）、視覚の解釈（形而上の視覚）という特性に深くかかわっている。

全体を見る

人間は前から歩いてくる人を見るとき、まずその人の全体を見る。つまり「あ、人が歩いてく

★99 モーリス=ベセ『西洋美術全史11 20世紀の美術』（高階秀爾・石川治男訳、グラフィック社、1979年）より

る」という具合に、全体像を初めに認識の対象とする。そして次に、顔付き、体型、髪型、服装などによってその人が知人であるか、見知らぬ他人であるかを判断する。そうしたディテール（部分）は、全体像を見た後に見えてくるものである。確かに、大勢の人の中からいきなり部分を手掛かりに人を探すということもあるが、その場合でも「見ること」は、まず群衆という全体像の認識から始まっているのである。これは恐らく人間の種としての身体能力や認知システムの構造に由来するものであろう。

「それ自体が一つの全体であるような性質」のことをゲシュタルト質という。こうした全体性は、「感覚の総和以上のもの、総和とは異なったもの」であり、また「所与の全体的特性は部分の総和に還元され得ない何ものかである」という基本テーゼ、すなわち部分に対する全体の優位が前提となっている。こうした考え方をゲシュタルト心理学という。例えば、ひとつの曲（音楽）をメロディ要素に分解すると曲自体は雲散してしまう。つまり、音楽はメロディの総和（以上のもの）であって、明らかにそれ自体が一つの全体である。20世紀のはじめに、M・ヴェルトハイマー★100らが、こうしたゲシュタルト質を研究するゲシュタルト心理学を提唱した。本来、人間には「部分ではなく、まず全体を把握するようにものを見ようとする性質がある」とする考え方である。「かたち」も基本的にはこうしたゲシュタルト質として認識される。

このように、人はまず全体を見て「モノ=すべての外在的な対象」を認識するのである。

情報として見る

なぜ、実際の風景と風景写真は別物なのか？

こうした問いかけに答えるために、従来はW・ベンヤミン★101のオリジナルと複製における「アウ

★100　マックス・ヴェルトハイマー（1880-1943年）＝チェコ生まれの心理学者。クルト・コフカ（1886-1941年）、ヴォルフガング・ケーラー（1887-1967年）と共同で、『運動視の実験的研究』（1912年）を発表した。本来人間には部分ではなく、まず全体性を把握するようにものを見ようとする性質があるとして、ゲシュタルト質（それ自体が一つの全体であるような性質）を研究するゲシュタルト心理学を提唱。「所与の全体的特性は部分の総和に還元され得ない何ものかである」という基本テーゼ、すなわち部分に対する全体性の優位をうたう。かたちも基本的にはこうしたゲシュタルト質として認識される

★101　ヴァルター・ベンディクス・シェーンフリース・ベンヤミン（1892-1940年）＝ドイツの文芸評論家、思想家、社会学者。『複製技術時代の芸術』（1936年）などにおいて、アウラ（オーラ）は複製品にはなく、オリジナルだけに宿る「崇高な」ものと捉えた

ラ」の考え方などが参照されてきた。ここではジェームズ・ジェローム・ギブソン★102による「アフォーダンス」と呼ばれる考え方を手掛かりに、この問題を見ていこう。

このアフォーダンスについては、日本では主に佐々木正人★103の紹介・解説によっている（佐々木正人『レイアウトの法則』春秋社、２００３年）。以下、佐々木の説明に従ってアフォーダンスの考え方を見ていこう。

J・J・ギブソンはまずものを見るメカニズムについて、従来の放射光による見え方★104という概念を全面的に修正する必要があるという。

J・J・ギブソンによれば、動物の視覚の資源はエネルギーである「放射光（光線）」からではなく、それらが周囲の表面の肌理《きめ》★105や大気中の塵芥《じんかい》に衝突して生まれた散乱光である「包囲光★106」となって、大気を満たしている照明状態によって得られるという。この包囲光はまさに動物が視覚のために利用している光であり、いわば情報の源を照らす灯りである。

人々の身体には、いくつもの感覚器が複合して周囲を探索するシステムが成立している。それを知覚システムと呼ぶと、人々は放射光でものを見ている＝知覚しているわけではなく（正確に言うと光を見ることはできないが）、包囲光を利用し、知覚システムを使った感覚による探索で、周囲のエネルギー流動にかかわってものを見ている＝知覚しているのである。図38

こうした対象の動きは知覚を困難にするのではなく、むしろ移動、つまり変化（エネルギー流動）こそが対象の変わらざる性質を理解させる。すなわち動くこと、位置を変えること、そうした移動こそがまさに視覚の源泉であり、アフォーダンスとはまずこうした移動による「知視覚者の行為と一体に定義される対象の性質」を指す概念と考えられる。

さらに人々の周囲には、肌理がある。木肌も森も皮膚も顔も肌理である。表面とは肌理のこと

★102　ジェームズ・ジェローム・ギブソン（1904-79年）＝アメリカの心理学者。認知心理学とは異なる直接知覚説を展開してアフォーダンスの概念を提唱

★103　ささき　まさと（1952年-）＝心理学者、東京大学大学院教授

★104　放射光は本来、ほぼ光速で直進する電子が、その進行方向を磁石などによって変えられた際に発生する電磁波をいうが、ここでは太陽光線がモノにあたり、反射した放射光が眼の網膜に像を結んでものが見えるという考え方を指す

★105　「肌理」とは、ものの表面にある細かいあや、しわのこと

★106　J・J・ギブソンによれば、「包囲光」とは、周囲の肌理に反射した全体的な光（照明状態）を指す

である。それは接近しても、遠ざかっても見え、肌理を見ていくと周囲が途切れない。すなわち、すべての周囲は肌理で繋がっており、従って「ものの輪郭がある＝見える」のではなく、そこにあるのはレイアウト（肌理の性質を持つ周囲＝我々の周囲にある具体のこと）である[図39]。大小の肌理が入れ子になって、周囲の環境として動物を包囲している。

人間は、従来から輪郭と言語で世界を明晰に記述できると考えていたが、J・J・ギブソンはそれを無効であるとした。動物の周囲にある環境のエネルギー流動、J・J・ギブソンの言う「情報」の複合がレイアウトであり、人間＝動物は具体的にレイアウト（配置）を動かしながら行為している（行為がレイアウトを利用している）として、行為とはレイアウトの変更であると考えたのである。

このように、視覚は必ず運動感覚を伴う。そして「環境が動物に提供する情報」をJ・J・ギブソンは「アフォーダンス」と呼んだ。動物の周囲（環境）に行為にとっての意味がある、とJ・J・ギブソンは考える。アフォーダンスは環境にある「意味」であり、動物はレイアウトにアフォーダンスを知覚する。人間＝動物は表面をレイアウトして周囲を囲っている。アフォーダンス（Affordance）はAfford（与える・提供する・生じる）＋Can（できる）を語源とするJ・J・ギブソンの造語である。

こうしたJ・J・ギブソンの考え方によれば、光のレイアウトが人間＝動物に視覚を与えていることになる。移動することと知覚することは同義であり、移動は光によって制御され、視覚自体が運動感覚を持っている。こうした知視覚に対する環境からの働きかけこそがアフォーダンスであり、環境や事物は決して静止しているわけではなく、常に移動、表情を持った働きかけをしていることになる[図40]。

図38　人の知覚システム

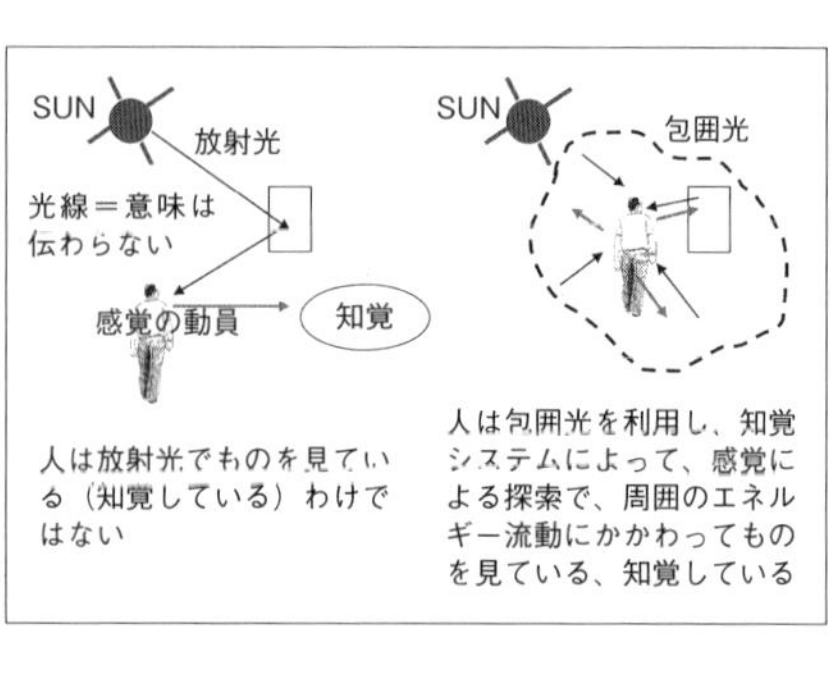
SUN
放射光
光線＝意味は
伝わらない
感覚の動員
知覚
人は放射光でものを見ている（知覚している）わけではない
SUN
包囲光
人は包囲光を利用し、知覚システムによって、感覚による探索で、周囲のエネルギー流動にかかわってものを見ている、知覚している

図39　肌理とレイアウト

レイアウト
輪郭ではなく肌理の
レイアウト

アフォーダンスによって、人々の周囲では、行為としての出来事と環境としての出来事が対峙していることがわかる。それはアフォーダンスとしての出来事＝行為と環境の相互作用の結果としての風景あるいは景観に他ならない。

つまり風景・景観とは、運動の帰結である移動がもたらした出来事としての環境の総体が主体によって選択され、それが一つのまとまりのある空間として意識されたもの、ということになる。主体の行為に呼応し、風景・景観として立ち現れる環境としての空間、それはまさしく時間に刻まれるレイアウトとしての周囲の対象に他ならない。

ここに至って「移動」こそが視感覚的な情報の源泉であり、人はまさに移動による主体と環境の情報の相互作用、あるいはレイアウトの変更をもとに、ものを「見ている」ことが理解されよう。

このように、人は決して静止画的な場面やその連続写真として風景・景観を捉えているわけではない。現実の風景は移動にともなう出来事であり、一瞬一瞬の差異的情報によって認識されているので、その記録である「出来事になりえない（移動による情報流動のない）風景写真」とは、基本的に異なっているのである。

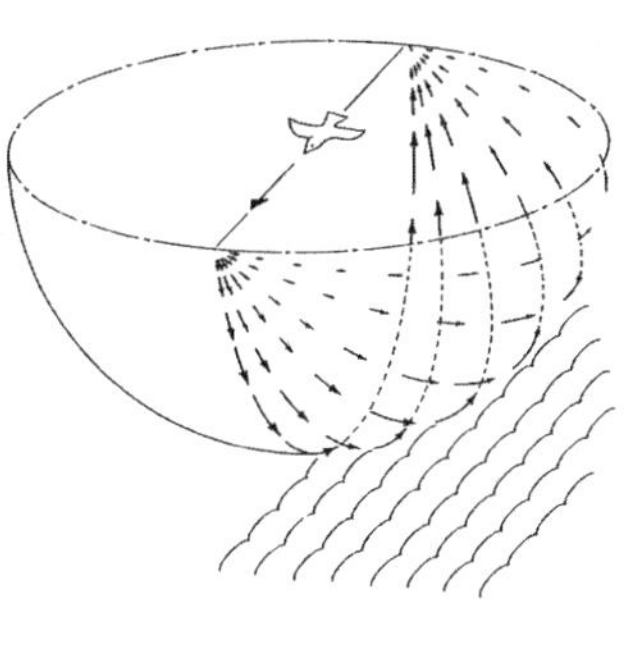

図40　光の流れ（J・J・ギブソン『生態学的視覚論』より）。鳥が飛翔する時に体験する光の肌理の流れをギブソンが描いたもの。肌理の構造のような周囲のマクロな構造が、光にもマクロな構造をつくり出して、それが視覚システムを包囲するとしている

無徴と有徴――Pass & Destination

「見える」から「見る」へ

ここまでは、人間は想像力で、あるいはまず全体から、さらには移動、つまり周囲の環境との相互作用による示差的な情報としてものを見ることを文字通り見てきたのだが、実際には主体（＝人間）が自ら外在的な対象をフィジカルに見るという場合、まず「目にする」という段階がある

ことは言うまでもあるまい。しかし、それは単に「見える」ということであって「見る」こととは違う。「見る」ということは「見るという行為」が主体の「認識する」という事態に結び付いていかなければならない。人は認識したことによって、初めて実際に「見る」という行為をなした、すなわち「見えるから見る段階に達した」ことになるのである。

もちろん現実の認識のレベルでは、意識の流れの中で厳密に見えたのか、見たのかを人＝主体はいちいち峻別しながら行為しているわけではない。だが、主体による外在的な空間の認識状況をこの単なる「見えた」と「見る、意識に上る」という行為の別によって区分けしていく、つまり周囲の環境が単に見える（主体にとって意味がない）状態と、それが意識に上って見る（主体にとって意味がある＝有意味）状態とを区別していくと、空間を移動する主体の場や情報とのかかわり方をある程度モデル化できる。それによって今度は、主体の移動と場を関連付けた別の視点、例えば場の活性化の資源としての視点などが浮かび上がってくる。ここではそうした内容について見ていこう。

無徴と有徴／通過と到達

繰り返すが、主体＝人が外在的な環境を物理的に目にすることと、実際に見ることは異なる。見えたことが見るという行為＝認識に結び付くことが「見る」ことの前提である。そこで、「見る」行為によって見えたことやものを主体が認識することを、ここでは「有徴」であるとする。すなわち、意識の上に「印がつくこと」として、主体にとって認識の対象、あるいは目的的な位置付けがなされた状態として、これを特定することにしよう。

次に、有徴ではない場合、すなわち主体にとって認識の対象外であること、意識の上に「印がつかないこと」をここでは「無徴」（単に見えただけ）という、いわば有徴の反対概念として示すことにしよう。

この有徴と無徴の概念を用いて、主体と場のかかわり、つまり移動について主体とかかわった経路の性格を分析してみよう。

人＝主体が離れた2点間を移動するとき、主体の周囲にはその移動に伴って、自らの運動による動的な姿勢の関数としての内部空間が生じているが、主体にとってこの外側、つまり周囲の外在的な空間とのかかわり方には実は二つのパターン（類型）しかない。図41

一つは「通過」のパターンである。〈通過＝Pass〉とは主体にとって認識の対象外である無徴（印のつかない）空間の集合を指している。例えば、まったく周囲に無関心に歩き続けるような状況であり、その（無徴）空間の線的集合が移動経路における通過路である。

他の一つは「到達」のパターンである。〈到達＝Destination〉とは主体にとって有徴の地点に向かう、あるいは、そこに到達する行為を指している。例えば、通勤であれば目的の会社の建物に向かって、通学であれば目的の学校に向かって歩き続けるような状況であり、その（有徴の目標・地点に向かう）移動経路となる空間の線的集合が到達路となる。

このように、移動する、あるいは通行する主体にとって、すべての経路は有徴・無徴の考え方で区別され、〈通過路＝Pass〉か〈到達路＝Destination〉のどちらかになり、移動する主体とかかわる空間は、必ずそのどちらかの関数として実体化され、機能することで認識される。

例えば、ある主体にとって現在移動している経路が概ね無徴であればそこは通過路であるが、まったく同じ経路が別の主体にとってはある有徴の地点に向かう目的的なルート＝到達路であるように、この類型は主体にとっての移動経路、例えば道などの移動空間の時間的な断面における

図41　通過と到達のパターン。空間把握については図49-51参照（→p.230）

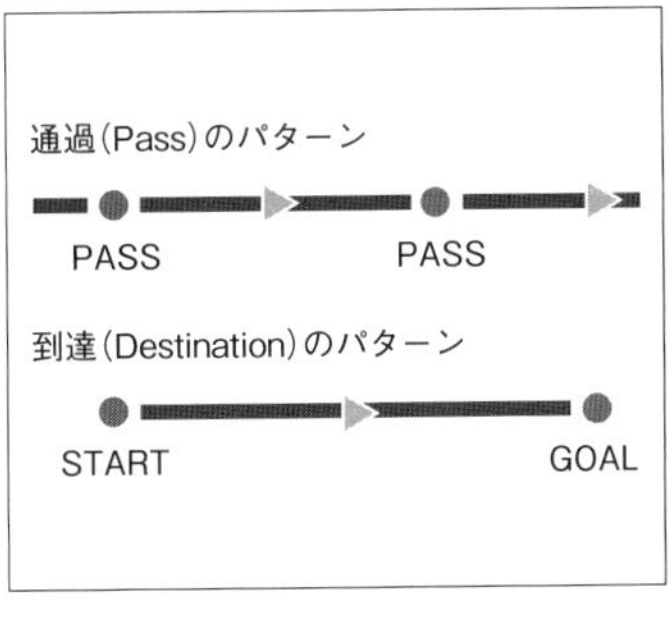

機能のパターンと同義となる。それは同じ経路内で主体の状況によって瞬時に変わることもあれば、絶え間なく変更（Switch）されることもある。また通過路・到達路の発生は、例えば車や鉄道などの乗物利用の移動の場合などでも、基本的には歩行による移動の場合と同様である。

この分類は一般に、移動経路＝道の利用動向・傾向や性格付けの分類指標などに用いられる。例えば「参道」★107などは特定の宗教施設やサンクチュアルな（聖別化された）空間へ向かう、まさに特化された「到達路」である。同時に、先ほどの例示のように人々が日常的に「通学路」や「通勤路」などとして目的的に利用することで、特定の移動経路が事実上「到達路」として機能している場合などもある。

日常生活の中で、人々は無意識のうちにさまざまな移動経路を通過路的、到達路的に利用しており、こうした利用傾向の調査や分析を通じて、まちづくりにおける新たな交通網の策定（ルート整備）や、環境整備計画などに生かすことができる。

さらには、到達路としての特性が顕著であるほど場の活性化、界隈化のポテンシャル（潜在能力）が高いことから、当然ながらある経路において有徴な地点を増殖する（有徴性を高める）ことにより、到達路としての特性を強化することができれば、それは周辺の場の活性化にとってきわめて有効な手立てともなりえる。

トラヴェリング＝道行きとは

通過路と到達路の考え方によって移動経路の空間的性格が分類され、場の傾向や活性化の状況をある程度分析できることは今までに示した通りであるが、この通過路と到達路の二分法に加えて、もう一つ主体の移動にかかわる非常に重要な概念がある。それが「トラヴェリング」と呼ば

★107　「参道」は、神社仏閣などへの参詣のための道や経路を指す。実際には結界の中だけ、門前町と一体となったエリアなど、さまざまな発生形態がある。複数の参詣ルートがある場合、中心となる参道を表参道などと呼ぶことがある

れる、主体が置かれたある特定の状態を指す次のような概念である。

移動する、通行する主体にとって、すべてが潜在的に有徴な状態を〈トラヴェリング＝Traveling〉という。日本語では「道行《みちゆ》き」（道行とも書く）、すなわち主体の感動しやすい心を道中の風物に結び付け、叙情と叙景の交差、融合するさまを指すという魅力的な言葉があるが（もっとも道行きというと心中ものを思い起こすという人もいるが）、このトラヴェリングも道行きも本来は「道中」、つまり「旅」の心情を指す概念だ。

旅においては、人は常に移動経路の周囲に対しても自らの心を開き、すべての周囲の環境が潜在的に有徴な状態となっている。つまり何にでも即時に興味を示し、感動し、反応して心を通い合わせる準備ができているような非日常的な高揚感、期待感に包まれた状態、このトラヴェリング状態こそが、人が旅に赴く契機、旅の心情そのものであり、同時に場を活性化する最も有効な手だてでもある。

従って、いかにしてトラヴェリング状態をつくり出すことができるかが、場の活性化の成否の分かれ目となろう。トラヴェリング状態を創出することに成功した場は、活性化（界隈化）し、失敗した場は単なる通過路となってしまうのである。このように、地域や場の活性化とは、さまざまな規模や範囲においてトラヴェリング状態の契機をいかにつくり出すか、担保するかということでもあるのだ。

このトラヴェリングはまた、都市の中枢空間、あるいはケヴィン・リンチ[★108]の言うノード[★109]発生の資源であり、同時にイメージアビリティ[★110]表出の資源ともなる。

我が国の都市における主要な盛り場や界隈空間、東京・原宿の竹下通りや鎌倉の小町通り[図42]などを思い起こすまでもあるまい。こうした高度なトラヴェリング状態を有する経路や空間（すべて

★108　→p.139★74

★109　都市形態イメージについて→p.145

★110　都市のイメージアビリティ→p.142

図42　高度なトラヴェリング状態を有する経路や空間の例

東京・原宿の竹下通り

鎌倉の小町通り

が潜在的に有徴で何を見ても心が動かされるような興奮がある空間）は高い界隈性を発揮し、さらには地域の魅力の創出に繋がっていく。

インターセクション――交差点

都市空間の中で複数の移動経路が交差する交差点（インターセクション）は記号性が高く、有徴・無徴の変換装置（チャンネル）として機能し、トラヴェリング状態を創出するポテンシャルが高い、非常に興味深い空間でもある。

もともと交差点自体がノードとして、あるいはランドマークとして、地域や場所の中心領域、そのシンボルともなり得るが、こうした2以上の移動経路が交差する交差点についても、通過（路）と到達（路）の考え方を用いて空間特性のシミュレーションをすることができる。

例えば、二つの経路が交差する交差点をモデルに考えると、その組合せとしては〈通過路＋通過路〉〈通過路＋到達路〉〈到達路＋到達路〉の3種類が考えられる。図43 この組合せを有徴性のヒエラルキーで考えてみよう。基本的に、最も交差点自体の有徴性が高くなる、すなわちトラヴェリング状態を生み出す可能性が高いのは〈到達路＋到達路〉の組合せであろう。次が〈通過路＋到達路〉で、最もポテンシャルの低い交差点になるのは〈通過路＋通過路〉の組合せということになる。当然、通過路、到達路はそれぞれ主体の状況による過程的、選択的な概念であるから、ここでいう通過路、到達路はある時点での移動空間の概ねの傾向を前提としたものである。

だが、交差するそれぞれの移動経路の有徴性を高める適切な計画を実施することで、こうした経路自体の活性化がなされ、交差点空間の有徴性、ポテンシャルを高めて有効なトラヴェリング状態を創出することは十分可能である。例えば〈通過路＋到達路〉の組合せであれば、通過路的

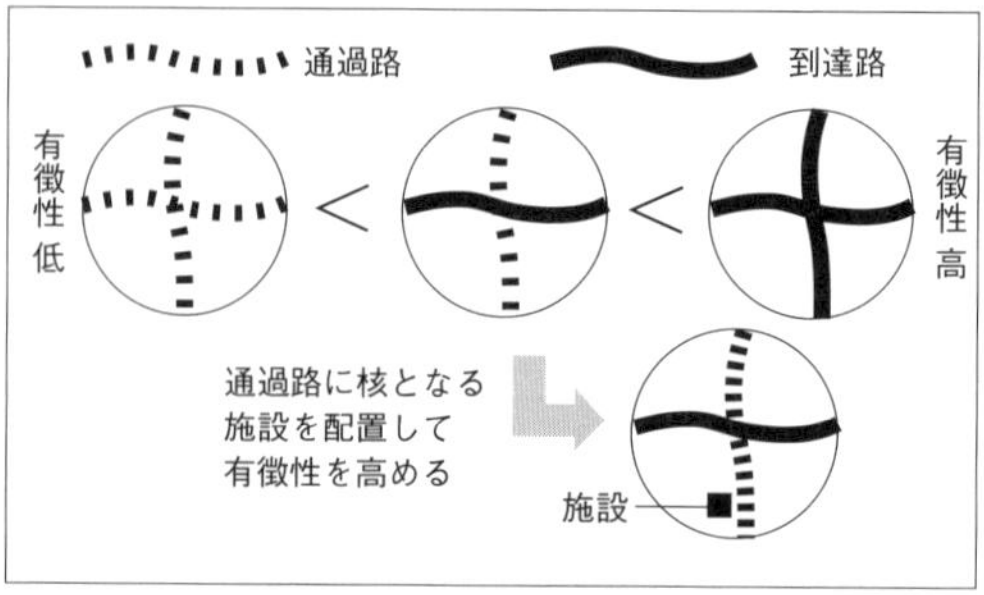

図43　交差点の3種類の組合せ

傾向を示している経路側に核となる施設を誘導的に計画するなどして、到達路に変換することで有徴性の付加に配慮するなどの計画が考えられよう。

今まで見てきたように、場の活性化のヒントは、こうした主体の移動による情報の流動の中に隠されているが、多様な想像力を包摂する環境、全体として（一目見て）魅力的な環境、移動する主体にとって潜在的な有徴性の高いトラヴェリング状態をもたらすような環境、そしてそのことが、周囲の他所のトラヴェリング状態を刺激し、誘発していくような環境、こうした環境の創造こそが、都市空間の活性化において求められる高い界隈性実現の有効な資源となるだろう。

イメージ言語5　異質性としての「らしさ」——Amenity, Identity, Region, Context

アメニティと都市計画

計画された町や新興の都市が、不良街区もない代わりに、とかく退屈でつまらなく、うるおいやくつろぎ、落ち着きや風流に欠け、また郷土に対するような愛着や情感を覚えないのは何故であろうか。それはすでに無名性の建築や計画者のない都市計画で見たとおり、つくる者とつくられる者との合意や共感がないからであり、住民や消費者の真の要望が容れられる仕組みになってないからである。そして工学的手法による計画姿勢では、精神的な諸要素をすくい切れず、いつの間にか計画の外にこぼれ落ちてしまうからである。

（『建築家・武基雄と早稲田大学武研究室の記録』［非売品］構成・取材・文＝臼田哲男、２０００年）

戦後間もなく、丹下健三★111らとその後の景観計画の先駆けとなったといわれる「中央官衙計画★112」

★111　→p.125★40

★112　「中央官衙計画」は1953年策定。日本の景観計画の先駆けとなったといわれる計画。戦後の国家としての日本の顔づくりとして、中央官庁街の景観づくりが提唱されたなどの策定を手掛け、日本における都市計画界の重鎮の一人であった武基雄[★113]は、地方都市における近代建築の保存運動の象徴的存在として話題になった「旧長崎水族館[図44]」などの作品によって、建築家としてもよく知られている。

武は、かつて盛んに「アメニティ」、あるいは「らしさ」や「愛着性」について語っていた。まちづくりの極意は、いかにその地域の「らしさ」を矮小化せずに生活空間に嵌《は》め込めるかであり、どんなに工学的、分析的に優れた計画も、地域や場所に対する「愛着性」を喚起し、誘導するものでなければ、それは失敗であると武は考えていた。

冒頭で引用した「つくる者とつくられる者との合意や共感」は、計画者が上意下達、すなわち「お上の目線」ではなく、いわゆる「市民の目線」で計画にかかわることで初めて生まれ得るものであろう。古都鎌倉に住んで、市民の目線で、市民とともに考えるまちづくりを実践していた、武らしい指摘である。

それでは、武の言う「精神的な諸要素をすくい切ることは、工学的手法による計画姿勢では限界がある」という指摘については、どのように考えたらよいのであろうか。つまり、退屈でなく、潤いやくつろぎがあり、落ち着きや風流、愛着や情感を覚えるようなまちなみの形成、地域づくり、ひいては都市づくりは、いわゆる工学的手法による都市計画を超えた、一体どのような方法によって可能となるのか。

武は、例えば「アメニティ」による都市の情緒の回復などが、そのカギを握ると言う[★114]。

アメニティは1970年代から、日本でも盛んに取り上げられるようになった考え方で、一般には「(場所の)快適性」などと訳されることが多い。だが、武によれば、イギリスでは都市や田園において、主としてその配置や景観に関し、存在そのものというより、生活の快さを助長す

★113　たけ　もとお(1910-2005年)＝長崎市生まれ、建築家、都市計画家、早稲田大学名誉教授。主な著作に『市民としての建築家』(相模書房、1983年)など

図44　旧長崎水族館本館(1959年)。営業終了(1998年)後は解体予定であったが、改築、コンバージョンされ、長崎総合科学大学シーサイドキャンパスの校舎として利用されている

★114　武基雄「都市に情緒の回復を―一つの景観論」(朝日新聞1974年4月10日朝刊、文化欄掲載)より

るような諸要素とされ、「かくあるべきところにかくあるべきものがある」★115といったような状況を指す概念とされているという。

このアメニティは、実際には質、要素、状態などによって捉えられる多義的、かつ曖昧さを含む概念である。西欧では多義性による曖昧さの中にも一定の通念（共通の価値観）があるが、日本では「禅」のように、曖昧さを言葉にしないでそのままにする、つまりわかる人にはわかるが、わからない人に無理にわからせる必要はない、という独特の思考作用がある。侘び、寂びなどにも通じるアメニティという思考そのものが、日本にもなかったわけではないが、それを言葉として表さなかったために、直接これにあたる日本語はないと、武は指摘している。

> 私の経験によると、一般住民に対し、アメニティに関する問題をたとえ危機感をもって話しても比較的反応がないんです。ところがアイデンティティというか、ふるさと意識というか、たとえばご当地なら戸隠らしさとか長野らしさという話題にすると、非常に反応があるんです。（中略）
>
> わが国にはアメニティにあたる日本語がないということ、そしてアメニティを、社会や都市と関連して考えることが少ないということによるようです。日本人はアメニティを十分感知しているし、日本にもアメニティはいくらでもあるんですが、それを社会化する思考が浅いんです。その点残念でなりません。
>
> （武基雄「都市における日本のアメニティ」戸隠での講演より、『建築とまちづくり』１９７８年５月号、新建築家技術者集団発行）

★115　「かくあるべきところにかくあるべきものがある」とは、アメニティを阻害するような、あるべからざる状態を排するという意味。right things in the right space の訳語日本におけるこのアメニティ的なものは、例えば保養・観光地などの非日常的な環境や、限定的な情緒性、気配などの中に押し込められ、西欧市民社会のアメニティ概念が内包する日常性、公共性、社会性、倫理性などの特質を十分持ち得ていないことから、アメニティと都市計画が結びつかなかった、と武は分析している。

　こうした日本の状況に対しては、歴史的建造物やまちなみの保存、保全などを通して、あるいは露地、街路などの生活に密着する道《みち》空間や住空間・住環境を起点として、まず都市における情緒性の回復（アメニティの確立）を目指す必要がある。そして、それが工学的手法を超えて、都市計画が「精神的な諸要素を掬《すく》いとる」ことを実現する有効な方策となり、市民の目線によってこれに臨めば、都市計画には未だ十分その可能性があると武は主張していた。

　アメニティは、確かにその多義性から、場所のあるべき状態を指し示す際に便利な概念であり、１９７０年代以降も多用されてきた。だが、日本の都市環境にある「アメニティの危機」から抜け出すために、あるいは精神的な諸要素を掬うために、都市計画が実践的に拾遺《しゅうい》すべき概念として武が着目した「らしさ」「愛着性」「情緒」などについては、武自身もあらかじめ認めていたように、それらが曖昧さを孕《はら》む概念であったが故に、実際には都市や都市計画の研究者、専門家の評判はあまり芳しくなかった。何よりもこうした曖昧（多義的）な考え方は、学問的な意味での概念規定が困難であり、分析的な研究対象としては客観性を欠き、単なる風景論的な拡★116がりしか持ちえないと見なされたからである。

　都市計画が、その背後に学問的なアリバイを必要とする限り、つまり計画作業の大前提である諸提言の客観性の裏付けとして、分析的、定量的な研究成果を重んじ、定性的な研究内容にはあまり踏み込むべからずという評価軸を基準とする限りは、常に工学的、分析的な研究態度やその

★116 風景論とは何か→p.209

成果を中心に他者への説明、説得の論理に置き換えていかざるを得ない。基本的には、曖昧さや直観に立脚するような「精神的な諸要素を掬いとる」方法論の実践には、常にある種の困難さや限界が伴うのである。

武が指摘するように、曖昧さの中に一種の通念としての共通の価値観を有する西欧社会と違って、曖昧さを個々人の心情のレベルにおいて、曖昧なまま許容しようとする日本社会では、その困難はより加速する。

確かに、環境心理学や認識論を、あるいは哲学を計画策定にあたり援用する途[★117]もあるが、いずれの方法によっても、概念の曖昧さを完全に払拭することは困難であり、こうした研究成果を、さらに市民の感触に馴染む、個人の心に届く言葉としていくのは、実際にはなかなか難しい作業なのである。

20世紀後半の当時にあって、まさにこうした状況におかれた都市計画家としての武の嘆息《たんそく》が、今でも聞こえてくるような気がするが、実は21世紀の現在でも、「第二の都市の時代[★118]」を取り巻く都市政策や都市計画をめぐるこうした状況は、さほど大きく変わっていないのではないだろうか。

一方で、武の言う「らしさ」をある種のコンテクストやスキーマ[★119]と置き換えれば、それはそのままアイデンティティの基盤（後述[★120]するがその基盤は差異、異質性にある）の確認やその獲得に向けた、あるいはコンテクスチュアルな方法論にも通じる概念となり得るだろう。

また「愛着性」の概念提起は、常に計画概念の中に被計画主体、つまり計画される側の視点や計画の事後評価を含むべきであるという姿勢に通じていくとすれば、こうした観点から都市計画を捉えなおすという武の試みは、現在から見ても、かなり先進的な着想によるものであったとい

★117　こうした分析的な手法による方法論の展開は、武自身にはあまり見られなかったが、一方では武の直弟子であり、徹底した分析的手法に拘った三輪真之（計画哲学研究所所長）の「計画哲学」などに反面的に継承され、また武の手法を多角的な事例補完によって精緻化した研究成果は市川宏雄『文化としての都市空間』（千倉書房、2007年）などの一連の著作に引き継がれている

★118　第二の都市の時代→p.018

★119　コンテクスチャリズムとは→p.154

★120　アイデンティティと「らしさ」→p.177

えよう。

「情緒」[★121]については、文字通り手垢にまみれた情緒的な表現ではあったが、これも市民の目線でアメニティの感触を理解するためには、大変わかりやすい、いわばきわめて武らしい、直観的な言いまわしでもあったと思われる。

武がこだわった日本におけるアメニティ概念の確立への希求は、一方では都市の身近な生活環境の質的向上を担うべく「アメニティ」という価値観の認知に向けた熱き思いであった。

他方、武が積極的に取り上げたこうした言いまわし自体が都市に生活する人々の精神的な諸要素を掬い取るべく期待されながらも、ちょうどアメニティ概念と同様に曖昧さを基盤とするが故に、土俵には乗り難いという理由で、さまざまな有効性を孕むアイデアに門前払いを喰らわしかねない「都市計画」という作業の本質に対する、重大な問題提起でもあったのだ。

アイデンティティと「らしさ」

先の引用[★122]で、都市計画家・武基雄は、人々が地域のまちづくりなどにおいて、「ふるさと意識」の発露として高い関心を示す地域のアイデンティティを、「ご当地らしさ」という表現で取り上げている。この「らしさ」と「地域のアイデンティティ」という考え方やその関係について、ここではもう少し詳しく見ていこう。

例えば、人が「○○らしさ」という場合に、そこには「○○とは断言できないが、明らかに○○のような」という確信の周辺を漂流する一瞬の躊躇感があり、常にある種の留保が付き纏う。この留保は、実は「らしさ」という概念がイメージ（コノテーション[★123]）に深くかかわっているこ

★121 「情緒」とは、微妙な感情の綾を指す曖昧な概念だが、情緒障害など、医学用語としても用いられる。道行き（トラヴェリング＝道行きとは→p.168）などと同様にきわめて多義的な概念でもある

★122 p.174の武基雄の引用文

★123 「コノテーション」は連想されることなどの間接的意味作用（記号表現と記号内容→p.150）

とに由来している。そして「らしさ」は、類似的な概念である「和風・洋風」などという時の「〇〇風」と、また先ほどのアメニティなどと同様にきわめて曖昧な概念でもある。

しかしながら、大学で教鞭をとった武が、学問的、分析的な意味での曖昧さを多分に含んでいるにもかかわらず、この「らしさ」という概念に、むしろより積極的にかかわろうとした意図は一体どこにあったのだろうか。恐らくそれは前述の★124「精神的な諸要素を計画レベルに掬いとる」という企てとはまた別のところにあったのではないか。

モダニズム(様式)という、ある種のユートピア的同質性の建築の誠実なつくり手であった武が、一方で戦争経験者として、市民の感覚を持つ都市計画家として常に持ち続けた、単なる「個性的なことはいいことだ」という通俗的な感覚などよりも、さらに深層にある社会的なレベルでの「異質性・多様性・葛藤」などの排除に対する生理的嫌悪感、「どこへいっても同じようなものはつまらん」、あるいは「雑然の美★125」の擁護という画一性の忌避の感覚などにそれは由来していたのではないだろうか。

すなわち、武は明らかに差異の無化に対する信条的な抵抗によって、つまり社会における全体性、同質性の志向に対する無意識のうちにある拒否的態度によって、同質性に対峙する異質性（差異）としてのらしさに拘っていたのではないだろうか。「らしさ」という概念の本質は、実はこの「異質性」（他と異なっているもの）に他ならないからである。★126

具体の場所に立ち現れる事物が、そのもの自体の意味以外に、人々のコンセンサスによってきわめて文化的なレベルでコノテーションとしての意味を獲得し、それが周辺の環境や社会の中で承認され、場所と一体となって共有されている有意味性の総体が、まさに武の言う「らしさ」であるとすれば、らしさは、その場所が人とかかわって創造したあらゆる文化的な様相の表出と同

★124 アメニティと都市計画→p.172

★125 「雑然の美」は、雑然自体は通常、ネガティブ（否定的）に用いられる概念であるが、こうしたさまざまな要素が入り乱れた様は、人間が生活している様相そのものであり、こうした雑然さの中に計画による息詰まるような整然さと反対のゆるやかな美や雰囲気を見い出し、価値として認めるという考え方

★126 「らしさ」は多義的な概念。つまり、「らしさ」がしばしば同質性とかかわる場合があり得ることに注意が必要。例えば「都市らしさ」はむしろ同域（イゾトピー）としての都市的な同質性を指している可能性がある。ここではアイデンティティとの関係で、差異的な異質性の集合として「らしさ」を規定している。イゾトピーについては、都市のイゾトピー（同域）とヘテロトピー（異域）（→p.236）を参照

義であり、基本的には具体の場所を介した地域の人間（ヒト）系と空間（モノ）系にかかわる概念である。例えば、後述する[★127]「風土」なども、ある意味ではこうしたらしさの概念に他なるまい。

　また、武の言う「らしさ」は、決して単にある地域の何らかの同一性の集合といった消極的な地域特性の総体ではない。それはあまねく同質性に対峙する地域の優れた個性としての異質性や、主体が自己を投影し、愛着性を感じるような独自の環境を含む諸特性の可能的全体[★128]であり、それを後述する[★129]「地域アイデンティティ」という概念に重ねたものであった。

　こうしたらしさは、まさに周囲のあらゆる同質的な部分からはみ出た差異としての異質性そのもののまとまりとして認識される。そしてこれを発見し、分析して新たな環境づくりにおける計画の基軸としていこうとする態度や方法論は、場所において、そこに住まう人々が自己の存在を見い出していく、あるいは自己了解の契機を担保する市民目線の計画づくりに、必然的に繋がっていくはずである。

　もちろん、現在のまちづくりなどにおいても「らしさ」の概念を計画における創造的な実践に活かす考え方（異質性の混在による計画手法など）は、さまざまな意味から、十分にその効果を発揮すると思われる。何よりもらしさは、市民の感触に馴染む、あるいは個人の心に届く言葉として有効に機能すると思われるからである。

★127　気候と風土→p.194

★128　「可能的全体」とは、明日になれば可能となるもの、つまり現時点における可能性や仮説を含む概念化を指す

★129　地域アイデンティティとは→p.181

アイデンティティ

アイデンティティは、発達心理学、臨床心理学などの分野で用いられている概念で、「自分が自分であることを確信すること、自分が何者であるかを知ること」といった内容を指している。つまり人格における同一性、すなわち、ある人間の一貫性が成り立ち、それが時間的、空間的に他者や共同体において認められているさまをいう。

アイデンティティは自我同一性、自己同一性、心的同定あるいは単に同一性などと訳されるが、用いられる分野によってかなり異なることから、本来はきわめて多義的な概念である。例えば、心理学では同一性、社会学では存在証明、哲学では主体性などと訳されることがある。一般には文化的アイデンティティ、歴史的アイデンティティなど「何々アイデンティティ」として、場面ごとに使い分けられることが多い。またアイデンティティカードと言えば身分証明書のことである。

現代的な用法としてのアイデンティティは、米国の発達心理学者のE・H・エリクソン（1902-94年）が戦争によって人格的同一性と歴史的連続性の喪失の危機を引き起こした若者を診療しながら見い出し、いわば臨床的な観点から青年期の発達課題として主張したものだ。青年は自分の個性や能力を発揮して主体的な生き方を確立し、また義務や役割を果たすことによって社会的な承認を受けて自己のアイデンティティを確立していく、というものであった。

存在としての自分を、つまり自分が自分であることを最もよく知るのは、これも自分であるが、実際には他人に対しては自分であることを自分自身では証明できない（アイデンティティのパラドックス）。従って自国を離れると、人はパスポート、すなわち国家による自己同一性の証明書しか、自らの同一性、自分が自分自身であることを証明する手立てはない。このようにアイデンティティは、他者の存在によって成立する相補的な概念、つまり他者によって自己を規定し、他者との差異によって自己の役割、例えば親―子、夫―妻などの立場が規定されるという、他者なくしては成立し得ない概念であり、そうした意味では、個人にかかわる概念であると同時に、すでに社会的な関係性における差異の概念であるともいえよう。

また、アイデンティティは、自分が自分であることの根拠を付与することによる充実感や、文化的共同体の帰属意識の源泉であり、共同体の成員である実体としての自己の代理的な存在、さらには地域が共同体として成立する主要な要件でもある。

参考文献　小此木啓吾編『現代のエスプリNO.78　アイデンティティ　社会変動と存在感の危機』（至文堂、1974年）他

地域アイデンティティ
――三次元マトリクスと政治の空間

地域アイデンティティとは

第1章では地域を、第2章ではこれまでアイデンティティの概念をそれぞれ個別に見てきたが、[★130]本書では、単なる空間的なまとまりの総体、意味的な等質性といった地理学的な概念を超えた、よりプロブレマティックな概念としての「地域」における特質として、地域アイデンティティという概念を用いている。

一般に、アイデンティティは何らかの事物の同一性にかかわる概念であり、それは同時に他者(他所)との差異によって成立する概念でもある。もしそうであるならば、これまで見てきた地域アイデンティティという場所にかかわる同一性の概念が成立するためには、そこに何らかの周囲や他所との差異が認められる必要があるが、それではこうした差異とはどのようなものであろうか。

仮にA地域がB地域と異なっている、あるいはA地域における、ある特定の場所が他所と異な

★130 地域と都市――システムとしての地域と空間・社会・特性→p.062 アイデンティティと「らしさ」→p.177

っている、という状況があるすれば、A地域とB地域の、あるいはA地域におけるある特定の場所と他所との違い、その差異は何によって認められるのだろうか。

この差異は、実際にはさまざまな「異質性」（あるいはその集合）として認識される。何に対する異質性か。もちろんそれは周囲の同質性に対峙するものとしての異質性である。つまり、A地域とB地域に共通する同質性から、あるいはA地域のある特定の場所を除く他の場所が持つ同質性から外れるもの、こぼれ落ちるものとしての個々の異質性、またはそうした異質性の総体によって認められるものこそが差異であり、差異的なものに他ならない。

やや逆説的に聞こえるかもしれないが、「地域アイデンティティ」は、このようにそれぞれの地域や場所が持っているさまざまな特性のうち、共通して持っている部分（＝同質的な部分）を除いた異質な部分にかかわる同一性の概念である。地域が持っている異質性、つまり同質性に対峙する異質性としての同一性、それこそが「地域アイデンティティ」に他ならない。

この異質性は、社会学的には一種のアノミー状態★131と重なる。地域アイデンティティは、こうした混沌や混乱を資源とする、ある意味では同質性に対する示差的な反逆であり、工業（産業）化社会を支える合理性を基盤とする同質性（中心）から見れば、時として負の価値を持つもの、取るに足らないものと判断されて消滅させられる可能性のある概念（周縁）でもある。

また、地域アイデンティティの概念は、内在的でありまた同時に外在的でもある「流動性」をもった状況として、それもかなり脆弱性をもった状況として存在している。すなわち、内部における異質性は、概ね地域の動的均衡、そのダイナミクスに呑み込まれ、同質性に組み入れられるか、統合の志向性に抗うものとして排除され★132、消滅してしまう傾向にある。一方で外部に対する異質性は、例えばアーバニゼーションや後述★133するモダニズム、あるいはグローバリゼーション★134と

★131　「アノミー状態」とは、個人または集団相互の関係を規制していた社会的規範が弛緩または崩壊したときに生ずる混沌状態。社会的規範が失われ、社会が乱れて無法、無統制になった状態などをいう

★132　都鄙連続体説としてのアーバニズム→ p.038

★133　政治空間と地域アイデンティティ→ p.191

★134　→ p.020 ★17

いった、一種の都市的な力学の中で消滅させられ、さらに広大な同質性に吸収されるという流動化の趨勢に常に晒されているからだ。

アイデンティティは、らしさと同様に具体の場所を介した地域の人間（ヒト）系と空間（モノ）系にかかわる概念であるが、一方で、本書では地域を「空間を基軸とする概念」として見てきた。それでは空間的な概念としての地域アイデンティティにおいて、こうした同質性、あるいは異質性はどのように捉えられるのか。この点については、都市のイゾトピー（同域）、ヘテロトピー（異域）というアンリ・ルフェーヴル[★135]の考え方などを見ながら政治と都市空間のかかわりの観点から後述[★136]するが、基本的には空間の同質性と異質性も、資本による経済活動などによるその時間的な生成と同様にきわめて流動的な状況として捉えられるものであろう。

地域空間においても、同質性という一種のフィルターは、常に異質性を掬《すく》いあげ、濾《ろ》過（同質化）しようとするが、その中でどうしても同質化され得ない示差的な空間が獲得され、有意味的単位として見い出される場合がある。この同質性に濾過されなかった空間、あるいはその示差的な特性、そして人々に承認されたその場所の有意味性こそが、実は本来の空間概念としての「らしさ」（異質性としての個性）であり、そこにおいてはじめて、地域アイデンティティ（異質性としての同一性）は、この「らしさ」と出会うのである。

地域アイデンティティは、このように固有の場所に見られ、他所との差異性によって見い出され、承認された有意味性としての「らしさ」や広義のイメージアビリティ[★137]を含み、人と空間がかかわった、主体の自己了解の契機を含めた場所の可能的な全体として認められる。それはまた地域特性における個々の、または総体としての異質性の存在や流動性を持ったそれらの状態を指す概念でもある。

★135 →p.008★5

★136 政治の照射としての都市空間——イゾトピーとヘテロトピー→p.234

★137 都市のイメージアビリティ→p.142

その一方で、この地域アイデンティティは、繰り返すように常に地域におけるさまざまな同質性にその同一性を脅かされ、解体されて同質性に組み入れられ、あるいは排除され、消滅していく傾向にある。つまり、地域アイデンティティとして、まさに承認された示差的な異質性を堅持していくためには、共同体における強固な意志（差異の無化に対する信条的な抵抗）、そしてその異質性が持っている有意味性に対する広い理解と共感（＝他所と異なっていることに意味があるという意識）の下支えが常に不可欠な要件でもあるのだ。

地域アイデンティティの構成イメージ

地域アイデンティティは、単数または複数で存在する各構成要素（類型）が集成され、束になった状態（全体）で同一性（固有性）として認識されており、具体的なアイデンティティを形づくっている。

地域アイデンティティは、本来場所や距離の概念をも含み、地域空間における二つの系（ヒト系・モノ系）の具体の場所を介したかかわりから生み出され、それによって見い出される出来事（コト系）を絡めとりながら、明示的、暗示的、あるいは想起的なアイデンティティ★138として現前し、参照されて人々の生活や意識に大きく影響する。同時にその様相・動態は、常に時代や政治・経済などの社会情勢、生活様式や文化に影響されるという環境との相互性の上に成立しているが、同質性に向かう社会の様相とは異質なベクトルを持つ。

また、共有される地域アイデンティティ★139の各構成要素は、それぞれ意味的アイデンティティ、差異的アイデンティティとして機能する役割を、その背後に持っており、こうしたアイデンティ

★138　明示的、暗示的、想起的なアイデンティティとはそれぞれ、目に見えるような同一性、見えないが感じる同一性、想い起こすことで意識される同一性を指す概念

★139　意味的アイデンティティと差異的アイデンティティは、意味的に同一性が意識されるものと、他所との違いによって同一性が峻別され、意識されるものによる分類

ティの果たす機能によって、地域のコミュニティ形成の直接的なモメントともなっている。

それでは、地域アイデンティティは、具体的にどのような要素（ここではその類型）によって構成されているのだろうか。

実際には、地域で暮らす人々の膨大な生活の相の殆どあらゆるものが、何らかの形でさまざまなアイデンティティ（同一性）を形成し、それは地域の構成要素と個別具体にかかわっている。しかし、一般的に多くの事物は、さまざまな要因（例えば効率化という工業的な合理性の価値観、アーバニゼーションやゲゼルシャフト性[★140]の進行など）によって差異的な同一性という異質性を解体され、異質性の放棄によって、やがて周囲の、あるいはより広域の同質性に組み込まれてしまうという状況の連鎖的な状態にある。

ここではそうした中から、現在でも比較的見い出しやすく、また典型的な差異を形成すると思われる10項目の地域アイデンティティの構成要素（同一性の類型）を抽出し、その具体的なイメージについて見ていきたい。

具体的な構成要素は次に述べるとおりであるが、それぞれのアイデンティティはある類型（要素）が必ずしも単数、単一で存在しているというわけではなく、むしろ一つの類型が複数、あるいはそれらの複合態として見られるものも多い。また個々のアイデンティティの地域における拡がり、つまり異質的な同一性が保持されている範囲やその境界は、地理的に明確である場合もあるが、共同体としての地域の成員や事物のさまざまな移動や変動が日常的である現代では、むしろ不明瞭、あるいは漠然としているケースが一般である。

基本的には、異質性の領域が占める空間的スケールや、さらには異質性自体の強弱は、地域の空間特性、共同体やその成員の時間（歴史）的、個別的な意識、特性などに影響され、またこう

★140 ゲマインシャフトとゲゼルシャフト→p.054

した地域アイデンティティの分析自体が、流動的な状態における、ある一定期間（時間）の相を特定するにすぎないものでもある。

なお、各々の地域アイデンティティの類型は抽象的であり、このままではイメージしにくい場合もあるので、類型ごとに想定される具体的な事物の典型的なサンプルをマトリクスで例示したものが図45である。ここでは時間的な生成と空間的な存在の事象による各要素が混在している。

①風土的アイデンティティ

風土についてはあらためて後述★141するが、地域の特徴的な気象・気候の異質性（または域内の同一性）などによって構築され、構造化され、イメージされるアイデンティティを、ここでは「風土的アイデンティティ」と呼ぶ。ただし、この風土的アイデンティティは、自然現象そのものの理解ではなく、主体によるその解釈と自己了解などによるものであろう。またこれは、景観などの主に視覚によって捉えられる同一性に比べて、主体の五感の動員によって総合的に捉えられた場所の感覚の同一性に由来し、さまざまな地域特性の基盤となる地域アイデンティティの基礎的な構成要素でもある。

②生活様式・習慣的アイデンティティ

風土的な意味合いを含めた定住環境が人々にもたらすさまざまな事物

	風土	習慣（生活様式）	身体	地理	景観	組織（共同体）	象徴	歴史	民話（文化）	機関
明示的アイデンティティ	地形、環境要素、造形素材など（海、山、森、砂丘、水、緑、砂等）	起居様式、年間行事、服装、礼儀作法、建築材料等	体格、毛髪、体毛、瞳の色、骨相、肌、化粧、髪型等	土地の高低、湖沼、山岳、丘陵、森林、田畑、港江、火山、里山等	俯瞰眺望、奇観、眺望景観、ランドマーク、文化的景観、まちなみ等	地域集会、行事、運動会、旅行、遊び、冠婚葬祭行事、競技、競争等	遺跡、遺構、道路、墳墓、旗、動植物、神体、樹木、家畜、井戸等	歴史的建造物、博物館、碑、城、産業遺構、文字等	祭祀、装飾、色彩、工芸品、芸能、すまい、料理、遊び等	役場、郵便局、金融、教育機関、鉄道駅、港湾等
暗示的アイデンティティ	湿度、気温、寒暖、風環境、地震、臭気等	戒律、言い回し、差別意識、偏見、禁忌、神事等	体質、病弊、味覚、所作など	標高、森林面積、日照、地盤、地質、土壌、水質、火山帯等	軸線、空気の澄み、台風、風向、季節感覚等	階層性、偶像崇拝、守護神、無尽、スポーツチーム、連帯意識等	愛郷心、憲章、神仏崇拝、著名人、神霊偶像、名物、民謡等	歴史認識、宗教観、戦争体験等	言語、風習、音曲、民話、伝承等	組合、企業、ＰＴＡ、町内会、寄合等
想起的アイデンティティ	食材と調理法、地場産業、移動手段、特産品、災害イメージ等	食習慣、嗜好、金銭感覚、消尽、口調等	風土病、公害、鉱害、距離感等	埋立て、土地改良、切土、盛土、造成、天然、自然、資源等	歴史的景観、災害の経験、植生、記憶等	相互扶助、隣組、消防団、自治組織、政治意識等	パブリックヒストリー、排他意識、作法、事件、事故、災害、結界、観光等	神話、伝記、郷土、歴史意識、伝説等	伝統、方言、なまり、流行、空間感覚等	大学、高等学校、企業、医療、宗教、隔離環境等

図45　地域アイデンティティの例示（明示的・暗示的・想起的アイデンティティ別の現前パターン）

は、本来、地域の資源や道具、生産のシステムの選択などに大きな影響を持つ。こうした環境から人々は場とかかわった生活様式や習慣を構築し、それを淘汰・洗練させてきた。近代以降の地域は、都市的環境の整備、あるいはアーバニゼーションの進行による場にかかわらない生活環境の構築、後述★142する都市の織目などの浸透によって、こうした前提自体が無化され、異質性が排除されつつあるが、地域の基本は、さまざまな複合態としての個別のライフスタイルの同一性およびその固有（異質）性である。

③身体的アイデンティティ

身体的、遺伝的特性や、それに由来する生成的な機能などによって構築され、形成される同一性。身体的特徴、言語表現、共通感覚や風土病などと呼ばれる負の特性（場所による身体的影響）なども含む。風土がもたらす遺伝子的な記憶としての固有性、異質性もある。

④地理的アイデンティティ

空間的なまとまりと、エッジ（へり＝縁）による境界（山、川、谷、海など）の存在は、地域概念におけるさまざまな同一性の担保には欠かせないものとなる。地域概念はフィジカルな距離や高低、範囲、区切りといった空間的なイメージによって成立し、存在するが、現代では地域空間の複合化によって、その境界は見えにくい。しかしながら、人々が空間的同一性や同定をまったく意識していないわけではない。地理的アイデンティティが移動手段や通過時間によって規定され、駅勢圏などの生活圏域の（領域）意識と重なっている場合も多い。

★141 和辻哲郎の風土論考→p.194

★142 都市の織目としてのアーバニズム→p.240

⑤景観的アイデンティティ

地理的な同一性は、同時に見える風景、生きられた風景としての景観的な同一性として人々に認識され、他所との差異化によって他者にも意識される。ここで言う景観は、自然景観のみならず、文化的景観や生活景、★143 いわゆる風物詩的な原風景などの想起的要素をも含む。地理的・空間的同一性は、視覚によって獲得された景観や、生活様式によって、常に生活のスケールに置き換えられた自己了解となる。

⑥組織(共同体)**的アイデンティティ**

明示的、暗示的な要素としての共同体、共同態は、市町村などの行政における単位や集落的コミュニティ、町内会、消防団などのコミュニティの下部集団、信仰・宗教組織や目的的なサブカルチャー集団、あるいは地形的なエッジ（へり＝縁）による管理や所有の境界意識などを含むが、祭祀や生活習慣などによって立ち現れる地域コミュニティのサブセット（構成単位）による想起的な同一性をも含んでいる。国家や資本、行政的な効率化の志向などによって異質性が排除され、共通のフォーマットによる系列化や構造的な同質化に向かいやすい類型でもある。

⑦象徴的アイデンティティ

象徴として機能するものによって構築されるイメージが共有され、共通の価値観として認知、保持されるものなどを指す。共同体には、それぞれ共同の契機となるシンボルとしての事物が必要である。それはモノとして明示的な場合もあり、意味として暗示的、想起的な契機となる場合もある。神仏・信仰・風土・地形や、競技・装い・風習・行事、災害・厄災・出来事など、あら

★143　景観をめぐるいくつかのディスクール　生活景、文化的景観→p.223

ゆる事物には必ず隠れた独自の意味としての象徴性が潜む。象徴的アイデンティティは、そうした事物の中から選別され、淘汰された集団における、自己の代理的存在（シンボル）として獲得、共有された同一性であり、異質性である。宗教的なアイデンティティなども含む。

★144 気候と風土→p.194

⑧歴史的アイデンティティ

地域の時間的な機能、経時性に由来する同一性で、固有性としての歴史と共有されたその感覚と記憶などがある。歴史はまた、さまざまな他者や他の地域との関係で語られることから、時間的な同一性は他者にも意識される。後述★144するように和辻哲郎によれば風土と歴史は一体であり、この歴史的アイデンティティは風土的な歴史の同一性でもある。

⑨民話（文化）的アイデンティティ

地域の文化的、風俗習慣的、物語的な機能としてのフォークロア（民話）という概念は、地域に共有されて、祭祀や行事、さまざまなパフォーマンスなどによって人々の規範・規律・あるいは禁忌となって経時的に、時に変質しながら共時態としても伝承される。例えば風俗習慣は、②生活様式・習慣的アイデンティティや⑦象徴的アイデンティティと重なる部分もあるが、行為の意味的な機能にその力点を置くと、むしろ、こうした文化的なアイデンティティとして見ることができよう。この同一性には、より「大きな物語」として地域や場所の違いを超えた共通項も多く含まれており、各地で類似した民話のパターンが見られる。地域において、人間存在の意味（死生観など）や地域アイデンティティそのものの豊かさを地域の内外の人々に、生活に即してわかりやすく語るなどの機能を持っている。

⑩機関的アイデンティティ

国家や行政の、あるいは地域の機関や施設などによって機能し、介され、支援される、さまざまなシステムの稼動（専門処理）による出来事（政治、経済、教育、医療、福祉など）こそが、ゲゼルシャフトとしての共同性の実質であり、地域はこうした共同処理による出来事の同一性によって維持され、また大きくイメージされていると言ってよい。従って、⑥組織（共同体）的アイデンティティと同様に社会の流動化とともに、機関的アイデンティティにおいては、異質性は常に排除される傾向にあり、頻繁に同質化の脅威にさらされていることになる。現代では、ＩＴ技術＝オンライン化による情報の一元化や即時性などの時間―空間の圧縮[★145]といった状況もあるが、本来、機関の所在とそのネットワークの様相は、地域コミュニティにおける開放性と閉鎖性の内実でもある。

三次元マトリクスとしての地域アイデンティティ

今まで見てきた地域アイデンティティの構成要素（パターン）は、その現前の仕方としては、概ね(A)明示的な要素（目に見える要素）として(B)暗示的な要素（感じる要素）として、さらには(C)想起的な要素（明示、暗示の各要素から想起される要素）として立ち現れるという、三つの表出類型に分類されよう。

さらに、こうした明示的、暗示的、想起的アイデンティティの背後には、いずれも以下に示すような意味、あるいは差異という機能的な性格が作用している。

意味的（有意味性における）アイデンティティ……それぞれのアイデンティティには必ず地域

★145 時間―空間の圧縮→p.095

にとって固有の、承認され、共有されたシニフィエ[★146]があり、その意味はコミュニティ結合の主要な動機ともなっている。またその有意味性が地域のコードやスキーマを補完し、地域を理解する重要なコンテクスト[★147]ともなる。

差異的（異質性における）アイデンティティ……差異的な機能の作用によって、初めて他者との違いとして獲得（同定）される固有性や同一性の度合いを指すが、他者の眼差しが不可欠な要素であり、またそれはアイデンティティ自体が相対的な要素でもあることによっている。つまり、よそ者の視点で捉えられたイメージが反転され内在化されたものとも言える。また、時としてこの差異は集団内の異質性による差別意識の資源ともなりうる。

上記の如く、こうしたさまざまな同一性のパターンによる個別のアイデンティティは、それぞれ明示的、暗示的、想起的という三つの現前のパターンを持ち、地域アイデンティティの構成要素としてのマトリクス（行と列）を構成する。さらにそのマトリクスは、意味的アイデンティティと差異的アイデンティティの二つの機能における表出の度合いの強弱を背後に持つことで、結果的には、三次元的なマトリクス（図46参照）を構成する地域アイデンティティ（異質性）として、これに対峙する支配的な同質性と併せて地域特性をかたちづくるのである。

政治空間と地域アイデンティティ

ところで、地域アイデンティティが生成され、具体的な空間として存在する地域、あるいは前述[★148]の地域社会には、当然ながら人々が雇用され、財政があり、モノが流通し、貨幣が飛び交い、消費し、蓄財するという日々の具体の生活（実相）がある。

★146 「シニフィエ」（記号内容）は事物を指し示す言葉の背後にある意味が共有されることによって生じる同一性を指す（記号表現と記号内容→p.150）

★147 コンテクスト（脈絡と参照）→p.152

★148 社会システムとしての地域→p.065

従って、この地域アイデンティティの分析にかかわるディスクールの隠れた主役は、資本の論理（合理性）や自由経済＝自由資本によるグローバル経済、高度消費社会など、つまり空間の同質性をもたらし、それを加速化する「第二の都市の時代★149」以降の工業化社会を契機とするモダニズム、フォーディズム★150、資本の流動や蓄積などの政治・経済活動を始めとするコト系（＝出来事）

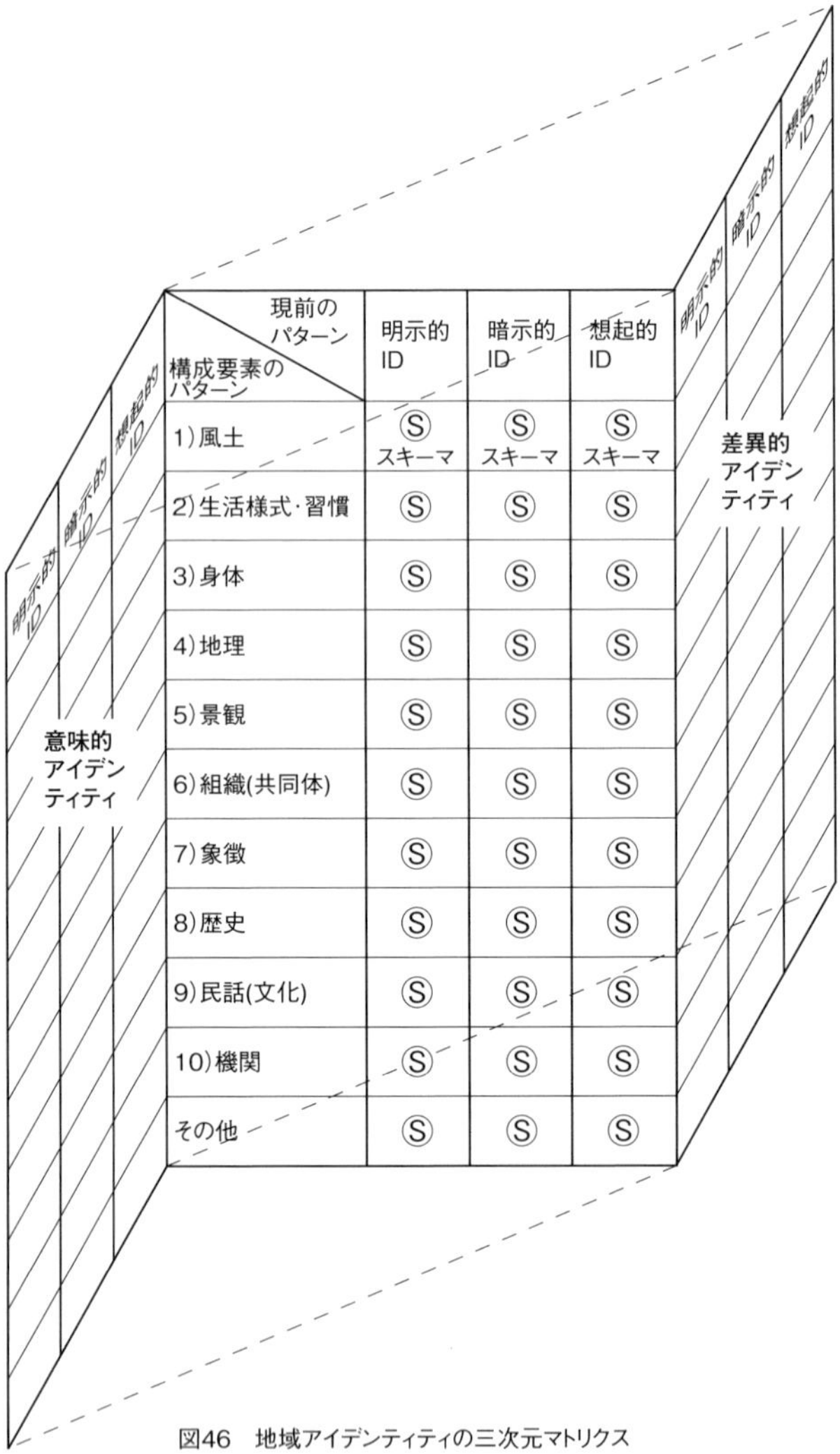

	現前のパターン	明示的ID	暗示的ID	想起的ID
構成要素のパターン	1) 風土	Ⓢ スキーマ	Ⓢ スキーマ	Ⓢ スキーマ
	2) 生活様式・習慣	Ⓢ	Ⓢ	Ⓢ
	3) 身体	Ⓢ	Ⓢ	Ⓢ
	4) 地理	Ⓢ	Ⓢ	Ⓢ
	5) 景観	Ⓢ	Ⓢ	Ⓢ
	6) 組織(共同体)	Ⓢ	Ⓢ	Ⓢ
	7) 象徴	Ⓢ	Ⓢ	Ⓢ
	8) 歴史	Ⓢ	Ⓢ	Ⓢ
	9) 民話(文化)	Ⓢ	Ⓢ	Ⓢ
	10) 機関	Ⓢ	Ⓢ	Ⓢ
	その他	Ⓢ	Ⓢ	Ⓢ

図46　地域アイデンティティの三次元マトリクス

★149　第二の都市の時代→p.018

★150　→p.058 ★111

の所産による政治的な空間であろう。

　こうした生活の実相の実体としての政治・経済にかかわる部分やその関係性の検討なしに、すなわち都市や地域のモダニティ、「空間―時間」の相のより源流的な考察を省略したような「場所と結びついたアイデンティティを擁護する」[★151]言説は、少なくとも分析的な視点からは今ひとつ心に響きにくい。本章では、都市のイメージ言語としての範囲以上にはこうした社会理論にかかわる詳細な検討に踏み込まないが、モダニズムの社会理論による都市のイゾトピーとヘテロトピーの項[★152]で、これに関連する部分をさらに見ていきたい。

　ところで、前述[★153]したモダニズム社会の時間―空間の圧縮の中で進行する圧倒的な空間の敗北（絶滅）の状況を前にして、人々が空間の質や意味を回復し、生活の意味性における質的構築の可能性の探求、そうした可能的な全体像を見ること、その努力を継続することすら諦めざるを得ないのであれば（デヴィッド・ハーヴェイ[★154]の論調は、そうした意味では先達のひとりであるH・ルフェーヴルよりさらにペシミスティックである）、もはや多くの都市論は不要となろう。

　あまねく同質性の覇権による世界制覇の状況を前にして、小さなアイデンティティ＝異質性が世界を覆すことはできないにしても、また人々の異質性の確保、維持に向けた努力が直ちにシミュラークル[★155]として摸造の共同体やミュージアム文化に列せられるようになるとしても、あらゆる全体主義的な思考の留保と、そこから発せられる固有性という一瞬の輝きが、少なくともポストグローバル化による次の世代の行く道を照らし出す灯となることは可能ではないだろうか。

★151　D・ハーヴェイ『ポストモダニティの条件』（吉原直樹監訳、青木書店、1999年）より

★152　政治の照射としての都市空間――イゾトピーとヘテロトピー→p.234

★153　時間―空間の圧縮→p.095

★154　→p.009★10

★155　→p.028★45

イメージ言語7

風土・風景・景観
——主観・客観の弁証法的統一の可能性と風景論の行方

和辻哲郎の風土論考

気候と風土

　風土の現象について最もしばしば行なわれている誤解は、我々が最初に提示したごとき常識的な立場、すなわち自然環境と人間との間に影響を考える立場であるが、それはすでに具体的な風土の現象から人間存在あるいは歴史の契機を洗い去り、それを単なる自然環境として観照する立場に移しているのである。人間は単に風土に規定されるのみでない、逆に人間が風土に働きかけてそれを変化する、などと説かれるのは、皆この立場にほかならない。それはまだ真に風土の現象を見ていないのである。

（和辻哲郎『風土』１９７９年文庫版、岩波書店、初版１９３５年）

一般に抽象的な自然環境の総体（観念的な場としての風土）は、認識主体である人間を通して、個々の具体の場所に帰着した時間（＝歴史）的生成、空間的な存在の両義的な概念である風土として意識される。意識された風土は同時に、人々に共有された風土性という構造（意識）を獲得する。こうした風土性を通して場所に新たな意味が付与され、例えばそこに風土とかかわった「地域」という具体的な場所が見い出されるようになる。ここでは、地域を包括する、あるいは地域の構造的な上位概念としての風土、そして風土と都市のかかわりについて考えてみたい。

　本書ではすでに風土性を、らしさの一種として、あるいは地域アイデンティティの構成要素、あるいはその契機として取り上げている。[★156] つまり他所との差異による異質性を通して認識され、新たに付与される意味として獲得された風土性が地域アイデンティティ（差異的同一性）として見なされ、承認されるというものである。

> 気候と風土とは、英語では同じ言葉になる。しかし、climateを日本語に訳そうとすると、それは、かならずしも気候か風土になるとはかぎらない。
> （中略）日本語で、気候学といえば、大気現象の学問として一つの専門分野を形づくっており、風土学といえば、まだその実体は豊かであるとはいえないとしても、自然と人間の関係を考察することと思われている。
> 　そしてその二つの学問は、ほとんど互いにかかわりなく発展してきた。（中略）
> 　一方、風土論においても、高温多湿、モンスーン、砂漠ということばが語られても、考察している一地域の環境として、地表全体からみれば、ほとんど点的に把握していることが一般で、そこで論じていることが、同じ自然環境を持っているところでは、ずっと同じ

★156 アイデンティティと「らしさ」
→p.177 風土的アイデンティティ
→p.186

> ことが成り立つのかどうかは吟味《ぎんみ》されていないことが一般であるし、そもそも同じ自然環境がどこまで広がっているかという知識すら、明確でない場合が多いと思われる。
>
> （中略）
>
> 風土論者が、その見解の妥当性《だとうせい》を、空間的に吟味していないと述べたが、そのことは、その見解に妥当性がないということではかならずしもない。（中略）
>
> 直観でとらえたものが、客観的な手続きで推論されたものに劣《おと》るとは限らない。和辻哲郎は、『風土』を書いた後、ヴィダル＝ド＝ラ＝ブラーシュの『人文地理学原理』を読み、もしこれをはじめに読んでいたら、この『風土』は書かれなかったであろうと述べているが、ド＝ラ＝ブラーシュを読んだあとに書かれた『倫理学』下巻の「人間存在の風土性」の章には『風土』ほどの魅力はない。われわれが、自然と人間の関係を認識するのは、論証によらず、直観による部分が多いからなのであろう。
>
> （鈴木秀夫『風土の構造』講談社、１９８８年）

ところで風土とは、それ自体は一体どのような概念であるのか。ここでは、まず風景論や景観論の端緒として、風土そのものの考え方を、日本の代表的な風土の論考として知られる和辻哲郎★157の著書『風土』（１９３５年）によって概観し、あらためて和辻のいう人間存在の構造的契機である風土概念や、そこから導かれるヨーロッパと日本の都市的様相の違いなどについても見ていこう。

もともと、和辻は日本有数の倫理学者であり、風土は単なる自然現象ではないという和辻の風土論は、冒頭に引用したように自然環境としての風土ではなく、むしろ主体的な人間存在の表現、

★157　わつじ　てつろう（1889-1960年）＝哲学者、思想家、倫理学者。『風土』の他に『古寺巡礼』（1919年）、『倫理学』（1937-49年）などの著書がある

形式としての風土についての論考である。

和辻によれば、人間は、歴史的・風土的な特殊構造を持っている。この特殊構造とは、人間が持つ歴史的、風土的な二重構造を指している。すなわち人間がいうところの歴史は、実際には風土的歴史であり、同じく風土は歴史的風土であるというものだ。この特殊性は風土の有限性による風土的類型によって、顕著に示されるという。ただし、右記に引用した鈴木秀夫[★158]の指摘のごとく、実際には風土の有限性、つまり境界意識は極めて曖昧であり、和辻においても、そうした地理学的な吟味は手薄である。

人と風土のかかわりを、和辻はまず人が感じる「寒さ＝寒気」という気象の一要素の説明から始める。寒さ自体は眼に見えるわけではなく、人が感じることで初めて寒さとなることから、人が寒さを感ずる前に寒気を見い出すことは当然不可能である。すなわち、人は寒さを感じることにおいて寒気を見い出すが、その寒気は人（々）の外にあるものではない。実際に外にあるのは、寒さではなく、単なる自然現象としての気温であり、外にある（出ている）のは寒さを感じる自分である。結局、人が寒さを感じるということは、寒さのうちに出ている（寒気を見い出したところの）自分を見ていることに他ならない。これは自分である人のみならず、人々でも同じことである。すなわち、人々は同じ寒さを共に感ずることにおいて寒気を見い出す。

この場合は、人々が寒さを感ずるという志向性ではなく、寒さのなかに出ているのは、自分である人々、人々である自分である。つまり他の人々の中に出ているということ、そして、それぞれの自分が寒気を見い出していることを、お互いに見い出す、という事態が「人が寒さを感じる」ことの本質であり、寒気は言わばこうした人々（和辻の言う我々のこと）という「間柄」の関係において存在する、と和辻は指摘する。このように客観的な寒さというものはあり得ない、それ

★158 すずき ひでお（1932-2011年）＝東京大学名誉教授。地理学者であるが、地理学を基礎とした風土論など幅色い分野で業績を残す

はあくまで自己了解としての寒気であるという和辻の考え方は、風土という概念にも通じていく。人々は、風土のうちに出て、風土を感じている自分である我々（の間柄）を見る、つまり「風土」において我を、風土を共有する「間柄」としての我々自身を見い出すのである。そして、主体的な人間存在が自分を客体化する契機としてこの風土がある、と和辻は説明している。

このように和辻によれば、主体（人間）は、風土を通じて（寒さの中にいる自分を自分が見い出すがごとく）自分自身を客体化し、同様に同じ寒さを感じているであろう（風土的体験を一にする）我々という間柄を見い出すことになる。

1927年から28年にかけてドイツに留学した和辻は、ハイデガー[★159]の著書『存在と時間』（1927年）に影響を受けたといわれている。西洋近代の個人主義的倫理学を批判し、同時にヘーゲル[★160]の主体相互にわたる社会的な共同体や観念の優位性、ハイデガーの特定のコンテクストの中で使用することでものが意味を持つとする考え方などを敷衍して、集団による風土的同一体験による自己了解といった間柄の倫理、共同体を基盤とする人倫といった思想に傾斜し、風土的類型を人間存在の類型（構造）と重ねて、特に日本的風土特性を同一のものと見なし、それを共通の基盤とする日本人の一体的な自己了解の契機、個人ではなく役割、すなわち間柄に重ねたのである。

一方で、風土なき時代、脱風土化された都市のなかで、風土という契機を失った主体はやがて、間柄の関係をも喪失して自らの客体化の契機にさえ疎外されていく。

地域アイデンティティの基盤となる風土的アイデンティティについては前述[★161]のとおりであるが、自然環境は人間の存在にとって外在的にあるものではなく、人間という主体を通して有意味化されるというこうした和辻の風土論は、唯物論批判としても読めるであろう。

★159　→p.078 ★168
★160　→p.130 ★52
★161　風土的アイデンティティ→p.186

人間存在の風土的・歴史的類型

もし「精神」が物質と対立するものであるならば歴史は決して単に精神の自己展開であることはできない。精神が自己を客体化する主体者である時にのみ、従って主体的な肉体を含むものである時にのみ、それは自己展開として歴史を造るのである。このような主体的肉体性とも言うべきものがまさに風土性なのである。

(中略)

そうして見ると身心関係の最も根源的な意味は「人間」の身心関係に、すなわち歴史と風土との関係をも含んだ個人的・社会的な身心関係に、存すると言ってよい。

風土の問題の担っているこの重要な意義は、人間存在の構造を分析する試みに対して一つの決定的な指針を与える。人間存在の存在論的把捉はもはや単に時間性を構造とする「超越」によってのみは遂げられないのである。

(和辻哲郎『風土』前掲)

(本来の)超越は風土的に外に出ることである。すなわち人間が風土において己れを見いだすことである。個人の立場ではそれは身体の自覚になる。が、一層具体的な地盤たる人間存在にとっては、それは共同態の形成の仕方、意識の仕方、従って言語の作り方、さらには生産の仕方や家屋の作り方等々において現われてくる。人間の存在構造としての超越はこれらすべてを含まなくてはならぬ。

かく見れば主体的な人間存在が己れを客体化する契機はちょうどこの風土に存するのである。

(前掲書、括弧内引用者)

こうした風土における自己了解は、初めに衣・食・住などの生活の手段の発見として表れる。風土のうちに出た人々は、自分に対立するものとしての風土からさまざまな道具を見い出し、同時にまた風土自身も「使用せられるもの」として、人々の道具とする。人々は風土のうちへ出て、そこから「我々自身」を了解することになる。すなわち、風土の現象は、我々自身がいかに外に出ている「我々自身」を見い出すか、を示すものとなる（自分を客体化し、自己了解する）。

さらに和辻は、道具が風土（的規定）によってもたらされたように、歴史的、風土的な現象は人間の自覚的存在の表現であり、風土は人間存在の自己客体化、自己発見の契機であることから、主体的な人間存在の型（タイプ）が歴史的、風土的な現象の解釈によって見い出されるとする。和辻はこのタイプを三つの類型に分けて、風土現象の特殊性から人間存在の特殊性（＝歴史的、風土的類型）を分析している。

和辻による、よく知られた風土の三つの類型は以下のとおりである（地域や国の表現の中には、現代では用いない用語もあるが、『風土』［1979年文庫版、岩波書店］の表記をそのまま使用している）。

〈モンスーン型〉

モンスーンは東アジア、日本、シナ、インドなど、特に熱帯の大洋から陸に吹く夏の季節風をいう。モンスーン域の人間の構造は受容的・忍従的で、キーワードは湿潤である。台風などの自然の暴威も含まれる。

〈砂漠型〉

風土域としては、アラビア・アフリカ・蒙古などがイメージされるが、厳密な意味で砂漠という語は日本にはない。ここでいう砂漠は、樹木の一本たりとも生えることのない本来の砂漠＝非青山を指している。住むものなきこと、生気なきこと、荒々しいこと、こうした砂漠域の人間の構造は対抗的・戦闘的となるが、またユダヤ人の持つ服従的で戦闘的、意志的な性格も砂漠的人間性＝非農業的人間性からきているとする。砂漠域では、自然はそのまま死を意味する。従って砂漠域の人々はそこにおいて死を意味する自然ではなく、むしろ幾何学や人工を好み、深く人間性を自覚し、神を自然の上に立て、人格神（自然と対抗する人間）を人類に与えることになる。キーワードは乾燥である。一方、エジプトは、砂漠とナイル川の氾濫によって、乾燥なる湿潤という奇妙な二面性を持つという。

〈牧場型〉

牧場とは、日本の草原とは異なる牧草の草原のこと。これはアルプ（高原の牧草地）などを擁するヨーロッパ型の風土である。夏の乾燥と冬の湿潤、従順・明朗な自然によって、農業は決して自然との戦いとしてあるのではない。自然が暴威を振るわないところでは、自然はむしろ合理的な姿を現す。自然への従順は、生産や受用の牧場化をもたらす。高い計画性や合理的な人間性、自然に忍従して恵みを待つこともなく、自然に対抗して不断に戦闘的な態度をとることもない。裸体に近く暮らせ、ギリシャ人の競闘（闘争の是認）の精神があり、また、単調な自然と冷たい冬の室内性が劇場文化を醸成したという面もある。

いずれにしても、こうした風土的考察はその歴史性と切り離せない。例えば、日本人は特に明治以降、ヨーロッパに憧れ、牧場的なるものを渇望したが、しかしそれは所詮無理である。つまり日本の風土は、砂漠にも牧場にもなれないからである、と和辻は指摘している。

もちろん80年以上も前の、こうした人間類型の分析に用いた和辻の風土的規定は、現代の情報のフィルターで検証するならば、あきらかに単純で一方的でありステレオタイプそのもの、すなわち和辻のいうアジアや中東、ヨーロッパにおいても、実際にはさまざまな風土が混在し、その範囲や人間類型自体もずっと複雑であったが、日本人の認識の基底には、案外今でもこうした直接的なイメージが、そのまま残されているのではないだろうか。それほど和辻の直観的な風土的人間類型の分析は、島嶼《とうしょ》国家である日本の人々に強烈なインパクトを与えたのである。

都市と家の「うち」「そと」

和辻による風土現象の特殊性から、人間存在の特殊性＝歴史・風土的類型を分析した論考（前掲書）には、さらに「日本」という続きの章がある。この日本についての論考のなかで、特に注目されたのが「うち」と「そと」の線引き（境界）の位置における、日本と西洋の都市との違いに関する考察であった。これがヨーロッパと日本のまち、各々の都市のイメージを大きく左右していると和辻は分析している。

日本人は、モンスーン域の風土の受容的・忍従的性格に熱帯・寒帯・季節的・突発的なる台風的性格が加わったという、特殊構造を持つ。そこから滲《しん》出される「自然を征服しようともせずまた自然に敵対しようともしなかったにかかわらず、なお戦闘的・反抗的な気分において、持久的ならぬあきらめに達した」（前掲書）という日本人特有の性格に、例えばヤケ（自暴自棄）があると和辻は言う。

この台風的忍従性＝しめやかな激情、戦闘的な恬淡《てんたん》の風土的構造は、人は個人にして社会である、という「間柄」における日本人的特質をつくる。つまり個人ではなく特殊な間柄（役割的なもの）に日本人の特質が表れ、そうした「距てなき間柄」の実現が、日本の「家」や家族、ひいては日本という「国家」に他ならないとしている。

日本人にとって「家」は「うち」である。家人は「うち」のひと、宅であり、そこにおいて明らかに個人は消滅している。それは間柄としての家族であって、すでに個人―個人の間柄ではない。そして、一歩「家」を出たらそこはもはや外である。日本では「うち」―「そと」の用法は、このように人間の存在の仕方の「直接的な理解」を表しているとされる。

一方、ヨーロッパでは、個人の自覚に基づいた、より大きな共同体があり、「うち」―「そと」が家族の間柄の内外をいうことはなく、内外はあくまで個人の心の「うち」―「そと」であり、「家」も個々相距てる構造である。

日本の距てなき間柄は家屋にも反映していて、襖や障子を取り払うと個々の部屋の区分のない「距てなき結合」を表現していると同時に、襖や障子による仕切りを必要とすることが、距てなき結合の含んでいる激情性も現しているという。こうした家の内部における「対抗性」と、建具を取り払って仕切りのない恬淡な「開放性」が共存しているという和辻の指摘については、例えば、建築物やその架構技術の風土的特性を、これもやや観念論的にではあるが、以下のように照応させることもできよう。

西洋の建築では、一般に石造やメーソンリー（組積造）によって、つまり固形の部材を積み上げてつくることにより自明となる固定的な壁の存在があり、これにあけた風穴、すなわちWind Eyeを語源とするWindow（＝窓）の文化が基本となっている。しかし、もともとモンスーン地域、照葉樹林帯としての日本の気候特性では、木造の柱・梁構造による建築物が中心であり、こうした建築物にとっては必ずしも固定壁の存在は自明ではなく、むしろ柱と柱の間に戸（＝建具）を立てた、いわば可動的な壁である間戸《まど》の文化を発展させてきた、という歴史的経緯がある。

障子や戸襖一枚で、実にデリケートなプライバシーのコントロールを実践し、あるいは蔀戸《しとみど》などの複雑な建具のメカニズムやその組合せで、内外の隔てや採光の高度な機能変換を実践してきた日本の間戸（＝建具）の文化は、現在でも世界に誇り得る精緻なものとされている。和辻の言う「しめやかな激情・戦闘的恬淡」（前掲書）という日本人的性格は、まさにこうした風土によって見い出された道具性で成立した間戸文化によって初めて可能となり、また醸成されてきたものであろう。

イタリアでは、街路や広場には一本も樹木らしいものが植えられていないものが多い。地面には、時として美しい模様の舗装が室内のじゅうたんのように隅から隅まで施してあって、全く人工的な都市空間である。一方、建物の内部は（中略）地面を舗装して床面としている。（中略）室の内部と外部とは、床も壁もほぼ同様であるとするならば、本質的な内外空間の差異は屋根があるかないかにかかわっているのである。（中略）確かに、イタリアの街路や広場はイタリア人にとって生活の場であり、住いの内部と外部を均一に使うことによってその生活が成立するのである。

（芦原義信★162『街並みの美学』岩波書店、1979年）

日本では、部屋には締り（鍵）を付けず、外に対して戸締りをする。玄関で靴を脱ぐのも、「家」は「うち」であり、まさに玄関において「うち」と「そと」が区別されているからであると和辻は指摘する。外ではなく家の中（玄関や床の間など）に花を飾るのも、当然外は「うち」ではないからということになる。これに対してヨーロッパでは、城壁（まちの囲い）までが「うち」であり、だから家の外に向かって花を生ける。日本とは「うち」―「そと」を仕切る境界線の位置が

★162　あしはら　よしのぶ（1918-2003年）＝建築家、主な作品はソニービル（東京都中央区銀座、1966年）など

違うのである。また個室には鍵があるが、玄関は「うち」―「そと」の境界である頑強な城壁ほどの意味を持たず、従って玄関では靴も脱がない。

確かにイタリアなど、人々のイメージにある近世までのヨーロッパのまちの外観、その様相は、日本人が「うち」＝家の中としている設えそのものであり、そのことがまち自体に実に豊かな、時として溜息が出るほど見事な表情と奥行きをもたらしている。このように、まち＝都市のイメージが、日本とヨーロッパで大きく異なるのは、「うち」―「そと」の境界線の位置がそもそもまったく違っていることによるもので、単純な美醜の感覚の違いなどに由来するわけではないと和辻は指摘する。

和辻は宗教や家の忠孝一致[★163]的な主張においてもこうした「日本的な家＝うち」のアナロジーを敷《ふ》衍《えん》して、やがて日本人はその特殊な存在の仕方（間柄の倫理）を通して人間の全体性を把捉するという分析によって、皇国一致的な考えに理解を示した。こうした和辻の思想が、戦前の日本では皇国史観の根拠などに大いに利用されたという経緯はあるが、一方でヨーロッパのまち、日本のまちという抽象的、観念的な現象論を前提としながら、直観的に文明や都市存在の因って立つところを一気にイメージ言語として語ってしまうという独特の勢いは、類を見ないものでもあった。

あるいはオギュスタン・ベルク[★164]は、ポストモダニズムの時代においては、むしろ和辻の風土的類型の考え方はグローバリズム[★165]への抵抗に繋がるのではないか、という観点から積極的にこれを評価しており、さらに和辻の「風土」の人間類型は、歴史的風土によるものとされているが、実際にその内容は時間ではなくまさに空間的な契機による分析（ただしそれ以上の拡がりは持っていない）であったことなどは、ディスクールのベクトルの違いを超えて、ポストモダニティからポストグローバル化の時代に繋がる新鮮な視点を持ち得ていたとも言えよう。

★163　「忠孝一致」とは、主君に対する忠義と、親に対する孝行を一致させること、それを尽くす態度をいう。また「皇国一致」とは、国民の忠孝一致的な考え方を天皇や国家に対する間柄の関係に拡大したもの

★164　オギュスタン・ベルク（1942年-）＝フランスの地理学者、1984-88年日仏会館フランス学長。本文中の指摘は『日本の風景・西欧の景観』（篠田勝英訳、講談社、1990年）より

★165　→p.020★17

和辻の活写したイメージ言語としての「西洋のまち」は、分析論としては多くの曖昧さを孕《はら》みながらも、柳田國男[★166]の提起した農村イメージ[★167]とともに、現在でも日本人の基本的な認識の底にあって、ヨーロッパの都市イメージの礎、その風景解釈の一つの原点ともなっているのである。

風景と風景論

風景とは何か

気候などの自然現象が、主体を介して感覚的なレベルを契機として感得される側面を持つ「風土」という概念と同様に、外在的な環境の様相が主体を通して感覚的に感得される「風景」、あるいはその風景について論じた「風景論」というテーマがある。

ここでは風景や風景論について、そしてこうした概念と都市のかかわりについても見ていこう。

> 物質性によって規定されるこの（地理学者のいう）風景概念が長いあいだ支配し、やがて哲学者、社会学者、人類学者たちが関与するようになって、風景をめぐる考察が複雑さを増します。
>
> 風景とは、必要とあらば感覚的な把握の及ばぬところで空間を読み解き、分析し、それを表象するひとつのやり方、そして美的評価に供するために風景を図式化し、さまざまな意味と情動を付与するひとつのやり方なのです。要するに風景とは解釈であり、空間を見つめる人間と不可分なのです。ですからここで、客観性などという概念は放棄しましょう。
>
> （アラン・コルバン『風景と人間』小倉孝誠訳、藤原書店、２００２年、括弧内引用者）

★166　→p.021★20

★167　柳田國男の農村本位説→p.043

主観を排した、あるがままの風景などの事物の感得への希求は、写実主義、観察、風景写真などに見られるいわば風景表現の、そして風景論の永遠の課題の一つであるが、実はこうした風景論における客観性の獲得も、理想都市などと並んである種の人々が見る、懲りない「見果てぬ夢」の一つであろう。

　つまりそれは、風景概念においてあくまで客観化と主観化の弁証法的統一を目指す、あるいは風景論が主観を超えた普遍性を持ち得るとすれば、一体どのような普遍化の方法があるのか、などというテーマ（夢）と言ってよいが、例えば歴史学者であるアラン・コルバン★168は、「風景に客観性などない」と、あっさりこれを切り捨てている。

　ここでは、こうした風景概念について理解するために、まずA・コルバンの『風景と人間』（前掲）の内容に沿って、その考え方を以下のようにまとめてみよう。

①風景とはあるがままの事物の、いわば景色の引き写しではない。それは人間が空間を検証し、評価する方法であって、美醜などの尺度自体にはある種の共通項はあるが、基本的には主観的な評価であり、そこに客観性はない。

②風景は空間の認知として立体的に把握される。つまり、風景は五感（視・聴・嗅・味・触）を動員して受容した体験が作用する内的な体感として、感覚の覚醒として意識される。

③風景は変化として時間的に把握される。つまり風景は空間を通過する方法である旅、散歩、巡礼などの行動様式や移動の手段、速度などの様態に関係する。

④風景の成立要件として美的要素がある。環境は美的要素にかかわらない。環境は数値やデータといった定量的な分析で語ることができるが、風景は定性的な概念で、美醜という「美的要素」が自覚されたとき、初めて成立する。

★168　アラン・コルバン（1936年-）＝フランスの歴史学者。「においの歴史」「娼婦の歴史」など、従来の歴史学にはない対象を扱うとともに、既存の歴史学に対して、地域史、生活史、民衆史などを重視した新しい歴史学は「感性の歴史学」とも呼ばれる

⑤風景の成立要件として、歴史・文化的要素がある。つまり、空間を捉える契機としての風景の成立には、歴史や文化によるある種の共通感覚が伴う。風景は時代や文化の所産であり、美、崇高性、畏怖などの感じ方は時代や文化によって異なる。時代の不安、信仰、期待、情動、権力や政治経済、土地利用、医学や科学の状況などが、風景の成立に大きくかかわる。

⑥風景の構築には二通りの類型がある。すなわち風景には観察・記憶・繰り返し積んだ行為などによる「個人的な風景」と「社会的風景」があり、両者は異なることがある。

⑦風景の未来像とは何か。A・コルバンによる風景の定義によれば、未来像を描くことは、未来の空間評価様式を予測することとなる。従って現在の様式で描かれた通りの風景の未来像は原理的に実現しないとしている。

A・コルバンは、今までさまざまな分野から示された風景の定義や風景論の内容を上記の如くわかりやすく簡潔にまとめているが、このうち、例えば②の風景の立体的把握（空間認知）や、③の風景の時間的把握（変化）は、まさにいままで見てきたJ・J・ギブソン[★169]のいうアフォーダンス[★170]にも繋がる概念であり、「風景・景観とは、運動の帰結である移動がもたらした出来事としての環境の総体が主体によって選択され、それが一つのまとまりのある空間として意識されたもの」ということになる。⑤の「風景の成立要件としての歴史・文化的要素」、すなわち風景の成立の背後にある時代や文化のインパクトは、特に歴史学者A・コルバンにとっての風景概念の中心的なテーマである。

さらに、⑦の風景の未来像については、すでに「ユートピアの系譜と理想都市[★171]」などで見てきたように、さまざまな時代に描かれたユートピアや理想都市像が、当時から見た未来の世界を描いていながら、今日ではなぜかどことなくそれが古びて見える理由を解き明かしている。すなわ

★169　→p.163★102

★170　「アフォーダンス」は環境が動物（人間）に提供する情報（情報として見る→p.162）

★171　ユートピアの系譜と理想都市→p.122

★172　ケネス・マッケンジー・クラーク（1903-83年）＝英国の美術史家・評論家。主な著作に『風景画論』（佐々木英也訳、筑摩書房、2007年）など

ち、それはA・コルバンの言うようにまさに「現在（つまり描かれた当時）の様式で描かれた風景の未来像」だからであり、現在の空間評価様式からすれば、それらはすでに考古学の対象（＝過去の表現）であることによっているのである。

風景の成立は風景画の成立とかかわっているとする説（ケネス・クラーク）★172もある。つまり15世紀初頭から17世紀（ヨアヒム・リッター★173は14世紀頃からとしている）にかけて、オランダを中心とした風景画の成立が風景意識をもたらしたとするものであるが、Landshap（16世紀末頃のオランダ語で、単なる場所と言う意味）という語がイギリスにわたりLandscape（土地の風景、オックスフォード英語辞典によると語源はオランダの内陸の風景画のこととされ、海洋の風景ではない）になったというものである。フランス語のPaysやドイツ語のLandschaft（このうちのschaftは全体性＝ゲシュタルト質★174のことであり、またこの語は地理学でいう地域の概念でもある）などが同類語といわれる。19世紀にはこのLandscapeから「まちの景観」＝Townscapeや「都市景観」＝Cityscapeなどの派生語が生まれている。★175

風景画の成立以前に、人々の風景意識、あるいは風景という感覚や概念がまったくなかったとは思えないが、自覚的に、あるいは理法として風景が人々に広く意識されるようになった時代は、このように比較的新しいのかもしれない。★176

風景論とは何か

「客観性などあり得ない」という風景について論じること、そのディスクールにもまた客観性はないのであろうか。一般的には、風景論にはあまり客観性はないとされている。ディスクールの客観性の欠如によって、例えば学問領域では、客観的に検証しえない論考を「風景論」になぞ

★173　ヨアヒム・リッター（1903-74年）＝ドイツの哲学者

★174　「ゲシュタルト質」は、それ自体が一つの全体であるような性質（全体を見る→p.161）

★175　景観をめぐるいくつかのディスクール　都市景観とは→p.223

★176　志賀重昂（しが　しげたか、地理学者、1863-1927年）の『日本風景論』（1894年）によれば、日本の自然の4大特徴は、①気候、気流の多変・多様なること②水蒸気の多量なること③火山岩の多々なること④流水の浸食激烈なること——とされ、こうした気候的特質から日本の風景は以下の三つの言葉で語られるとした。

瀟洒（しょうしゃ）＝垢抜けている、すっきりとしゃれている、洒脱なさま

美＝うつくしさ

跌宕（てっとう）＝雄大なさま、伸び伸びとして欲しいままのかたち

この『日本風景論』により、日本でも風景は初めて花鳥風月から理法へと転じた。

（清水正之「近代日本における『風景』の創出」［『風景の哲学』安彦一恵・佐藤康邦編、ナカニシヤ出版、2002年］より）

いくつかの風景の定義

●風景とは空間に対して人間がするさまざまな解釈である。つまり空間を見つめる人間がいて、その人間が空間に対して する諸解釈の錯綜が風景である。
（アラン・コルバン［仏］歴史学者『風景と人間』［小倉孝誠訳、藤原書店、2002年］より要約）

●風景とは我々のまわりの世界であり、それは我々がどこにいようと、我々が見たり感じたりするすべてのものを含んでいる。風景は空間においても時間においても連続的である。
（ガレット・エクボ［米］造園家『景観論』久保貞・中村一・吉田博宣・上杉武夫訳、鹿島出版会、1972年）

●風景とは、感情と感覚をもって観照する者に対して、眺望の内で美的に現前するような自然のことである。
（ヨアヒム・リッター［独］哲学者「風景」藤野寛訳『風景の哲学』安彦一恵・佐藤康邦編、ナカニシヤ出版、2002年）

●たんなる移動にともなう風景礼讃から己の内的な風景を求めるようになると、おのずと「郷愁」が大きなテーマになる。新奇なものの横行にともない、あるいは身体の拡張が極まるにつれ、わが身を顧みる「内的風景」がイメージされるようになったのである。（中略）汽車旅による新しい土地の風景や風物の新発見ののちに回顧されるのはおのが土地・風土であり、故郷の山河であった（中略）。
（高橋康雄［日］文学者『風景の弁証法』北宋社、1999年）

●風景とは出来事（運動によるレイアウトの変更の帰結）としての空間が環境化されたもの。つまり動物の行為に呼応して立ち現れる環境が空間化されたもの。
（J・J・ギブソン［米］心理学者『アフォーダンスの発見』［佐々木正人・高橋綾訳、岩波書店、2006年］より要約）

●「風景」とは、私たちを取り囲む場所、私たちがそこで生きる場面の具体的実質の可能的全体である。それぞれ異なった風景において私たちに固有のあり方が形づくられ、その可能性において普遍的全体が志向されるとしたら、「風景」への哲学的考察の不十分さは、そこに生きる「私」のあり方そのものに貧困をもたらすはずである。
（納富信留［日］哲学者「哲学的風景論の可能性」『風景の哲学』安彦一恵・佐藤康邦編、ナカニシヤ出版、2002年）

●もともと風景とは土地や場所がまぎれもなく唯一の特定の土地や場所であることを明らかにしてくれる、いわば土地や場所の存在証明なのだ。
（山岸健［日］社会学者『風景とは何か』日本放送出版協会、1993年）

らえることがしばしば行われている。

ところで、納富信留[★177]によれば、数多の「風景論」には次のような共通の基本的特徴があるという（「哲学的風景論の可能性」『風景の哲学』安彦一恵・佐藤康邦編、ナカニシヤ出版、２００２年）。

①旅……旅という契機において風景は主題化される。

②印象……旅において風景として主題化されるのは、その人が受けた印象である。

③経験……印象は文化的背景や歴史的説明を伴ってはじめて経験となる。

④自己……風景論では対象となる風景よりも風景と出会った自己自身が語られる。

納富は、こうした観点から見ると、例えば、和辻哲郎の『風土』は典型的な風景論ではないかと指摘している。つまり、納富のいう風景論の特徴に和辻の『風土』の論考を対応させると、概ね①旅↓和辻の１９２７年の洋行、②印象↓和辻は直観的印象を現象として理論化している、③風土↓和辻の風土は人間全体の歴史をも統合する総合的な文化概念としての経験そのもの、④自己了解↓和辻によれば、自己の存在の了解の形式、人間存在の根本構造が風土であり、異風土としての自己了解や、可能性としての自己了解、つまり自己の可能性の実現としての風土など、そこで語られるのは風土と出会った自己自身である――として分析されている。

こうした観点から見れば、和辻の『風土』こそは、まさに風景論に他ならないのではないかとしているのである。従って、そこにおいてはすでに分析的な意味での客観性は乏しいということになる。

「風景」と「自己」との個人的な出会いを作品化した風景論は、随筆や私記に近いもので、文学として読む以外に有用性はないのか、あるいは納富のいうように「風景を論ずるという私たちの営為そのものが、私たちの風景への関わりの可能性を何らか開示してくれることが期待される」

★177　のうとみ　のぶる（1965年–）＝哲学者、慶応義塾大学教授

（前掲書）もののいずれであるのかについては、もちろん早々に結論が下されるわけではない。

佐藤康邦★178は「今日の風景論の隆盛が、近代のもたらした環境の危機や、風土性を無視したグローバリゼイションや、数量化され人間を見失った地理学への反発に根差しているということは明らかである」（「風景哲学の可能性について」『風景の哲学』前掲）としながらも、「しかしまた忘れてはならないことは（中略）、風景への着目は（中略）、むしろ近代科学のもたらした遺産を前提とした上で、それのより広い視野のもとでの捉え返しということを基盤に据えているといった方が正しいということである」（前掲書）と指摘することを忘れない。

こうした風景への着目のディスクールが、単なる印象記、随筆や私記だけで終わらないためには、アフォーダンスのような科学の眼も、そして和辻の『風土』のような直観的な腕力もともに必要とされるのではないか。

いずれにしても、風景論が「トラヴェリング」★179状態の記述として、あるいはその再現として機能するならば、非日常的な感覚から日常を捉え返し、こうした差異の体験を介して自己実現の可能性を発見する有効な契機としての「風景論」は、「らしさ」★180などと同様に同質的な日常における異質性の覚醒（自己確認）の手引書として、今後も引き続き重要な存在であり続けるだろう。

同時に納富のいう如く、風景を扱う諸科学が、可能性の断面として表す個々の生の世界を統合し、全体として再度風景概念を捉え返す試みの契機としてある「風景論」というディスクールこそは、いつの時代においても変わらず求められ続けているのである。

★178　さとう　やすくに（1944年-）＝倫理学者、東京大学名誉教授

★179　トラヴェリング＝道行きとは →p.168

★180　アイデンティティと「らしさ」 →p.177

景観と都市

景観とは何か

風土、風景、景観は、いずれも人々のごく身近な体験を通してイメージされる概念である。だが、繰り返し述べてきたように何らかの全体性、しかもそれは主体とかかわった均質でない（主観的な）全体性や自己了解を含むような概念として立ち現れることから、客観性を軸とする分析的な概念としては捉えにくいという、実際にはなかなか曖昧で厄介な概念でもある。

また、このうち風景と景観はきわめて類似した概念であり、概念的には「風景と景観は同義である」とするディスクールもしばしば見受けられる。

さらに風土、風景、景観のうち、風土と風景が字義として持つ「風」の意味については、この二つの概念が視覚以外の主体の感覚的受容（五感による感得）をすでにそのコノテーション★181として含んでいると解してよいであろう。

しかしながら、一方で字義的に「風」のつかない「景観」の扱われ方は、やはり風土、風景とはやや趣が異なっている。この概念は、風土の概念において和辻が定量的な分析を本質的な意味から除外したように、また風景概念においてA・コルバンが、その客観性をあっさり否定したようには扱われていない面がある。むしろ「見果てぬ夢」から覚めた後もなお、風景概念における客観化と主観化の弁証法的統一を、あるいは定量化しうる環境と類似する概念のごとく、風景論の主観を超えた普遍性の獲得を附託され続けているかのごとく（未練がましく）扱われる、まことに不可思議な概念なのである。

この景観という概念は、何らかの形で常に「計画的なもの」をそのシニフィエ（記号内容）★182と

★181　「コノテーション」は連想されることなどの間接的意味作用（記号表現と記号内容→p.150）

★182　「シニフィエ」（記号内容）は言葉が直接指し示すものにまとわる間接的な意味、イメージのようなもの（記号表現と記号内容→p.150）

して持っている。風景の（主体による）人為的な加工にかかわる、つまり風景を加工する、あるいは加工された風景という概念であると捉えると、比較的その意味はわかりやすい。ただし、そのわかりやすさはあくまで「比較的」のレベルの話であって、例えば「風景の客観化による風景環境としての景観」などという言い方をした途端に、その意味は、矛盾だらけの（風景の客観化を前提とする）定立として再び霧散してしまう。

「景観」とは歴史的に見て近代に固有の事態であると我々は考えている。M・ウェーバーは真・善・美の「分化」をもって近代の一特徴としているが、我々は、一定の周囲世界のその分化した美的相をもって「景観」を理解する。（中略）純粋に景観の問題となるというのは、その美の観点からの良し・悪しをめぐって意見対立が存在するということである。

（安彦一恵「景観紛争解決のために」『風景の哲学』前掲）

ヨアヒム・リッターがいうように風景が「眺望の内で美的に現前するような自然」（「風景」藤野寛訳『風景の哲学』前掲）と同義であるとすれば、安彦一恵[★183]は、「一定の周囲世界のその分化した美的相」によって理解される近代に固有の事態である「景観」において、結論的にはそうした景観（＝風景）の美は実在的ではないとする。人々が一致して認める「客観的」な美は存在しても、それは「実在性」とは別で、これを峻別するために例えば、景観の美は主観が間に入ったカントの言う「間主観性」による美[★184]などと言い換えるべきであろうという。

結局、美は基準との相関的な事態であって、趣味の陶冶《とうや》や洗練による優劣の判定は不可能であり、もし判断する場合でも、それはせいぜい「民主主義」的な判断によるしかないと、安彦は指

★183　あびこ　かずよし（1946年-）＝倫理学者、滋賀大学教授

★184　ここでは、カント（→p.078★167）の言う超越論的主観性、さらにフッサール（→p.011★21）の現象学における個人と共同体などの複数主観、相互的な主観による意味了解を指していると思われる

摘している。つまり、いくら風景を景観と言い換えても、それが何らかの美的相を扱う限り、相変わらずそこに客観的な判断基準を持ち込むことは実際には不可能である、ということになるのである。

本書では、安彦のいう意味のレベルで、特にモダニティとの関連でさらに景観の問題を扱うことはしないが、これもまた風景の主観の社会化の問題などを含んでいる。

以下には、都市とかかわった視点から、風景の加工としての景観計画や景観政策などについてさらに見ていきたい。

都市と風景・景観

よく、わが国の街並みはなかなか絵にならないと言われている。日本人画家も滞欧中は結構街の風景を描いても、日本に帰ってくるとなかなかうまく街並みを描かない。わが国の街並みは、街並みを規定する建築の外壁のような「第一次輪郭線」以外に、壁面から突出した雑物による「第二次輪郭線」が多く、本来、街並みを決定する輪郭線の形態がはっきりしていない（中略）。パリやヴェネツィアは、たしかに建築や街区の形態がしっかりしていて、ほんとに絵になりやすい骨格をもっているのである。

（芦原義信『街並みの美学』前掲）

今日の都市のみならず、田園においても、リゾート地においても、風景を席巻するものは、視界を切り裂く巨大な人工物である。個人を否応なくマッスの一員でしかないものと思いこませるが如き人間的スケールを逸脱した超高層建築、山奥の滝に代わって現われた巨大なダム、感情移入を拒絶する陸屋根の直線、毒々しい合成着色料の色で塗られた壁面や広告、巨大なゴミ焼却炉、飽くなきスピード感の演出、自動車、航空機、新幹線といった交通手段の窓の外であわただしく過ぎ去る風景、騒音、さらにおびただしい数の烏まで！　このようなものを見れば、風景画の凋落《ちょうらく》もまた当然と言わざるを得ないということになるのか。

（佐藤康邦「風景哲学の可能性について」『風景の哲学』前掲）

「遠近法」の発見に、個人主義の確立としての近代やその表現の起源をみる考え方は根強い。

「一五世紀半ばのフィレンツェにおいて、ブルネレスキとアルベルティによって遠近法の基本的規則が作り上げられた。それは中世の芸術と建築における諸実践からの根本的な断絶であり、さらに二〇世紀のはじめまで支配的な規則であった」（デヴィッド・ハーヴェイ『ポストモダニティの条件』吉原直樹監訳、青木書店、１９９９年）。

こうした遠近法の応用と数学、つまりユークリッド幾何学の応用による地図が、客観的な空間★185を人が有限な全体として把握可能な、また操作可能な秩序化による飼いならした体系へと変容させ、建築、都市計画、都市政策の専門家、権力者らはこぞって、D・ハーヴェイのいう「ユークリッド的な客観的空間の表象が空間において、いかにして物理的に秩序づけられた景観に転化されうるのかを示して見せた」（前掲書）という状況のもとに近世以降の都市景観を表出させたのである。多少の混乱はあったが、ポストモダニティの現在の都市景観も当然その延長上にあることは言うまでもあるまい。

ヨーロッパではこうした都市的な風景への関心は19世紀後半の産物とされており、それは明

★185　通常は客観的実在としての空間の意であるが、ここでは例えば幼児の絵の如く主観的実在の空間表現とされるような意味での主観的距離感から、近世以降は正確な距離による客観的な地図が採用されることになったという意。D・ハーヴェイ『ポストモダニティの条件』（吉原直樹監訳、青木書店、1999年）より

らかに第二の都市の時代[★186]に起こったものである。例えばCityscape（都市景観）は１８５６年頃、Townscape（まちなみ景観）は１８８０年頃から使われ始めたと言われていることから、いずれもかなり新しい概念である。

それ以前に駅や鉄道、ビルなどの都市的スケールの施設や事物が、工業化社会のあらゆる合理性や多人数をさばくための効率の追求による分析対象として以外に、例えば「風景」として意識されるということはなかった。現在では世界中の都市で歴史的・伝統的都市と新奇の都市景観の間でさまざまな論争があるが、概ね第二の都市の時代以降の都市景観は、第一の都市の時代[★187]の歴史的、伝統的な都市景観などと比べて、美的な見地から褒められるということはあまりなかったといってよいだろう。

> 最高で究極的な視覚上の質を達成するには、これらの配置のなかで注意深く細部にわたる調整を行なうことが一般に必要である。（中略）技術的、機能的、それに視覚的な質の練りに練った組合せが最終的で完全な感性・知性的満足を生みだすであろう。
> （ガレット・エクボ『景観論』久保貞・中村一・吉田博宣・上杉武夫訳、鹿島出版会、１９７２年）

米国の造園家ガレット・エクボ[★188]は、景観づくりにかかわる計画者は、技術的および機能的問題を解決するために提案された配置から生じる視覚上の質を、大きな関心をもって研究することが重要であると説いている。そして、私的な家庭から大都市地域にいたるまでの、あらゆる規模での物理的環境問題の核心である「建物」「オープンスペース」「自動車」「歩行者」の四つの組合せ（関係）で都市の景観は形成されているとして、実際に考えられる6通りの組合せにも触れている。

★186 第二の都市の時代→p.018
★187 第一の都市の時代→p.017
★188 ガレット・エクボ（1910-2000年）＝米国の造園家・都市デザイナー

それらは、①建物とオープンスペース②建物と自動車③建物と歩行者④オープンスペースと自動車⑤オープンスペースと歩行者⑥自動車と歩行者――である。

都市の景観は、この四つの景観要素の6通りの組合せの質などによって左右され、重要なのはその配置であるというG・エクボの分析や提言は、きわめてわかりやすく、また示唆に富んだものであった。

ただ、実際の都市の景観計画に際しては、配置だけではなく、建物などの個々のエレメントの質の問題、高密度な都市環境での各エレメントや全体のスキームとの関係性におけるさまざまな問題などの詳細な検討が必要であり、そうした意味ではG・エクボの景観論には、未だ多くの未検討事項があった。

また、後述[★189]するごとく、このG・エクボの分析は、都市におけるまさにイゾトピー（同域）の質に関するもので、異質性による「らしさ」などと基本的には別の、いわば都市の主要な部分、多くの同質性の質的部分にかかわる分析、提案であったと言えよう。

しかしながら誠実で、楽天的、知的なその語り口から、G・エクボの『景観論』（1969年）は、1970年代に景観計画に携わり、またこうした計画を学ぶものたちのバイブルともなった。

一方で、すでにこの頃には、もはや日本の都市環境は「しっかりしたビジョンもないまま幾多の試行錯誤をくりかえして、ついに、世界にこれといって誇ることのできない街並みと住環境をつくってしまった。大都市改造などという夢はすっかり消え去り、ささやかな自己防衛と部分改良のようなことで、せめて現状より劣悪化しないように努力することが精一杯である」（芦原義信『街並みの美学』前掲）という状況にあった。

従ってG・エクボが自らの分析について、それは景観全体の質における断片的な提案であると

★189　都市のイゾトピー（同域）とヘテロトピー（異域）→p.236

断っていたように、結果的にはその方法論も、まさにこうしたささやかな自己防衛や部分改良に向けた断片的な提案としてしか、せいぜいその有効性を発揮することはできなくなっていたのである。

景観の課題

今までの風景や景観概念の意味的な分析とは別に、研究や計画対象としての実用レベルにおける「景観」は、一般には「風景」に比してより狭域で用いられる概念とされている。

景観法の策定などにかかわった西村幸夫[★190]によれば、景観は風景に比べ、フィジカルな工学的用語、限定的な空間を指す場合が一般で、例えば視覚のフレーム（額縁）としては、《景色＝抽象概念》↓《風景＝広域》↓《景観＝狭域》↓《眺望＝具体的な対象を指す》という距離や視野のヒエラルキーとして使い分けられるという。すなわち「ノンフレーム（額縁なし）である景色」↓「視覚の投げかけによる風景という額縁」↓「ある眺めである景観という額縁」↓「特定の眺めである眺望という額縁」、という使い分けが、つまりこの順で視角の投げかけを縁取る額縁がより小さくなるという考え方が一般的であるとしている。

また、街路や単体構造物とその周辺など比較的狭域を対象とした計画や規制には「景観」、より広域を対象とした計画や規制には「風景」という語を使用しており、また現在、景観概念の主題は「美しさ」からむしろ「魅力」へと移行しているという[★191]。

ドイツ語のLandschaftの訳語として、日本で「景観」が初めて登場したのは１８９０年頃といわれている。戦後の１９５３年には「中央官衛計画」[★192]のなかで景観が取り上げられ、１９５９年には首都の景観対策に展開されている。１９６８年には岡山県の倉敷に美観条例が施行された。

★190　にしむら　ゆきお（1952年-）＝都市計画家、東京大学大学院教授

★191　西村幸夫＋町並み研究会編著『日本の風景計画』（学芸出版社、2003年）他による

★192　→p.172★112

その後、景観については、2003年7月に「美しい国づくり政策大綱」が、2004年6月に新法「景観法」を含む景観緑三法[193]が成立し、当時は一躍「景観ブーム」の感もあった。その理由としては、〈市民権を得たキーワード〉〈地域の環境整備（構想・計画）の目玉〉〈地域活性化（施策）の契機〉〈地域アイデンティティ探求の契機〉〈地域政策諸課題における公共性構築の契機〉〈学際的、横断的課題の対象〉――などのさまざまな視点、関心から景観が取り上げられたことによっていると思われる。

2004年の景観法公布後の国土交通省の自治体アンケートでは、地方公共団体の約63％がこの問題に関心を寄せていたという状況もあった。なお、従前の美観地区・風致地区・保存地区[194]など、行政レベルでは景観法施行直前の段階で、すでに500を超える景観関連の自主条例があったとされるが、このように、日本において景観が社会の関心事となった大きな背景理由としては、やはり成熟社会における人々の価値観の変化があったといわれている。

こうした、いわば都市環境施策の目玉となった時代的なテーマ（社会的関心事）としては、1960年代のアーバンデザイン（スーパーブロックやメガストラクチャー）、70年代の環境デザイン、環境アセスメント、80年代以降のさまざまな地域計画の時代などがあり、その後のバブル期の土地投機の時代を経て、「景観としての都市」がようやく社会のコンセンサスを得るテーマとなったのである。

一方で西村は、我が国の景観問題の留意点、すなわち景観法の施行などに伴って、現状において指摘されるべき次のような課題を挙げている。▽地域やまちの景観にとって望ましくないもの（負の景観要素）は何かを十分検討する必要がある▽具体的な景観の様相について合意が可能かどうかが問題となる▽景観法の認定が今後正しく行われるようになるかが課題となる▽景観につい

★193　「景観緑三法」は、「景観法」「景観法の施行に伴う関係法律の整備等に関する法律」「都市緑地保全法等の一部を改正する法律」の三つの法律を合わせた呼び名。景観法の制定を中心とした関連法律の整備として、2005年6月に全面施行

★194　都市計画法第8条に地域地区が指定されており、その中には景観地区（景観法制定前は美観地区）、風致地区、歴史的風土特別保存地区、第1種・第2種歴史的風土保存地区、伝統的建造物群保存地区がある

倉敷の伝統的建造物群保存地区（美観地区）

★195　西村幸夫「転換点にある日本の都市景観行政とその今後のあり方」（『都市問題』94巻7号、東京市政調査会、2003年）他より

ての具体的なイメージを市民が共有する必要がある▽個々の建築物の質が問題となる。建築は景観をリードする存在であるが、景観はコモンであり、建築は表現の名の下に何をしても良いというわけではない。

さらに、景観問題の実践なレベルでは、まちづくり、景観づくり（景観法ではつくる景観という）、景観まちづくり（景観によるまちづくり）における以下のような課題もあるとされる。[★195]

①東京など大都市圏における都市再生法などの問題（規制緩和による異なったスケール、ヴォリュームの混在）があるが、これには土地の高度利用と都市景観の未来像がかかわる。ただし韓国のハンガン流域整備などの影響もあって、東京・中央区の日本橋再生の検討[図47]（高架の首都高速道路の景観問題）や、水系都市としての江戸に注目が集まるなど、状況は少しずつではあるが変わりつつある。

②政治（政策）的には都市部と農村部、市町村合併（市町村合併で個別の市町村の努力が反故になる恐れがある）、住民参加（衆愚により悪くなる恐れがある）、裁量・審査機関（企業化で自治がなくなる恐れがある）などの問題がある。また公共事業（土木・建築）による景観形成の質の問題がある。

③景観にとって大きな問題は成長と変化、つまり時間軸への対応である。自己更新や変革との対応が必要とされる。

④計画との齟齬《そご》の問題。まちづくりは住民の生活や文化に根ざす発意の総体であり、計画から真のまちづくりが実現できるのかという問題や、まちづくりという総合性が、実際には景観によって矮小化されるのではないかという心配をする専門家もいる。

ところで、こうした景観にかかわる諸問題は、常により普遍的な古くて新しい課題を抱えてき

図47　現在の東京・日本橋（右）と日本橋地域ルネッサンス100年計画委員会による再生イメージ（左）

た。つまり景観に寄せる人々の前向きな意識は、ポストモダニティや政治・経済システムへの不安、治安・セキュリティ不安、大震災などの災害、さらには生存そのものへの不安など、さまざまな社会不安が高まってくると、途端に失速し色褪せてくるのである。

　景観に寄せる意識は、現実の生活における必要性のプライオリティからすれば、まだ低い位置にあり、その基盤は脆弱だ。つまり景観が美や美意識をその根底に抱えている限り、「芸術で腹は膨れない」といった陳腐な図式にたちまちのうちに置き換えられてしまうのである。芸術が運命に対する防衛（A・マルロー）★196であるとすれば、景観もまた同様にまちづくりや生活の質に直接かかわる重要な概念であるが、そうした意識は未だ広く共有されているわけではない。

　しかしながら、時代や政治・経済のさまざまな危機や停滞があったとしても、第二の都市の時代はますますその成熟期（後期近代）の様相を濃くしている。農村が代替していた「ふるさととの風景」を、ふるさととしての「都市景観」に置き換えて、都市の構造に内在化させ、具体の場とかかわった癒しの場所を構築し、そこにおいてより都市らしい風景を獲得していくこと、生活景としての都市景観を充実させていくこと、差異的アイデンティティ（異質性）である独自の景観をシンボルとして確保し、保全していくこと、こうした都市の質に直接かかわる景観的アクションの実践の重要性は、都市的生活様式の中で今後ともさらに高まっていくはずである。★197

　こうした方向に向けた具体的な試みの例（歩行圏都市など）については、次章でも述べているので、参考にされたい。★198

★196　アンドレ・マルロー（1901-76年）＝フランスの作家・政治家、ド・ゴール政権での文化相。マルローは「芸術では腹は膨れない」という考え方に対して、「人は運命に逆らえないが、唯一芸術によって運命の力から生を防御することができる」として芸術の力を表明した（なぜ芸術が必要かという問いに答えたもの）

★197　例えば「里山再生プロジェクト」の全国的な広がりは、地域活性化と災害予防措置を含んだ景観的なアクションといえる

★198　「歩く都市」の風景――歩行圏都市の可能性→p.305

景観をめぐるいくつかのディスクール

都市景観とは

Cityscape/Townscape/Streetscapeなどを総称していう。都市の外観と、都市内部の各部分における個々の景観は都市景観として、見られる都市のイメージ要素となる。都市において計画や分析の対象となるすべての佇まい、風景などを可能的に含む。都市景観は、都市における同域と異域の双方にまたがる概念でもある。

景観評価

良い景観か、悪い景観かという判断・評価は景観問題の出発点であり終点でもある。具体的な評価とコンセンサスが課題になる。客観的な評価の基準や体系の確立を目指すが、本文中でも触れたように、こうした定立は基本的な客観化における不可能性という自己矛盾を含んでおり、常にある種の困難が付きまとう。国や高等教育機関などの調査研究が集中する分野であり、現在でもまだ試行レベルである。

生活景

特殊な、選別された景観ではなく、日常のごくありふれた生活風景のこと。個別性は強いが、その積極的な評価・活用・質的向上が今、生活に直結する景観の質の底上げとして再認識されている。都市や地域においては、同域と異域の双方にまたがる概念でもある。

歴史的景観

歴史的事物の総体として参照される空間の総称。風土性とも色濃くかかわる。景観の時間軸、明示要素・暗示要素・想起的要素やコンテクスト、スキーマ、アイデンティティなどの問題にかかわる。

歴史的景観について、例えばこうした環境に新たな建築物を計画する場合、現在は建築基準法などで全国一律に規制されている建築物の高さについても、本来は地域の歴史的な環境にふさわしい個別の規制がなされるべきであろう。片山律（千葉工業大学教授）は「歴史的都市の建築物の高さ規制に関する研究」（１９９８年）で、京都、奈良、鎌倉の三都市について、それぞれの都市景観にふさわしい高さ規制のあり方を、周囲の山並みや都市景観全体の見え方を考慮した方法論によって提示している。

文化的景観

人がかかわった、すなわち生活の営みによって、自然と人工が影響しあって形成される景観のこと。里山景観、里川景観、眺望景観、棚田などが注目度の高い地域の文化的景観の例。

千枚田（国指定文化財名勝指定）。石川県の輪島と曽々木の中間に位置し、小さな棚田が幾何学模様を描いて海岸まで続いている

つかのディスクール

景観の阻害要因

看板や電柱、廃屋、廃田、産業廃棄物捨て場などの景観の阻害要因のこと。こうした負の景観の処理は、都市やその周辺にとってもかなり大きな問題である。

景観まちづくり

日本建築学会、倉田直道（工学院大学教授）らが提唱する概念。本来は、景観政策だけでは景観は良くならないという実態から、景観づくりはまちづくり（総合施策）からという意味であるが、まちづくりへの直接のモチベーションとして、景観をコンセプトの前面に立ててまちづくりを推進する意味も含む。

法（権利）としての景観

司法では眺望権は概ね定着しているが、より広範な景観利益（景観を守る努力をしてきた地権者には景観利益がある）などを含む景観権には未だ否定的であるといわれている。景観利益が認められた国立市のマンション事件*の東京地裁判断などがあるが、高裁では逆転判決が出るなど、まだ景観自体を市民社会の法的権利の対象にするという位置付けまでには、司法では明確に踏み込んでいない。

＊　東京都国立市で、1997年にマンション建設をめぐって起きた景観阻害等を争点とする行政、住民、マンション業者による複数の訴訟が提起された一連の建築紛争。当該マンションの20mを超える7階部分について、1997年の景観条例等をもとに住民側がマンション業者に撤去を求めた裁判で、1審の東京地裁では住民の景観権を認め、撤去の判決となった（2001年）が、高裁では逆転し、上告審では、最高裁は住民の景観利益までは認めたが、景観権には踏み込まず（判例集、民集60巻3号948頁）、建築が違法ではないことから住民側が敗訴（2006年）し、結局当該マンションは部分撤去などされることはなかった。こうした背景から、現在の景観をめぐる法の判断は、景観利益までは認めるが、景観権については慎重であるとされている。これについては村上順（明治大学公共政策大学院ガバナンス研究科教授）の「国立マンション事件判決と行政過程の正常性」（『政策法務の時代と自治体法学』勁草書房、2010年）に詳細がある

パブリックヒストリーとしての景観

共通する、共有された経験の記憶とその舞台となった場所の景観は人々の公共財であり、一つの風景解釈が地域の人々にある共感のもとに共有されるというその景観は、いわばパブリックヒストリーとしての場の力を持つという考え方。今後、都市景観にとってますます重要となる注目すべき概念である。

景観保全と景観論争

空間の評価システムが多様化するのにともない、風景に対する関心も多様化し、多様な風景解釈による景観の保全や開発における民意の対立にも繋がっている。A・コルバン（→p.207★168）によれば、ある特定の時期における（例えば現在の）風景解釈を選択したいという意志の結果が保存・保全運動に繋がり、今とは別の風景解釈を構築する試みが開発に繋がる。

例えばリゾート開発とは、内的イメージである癒しに繋がる自然の風景（メディアによるビジュアル情報などによって繰り返し擦り込まれ、心象風景として植え込まれた幻想としてのリゾート空間で、実在

の風景を通り越して記号化されたメッセージ）を現前させるために、そうした風景解釈に併せて自然を人工的に改変するさまざまな行為をさしている（ハワイのワイキキビーチなどは干潟を埋め立てた完全な人工空間である）。

自然環境や歴史的風景の保全とは異なり、通常は開発の一分野である。わが国でも明治時代からよい風景を求めて道路づくりや樹木伐採などによる観光開発が多くなされ、これに対する批判も多々あった。

ハワイ・オアフ島観光の中心地ワイキキビーチ。同ビーチにはもともと砂浜はなく、1920-30年代にカリフォルニアのマンハッタンビーチから白砂を運んでつくられた

景観をめぐるいく

景観における外在的な問題

景観における外在的な問題として、地域の疲弊（景観の中身）と地域景観の均質化（都市の外観の同質化、同域化）がある。モータリゼーションの進行にともなう無秩序な郊外化や中心街の疲弊が深刻化し、特に地方都市は構造的変化による都市景観や地域景観の均質化によって、個性と魅力を失いつつある。まちの美しさは単なる外見ではなくそこに住む人々の営みを含む存在そのものであり、中身である生活自体に魅力がなくなったら、景観もその魅力や美しさを失う。建築家の香山壽夫は、その原因として都市計画や都市デザインの無力さ、便利安全至上主義、新建築・最先端至上主義、科学的客観性至上主義を挙げている。

景観の学習

景観学習の主な意義は以下の通り。

①時流にかなう（景観ブーム・成熟社会の価値観の変化）。

②移動が最大のビジネスの時代にあって、見ることがますます重要となる。従って見るべきものが必要。単なる観光資源を超えて、生活も含めた地域資源化の視点が重要。

③集落や生活領域としての都市・地域の表象実体としての風景・景観を見ることによって、その基層（表象を生み出す中身や基盤）としての都市・地域をより深く洞察する。

④場におけるコモンやパブリック（公共）の概念と、私的な空間との差異や調和を都市政策の基盤として捉え、これをいかに政策に置き換え、具現化していくかが問われている。

⑤風景論・景観論を学問・研究や知的思考の対象として捉える。風景論や景観論への理解を深め、都市とは何か、あるいは都市的なるものとは何かを見つめる契機とする。

景観をめぐるいくつかのディスクール

景観問題政策化のステップ

景観に関する問題意識を起点として、それを政策として策定し、実現させていくまでの基本的なステップは概ね以下の通りである。

第1段階〈各人の固有の価値観（感覚）〉

第2段階〈イメージの共有〉景色が風景化される段階。ある風景解釈が共感、共通感覚などによって汎用的に固定される。つまり空間の評価が定まる。

第3段階〈合意形成〉風景が望ましいイメージや指標、価値観とあいまって、修正、計画、操作や構築の対象となる段階。風景よりアクティヴな空間評価をイメージする景観概念が浮上し、政策的なレベルで風景が処理可能となる。

第4段階〈裁量（審査・客観性の担保）〉民意（合意）に基づく政策に裁量が作用して実現に向けて動き出す。政治・権力・利権といった要素が絡む（行政処分・景観法では認定など）。

第5段階〈実現〉時間や資質（デザインなど）の問題。評価と維持の問題が派生する。

景観政策実現のキーワード

景観政策は、基本的に調和・抑制（＝外的規制）と自由度・創造性（＝多様性）という相反概念の調整の問題であるが、これを打ち破るキーワードとなる概念としては①公共性（コモン・公共概念・パブリックヒストリーとしての景観）の確立②地域資源として、産業創出の原資・地域振興に活用する・経済要素リソース③風土、歴史、生活などのフォークロア（民話）とのリンケージ（総合政策）。

すなわち、〈コモン〉〈リソース〉〈リンケージ〉の3点がキーワードとなる。

景観計画の主要なテーマ

景観計画の主要なテーマは①ランドマークと周辺の景観②川沿いと水辺の景観③伝統的なまちなみ景観④沿道景観や湖沼周囲の連続的な景観⑤すまいやまちなみ景観⑥景観阻害要因の除去の検討⑦個別の景観設計・提案——などであるとされている。

［引用・参考文献一覧］

G・エクボ『景観論』久保貞・中村一・吉田博宣・上杉武夫訳、鹿島出版会、1972年
高橋康雄『風景の弁証法』北宋社、1999年
川添登『東京の原風景』日本放送出版協会、1979年
ドロレス・ハイデン『場所の力』後藤春彦・篠田裕見・佐藤俊郎訳、学芸出版社、２００２年
アラン・コルバン『風景と人間』小倉孝誠訳、藤原書店、2002年
渡邊欣雄『風水気の景観地理学』人文書院、1994年
山岸健『風景とはなにか』日本放送出版協会、1993年
土岐寛『景観行政とまちづくり』時事通信社、2005年
安彦一恵・佐藤康邦編『風景の哲学』ナカニシヤ出版、2002年
五十嵐敬喜・小川明雄『「都市再生」を問う』岩波書店、2003年
芦原義信『街並みの美学』岩波書店、1979年
オギュスタン・ベルク『日本の風景・西欧の景観』篠田勝英訳、講談社、1990年

イメージ言語8

イゾトピーとヘテロトピー
——政治空間としての都市の同域と異域

空間論の視点

示差的な空間の理論も同様に、意味—方向《サンス》を獲得する。空間のなかで作られる諸差異は、その空間から生ずるのではなく、空間のなかに存在し、都市現実によって／［または都市現実］のなかで集められ、対立させられたものから生ずるのである。対照、対立、重層と並置は、遠隔化、空間的—時間的な距離にとってかわるのだ。この理論のいくつかの特徴を想い起そう。空間（と空間—時間）は時代や勢力範囲 sphère によって、また行動分野 champ や支配的活動 activité dominante によって変化する。したがって、空間のなかには、たがいに重層化し、はめ込み合い、吸収しあったりするにせよしないにせよ、農村空間、工業空間、都市空間、という三つの層があることになる。

（中略）

示差的な空間は、同質的な空間というフィルターをとおして再び捕えられた諸特殊性をもつのである。つまり選択が行なわれるのだ。一方、同質化されきらなかった特殊性は、生き残り、別の意味《サンス》─方向をもって再編成される。ここにわれわれは、はじめのコンテクストから引き離された有意味的単位《ユニテ・シニフィアント》の獲得、という理論的な大問題を認める。われわれは、この問題を哲学やイデオロギーや神話において見出したのであった。いま、あらたに空間にかんしてその問題と出会っているのだ。実践の役割を強調しよう。都市的実践だけが、その問題を解決できるのだ。なぜなら、都市的実践がそれを提起しているのだから。

（アンリ・ルフェーヴル『都市革命』今井成美訳、晶文社、1974年、［］内引用者）

今まで見てきた「都市の空間」などという場合の「空間」という概念もきわめて多義的であり、実際にはさまざまなフェイズがある。ユークリッド幾何学やニュートン物理学でいう空間はいわゆる抽象空間を指しているが、ここで取り上げる空間は、例えばその空間が人とかかわって見い出され、あるいは表出するさまざまな意味などの諸概念（有意味性としての場）を同時に含んでいる。図48

空間には機能、意味、表現、美などさまざまな分析視角があるが、もちろんそうした分析による答えは一つではない。例えば建築における空間の真の意味は、いわゆる所与のものというわけではない。建築の創造にかかわるすべての人々が各々それを学び、またその意味を生涯問い続け

図48　場所と空間の概念（空間とは何か）

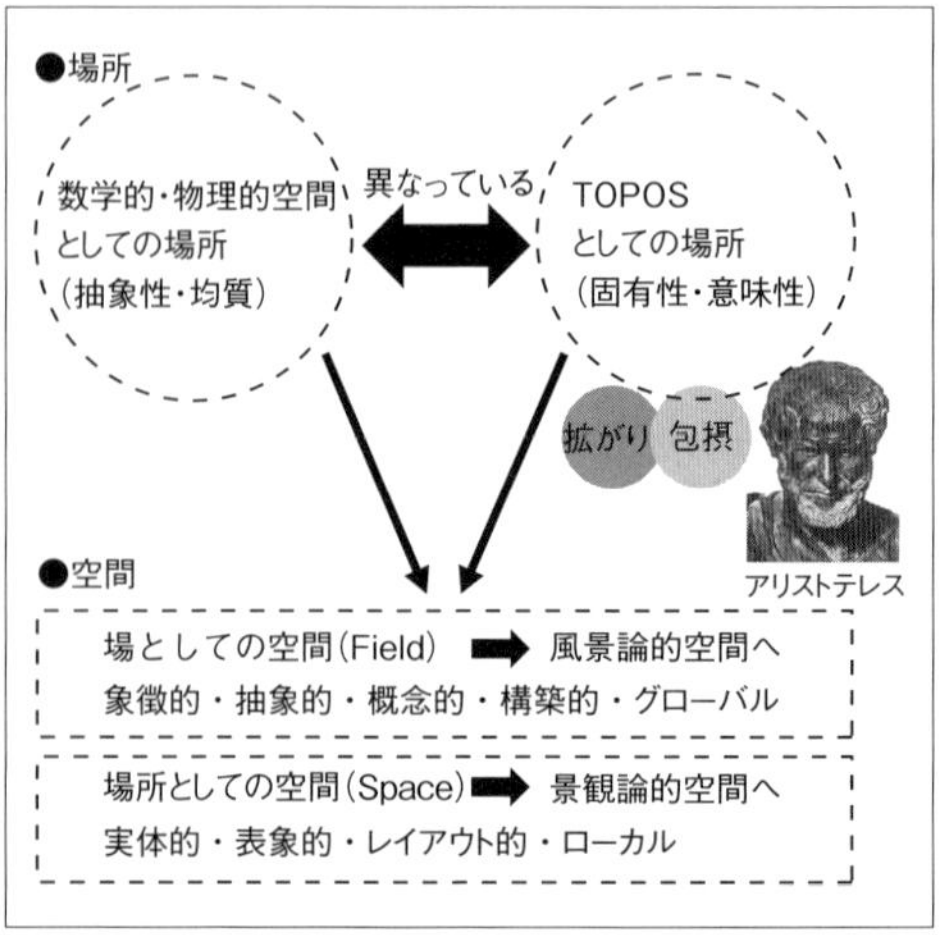

ることになるようなものである。

町村敬志[199]は、社会学において「空間」は次のように規定されるという（町村敬志・西澤晃彦『都市の社会学』有斐閣、２０００年）。

①諸事象の地理分布や物理的距離が問題になる基本的形式としての空間。

②人間が利用する社会的資源としての空間。

③社会的行為の文脈・コンテクストとしての空間。

④意味が生成される場としての空間（テクストとして読まれる空間）。

⑤情報空間としての都市（１９６０年代〜70年代には、ダニエル・ベルの「脱工業化社会[200]」、A・トフラー[201]の「第三の波[202]」、さらにニューメディア論やパソコンの急速な普及でマルチメディア論へ、情報化社会[203]といわれる時代へ移行したといわれる）。

次に、実際の空間とはどのようなものなのか、これを主体が空間を把握する三つの形式（様相）として見てみよう。すなわち、時間も空間も物質以前に存在するものではないが、空間は主体の認識や実践を通して把握されることから、その把握の形式が、主体が空間を獲得する方法（あるいは主体にとっての空間概念）の類型となる。それらは以下の通りである。

(A) 静的空間把握……囲いによるうちとそとの発生（囲いの内側→内部空間と、囲いの外側→外部空間）を契機とした静的（物理的）な空間把握をいう（図49）。

(B) 動的空間把握……姿勢の関数としての内部空間の発生を契機とする動的（意識的）な空間把握。主体の動作、行為（姿勢の変化）によって発生するうちとそと（行為にともなう意識のうちである内部空間とその外側である無意識の外部空間）という考え方である（図50）。

(C) 領域的空間把握……領域意識によるうちとそとの発生による心理的・社会的空間把握。領

★199　まちむら　たかし（1956年-）＝都市社会学者、一橋大学大学院教授

★200　→p.015★3

★201　→p.095★217

★202　→p.096★219

★203　「情報化社会」は、情報の価値が増し、諸資源と同等かそれ以上の価値を持つような社会。高度情報化社会と呼ばれる場合もある。オンライン環境の進歩など技術的なイノベーションによる生活の急激な変化を含む。都市施設など《物理的な情報装置》の発達、普及によって、コミュニケーション過程（情報の生産・流通・消費過程のこと）の変化（大量化、多様化、高度化が進行）が起こり、実用機能から情報機能へと社会の価値が移行（情報の比重が高まる）すること（H・ルフェーヴル『都市への権利』［森本和夫訳、筑摩書房、1969年］などより）

域意識とは、主体により繰り返し利用され、認識され、内化されているような場の意識を指す。生活圏、行政界、国境の内外などを契機とする空間意識を含む（図51）。

また、主体が空間や場所を把握する際には事物の表出における三つの具体的な要素のパターンを手掛かり（契機）として認識している。

それらは以下の通り、明示的、暗示的、心理的な各要素である。

（I）明示的＝見える要素……光・時刻を示すもの。風景、人など実際に見えている諸物を手掛かりとする。

（II）暗示的＝感じる要素……軸線、構造、空気、温湿度、風向きや雰囲気、臭気、その他視覚以外の感覚要素などを手掛かりとする。

（III）心理的＝想起する要素……意識・記憶・既視感、イメージ・想像や体験など、明示的、暗示的要素を補完する手掛かりとして機能する。

実際には上記の三要素の複合的な作用によって、主体は空間や場所の存在や意味を感知している。

さらに空間認識の実践的な場、あるいは場所という概念について考えてみよう。

一般にこのような場所には二つの概念がある。一つは数学的・物理的空間としての場所（抽象的・均質な場所、場合によっては議論の場、認識の場などと呼ばれる抽象的なフィールドを指す）であり、他の一つは主体がかかわるトポスとしての場所、すなわち具体の場所、有意味空間である。

アリストテレス[★204]によれば「場所」とは、自然的な場所（空間的拡がり）と包摂であるとされる。

また中村雄二郎[★205]は、場所には象徴的空間・身体的なもの・議論のフィールドや根拠といった概念が含まれているとする。西田幾太郎[★206]によれば場所は主（主語的統一）ではなく、述語＝場所と無（存

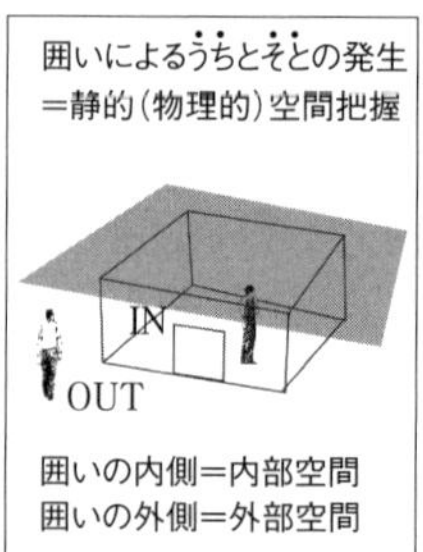

図49　静的空間把握

図50　動的空間把握

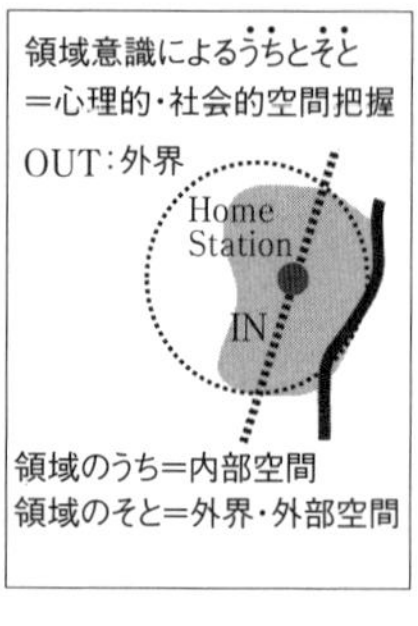

図51　領域的空間把握

在＝有の反対）であるとされている。

本書では前述[★207]のごとく、抽象空間（匿名性）と場所性（固有性・コンテクスト）、グローバル（フローの空間）[★208]とローカル（場所としての空間）の問題などを都市概念における重要なテーマとして取り上げている。その背景には繰り返しになるが主として１９７０年代以前の、社会理論における空間論の希薄さに対峙するという問題意識がある。

例えば「生活の容器としての都市」という表現には、近代合理主義としてのモダニズムの特質である絶対的、同質的、客観的、固定的な永遠なものとしての空間像のイメージが強い。そこでは具体的な空間の相（場所など）は感じにくい。つまりこうした表現では、すでに都市における空間そのものが抽象化されているのである。

近代以降の都市における合理主義的傾向が、都市概念から空間を排除してきたという現実（デヴィッド・ハーヴェイ[★209]は、これを「時間による空間の絶滅の追求」と表現する。[★210]つまり近代の合理性のもとでは空間は単なる障壁であり、乗り越えるべき存在であった）は、社会学をはじめとするさまざまな社会理論にも反映され、例えばルイス・ワース[★211]のアーバニズム理論[★212]でも空間はほとんど考慮されなかったように、空間はそこにあるだけで、実際には単なるシニフィアン[★213]として、あるいは経済的な財として以外にはほとんど考慮されない存在であった。

しかしながら「場所・場所性」の回復、あるいは住まうことの全体性の回復[★214]（アンリ・ルフェーヴル[★215]）など、都市に向かう構想やその視点が具体の場所をめぐって展開され、転換されていくことなどによって、従来のような都市論における抽象的な空間ではなく、ようやく空間論から社会や都市を論ずる新たな視点、すなわち「空間が存在しないことの不可能性」という当然の認識を基軸とする都市論の獲得へ向かい始めたのである。

★204　アリストテレス（紀元前384-紀元前322年）＝古代ギリシャの哲学者、万学の祖といわれた

★205　なかむら　ゆうじろう（1925年-）＝哲学者、明治大学名誉教授。本文中の指摘は『術語集』（岩波書店、1984年）より

★206　にしだ　きたろう（1870-1945年）＝哲学者、京都大学名誉教授、京都学派の創始者

★207　例えば、グローバルとローカルのパラドックス→p.089

★208　「フローの空間」とは、M・カステル（→p.009★11）によって1989年に提示された空間的な距離を喪失した非―場所的な（瞬間的時間による）空間形態を指す概念

★209　→p.009★10

★210　『ポストモダニティの条件』（吉原直樹監訳、青木書店、1999年）より

★211　→p.006★1

空間の同質化と差異

グローバル（フローの空間へ）とローカル（場所としての空間へ）の問題は、後期近代の都市における主要な課題の一つであり、また本書においても中心的なテーマとしてこれを位置付けている。国際化（国家単位）からグローバル化★216（超国家的な相互依存や収斂化）へ、すなわち政治、経済（金融市場主導型）、文化その他のあらゆる局面におけるグローバル化の進行が都市の時間や空間を大きく変質させている。

世界や都市のグローバル化が進行すると、都市もこうしたグローバル化によるフローとしての空間がボーダレス化（あらゆる境界の無化）を進行させ、ローカルの空間（具体の場所）を圧倒する。こうした意味で、世界都市研究の到達点といわれる世界都市仮説★217などもある。

21世紀以降の都市をめぐるフロー（グローバル）とローカル（場所としての空間へ）の問題は、実際には地球という都市のフィールドにおける時間の収縮や空間の有限性といったテーマと切り離して考えることはできない。20世紀初頭のモダニズムにおける一般的図式は、まず都市を含めた地球的な規模で、あらゆる身体性を占領し、制御する「技術」を支配する超国家的機関や資本（グローバル企業など）が、あるいは市場経済、自由貿易という思想が、フロー空間を足掛かりに、場所に根ざす生活様式や運動を駆逐し、ローカルは崩壊の危機に晒される。フロー空間対ローカル＝権力なき場所の激しい戦いが展開され、こうした資本が場所を選ぶ時代こそが、まさに第二の都市の時代★218の１００年を支えてきた。

しかし、20世紀の半ば以降になると、フローの生み出す均質空間は、日常と非日常あるいはイゾトピー（＝同域）とヘテロトピー（＝異域）といった空間の質的境界を失わせ（同化して）、場

★212　ルイス・ワースのアーバニズムへの眼差し→p.034

★213　「シニフィアン」（記号表現）は言葉が直接指し示すもの（記号表現と記号内容→p.150）

★214　住まうための都市——都市の全体性の回復→p.074

★215　→p.008 ★5

★216　→p.020 ★17

★217　「世界都市」は1966年に英国ロンドン大学のピーター・ホールによる、「世界都市仮説」は1986年に米国カリフォルニア大学のジョン・フリードマンによる、それぞれの著書で知られる。ジャン・ゴッドマンのメガロポリスなどもある。世界都市研究の到達点であり、高次の社会経済的相互行為を実現する大都市空間を世界都市という。世界都市によって地域、国家、国際の各経済は、グローバル経済へアーティキュレート（分節・連接）され、世界都市はグローバル経済の結節点となる。世界都市の世界資本空間から、世界の大部分の地域と住民は排除されるという

所のコードが疲弊、希薄化し、中心が枯渇することでむしろ周縁が活性化することが認識されるようになる。近代都市空間がモダニズムの機能主義・合理主義・均質化志向によってグローバル化、同質化、抽象化を推し進めれば推し進めるほど、今度はローカルが新たな社会的意味を持って立ち現れるというグローバルとローカルのパラドックスが顕在化したのである。

フローとしての合理的抽象空間、あるいは実体としての同質的空間（イゾトピー）は必ず「差異化の空間」を生み出す。つまり空間のグローバル化は、場所性を否定し、空間の絶滅を目指しながら、それが存在しないことの不可能性によって場所（＝ご当地）を根底から根絶やしすることはできず、結果的にはグローバル化の進行がローカルの空間に新たな社会的意味を浮かび上がらせ、周縁といった中央に対抗する新たな場所性の概念を再認識させることになる。ちょうど建築が解体の果てに自らの宿命[★219]＝ここにしかないことに目覚めることで、新たな場所性の回復を目指したように。

一方で、地球はもちろん有限である。従ってこうしたグローバリゼーション（グローバル化）の果て、つまり地球上のあらゆる空間が均質化し尽くされた場合には、ポール・ヴィリリオ[★220]がいうように今度は再度内外の逆転が生ずる。[★221]すなわち、ローカルはグローバルの外部へ出ていくのである。その外部とは、本来の外部、すなわち文字通り地球外の意味なのである。

結局のところ都市空間は、グローバルとローカルのパラドックスをなぞらえるかの如く、普遍や抽象化の進行の果てに「空間は唯一、具体の場所でのみ自己を表現できる」という具体の場所を前提とした新たな意味の発生（＝場所性）という矛盾を抱えることになったのである。世界各地での民族主義の台頭、世界を震撼させた米国の9・11のテロ事件[★222]、地域主義や地方主義、ナショナリズムが際立つ世界の様相は、見方によればまさにこうした分析を裏付ける出来事群と言っ

★218 第二の都市の時代→p.018
★219 →p.081★180
★220 →p.099★227
★221 異質性の確立とその自覚→p.106
★222 2001年9月11日の航空機を使った四つの同時多発テロ事件。首謀者とされる国際テロ組織アルカイダの指導者オサマ・ビンラディン容疑者はパキスタン北部のアボタバードで現地時間2011年5月2日未明、米海軍特殊部隊に射殺された

てもよいであろう。

「場所」という言わば経験的な空間が、単なる表層的なヴァナキュラリズム★223に向かうのではなく、都市における場所性の回復、イゾトピーへの示差的な反逆による「住まうこと」や「よりよく生きる」可能性を獲得するためには「新たな公共性＝場所に根ざす人間の活動によって生ずる出来事を核として、皆が持ち寄って管理・調整していくような公共の質」を担保するコモンズ★224の空間を実現させる必要があるといわれている。そして、こうしたコモンズの空間獲得の可能性の契機として、イゾトピー批判としての場所性（異質性）の象徴である「らしさ」や「風景」、「景観」概念などがある★225。

しかしながら、実際には国家や資本、自由貿易思想などによるさまざまな権力行使の表舞台である都市空間と、場所性やグローバル・ローカル概念とのかかわりの問題の本質は、未だその解明には遠い状況にあることも確かであろう。

21世紀★226の現在では、ポストモダニティにおける上記の議論の後継として、例えばすでに見てきたように、時空の収縮・グローバル化の有限性の問題、後期近代の流動性によるリキッドモダニティの問題など、さらに多様な分析視角が提起されてきている。

今後も人が住むための都市、《完全なる都市社会》★227へ向けたさらなる多くの分析、検討や実践が都市において必要となるであろう。

政治の照射としての都市空間――イゾトピーとヘテロトピー

本書では、都市のイメージ言語として相互に関連する「らしさ」「地域アイデンティティ」、あ

★223　ヴァナキュラーは建築分野でよく用いられる概念で、地方性、土着性、風土性などの意。従って「ヴァナキュラリズム」は、地方（域）主義、土着・風土主義などの意味で用いられる

★224　「コモンズ」の意味は、日本では「入り会い」を指す（一定地域の住民が入会権によって一定の山林原野＝入会地を共用収益の場とする）。最近では「共有財」として、従来の「公」か「私」か、といった公私二元論としてではない、「共」としての、つまり地域住民レベルでの資源保全の有効な手法として、また内在する自治力を必要とする地域共同体（コミュニティ）のあり方そのものの概念として捉えられるようになってきたという（『都市社会学』［藤田弘夫・吉原直樹編、有斐閣、1999年］などより）

★225　アイデンティティと「らしさ」→p.177　風景とは何か→p.206　景観とは何か→p.213

★226　時間―空間の圧縮→p.095　ポストモダニティとコミュニティ→p.057

★227　→p.010★17

るいはそれらを包含する上位概念としての「風土」、さらには「風景」や「景観」概念などについて見てきた。

一方で、地理学的な概念からすれば、地域概念と都市の空間は直接には関係しておらず、また地域アイデンティティの成立にとって重要な概念である空間的な差異については、差異自体は関係性の概念であり、そのまま都市空間のイメージに直接繋がっているわけではない。あるいは、一般的には近代以降の都市性はむしろ風土性と対峙する概念、つまり都市空間自体が風土によらない汎風土的空間の象徴として語られてきた。

ここでは、こうした都市のディスクールにおける「同質性と異質性」の概念を若干補足する意味で、あらためて「イゾトピー」と「ヘテロトピー」を直接イメージ言語として取り上げたいと考える。

こうした概念の分析は、第1章で見てきたように都市や都市の空間における「政治」「近代」「時間」的なものの考察といった、いわば近代以降の「社会理論」と「空間概念」のかかわりを分析する言説に重なっていく。例えばH・ルフェーヴルの『都市革命』（1970年）の内容は、実際には政治と（都市の）空間についての考察である。ここで言う都市の空間とは、実際にはそのまま権力や統治のシステムが照射した政治的な空間であろう。

しかしながら、本書では都市のイメージ言語にかかわる範疇を越えた政治・経済などに関する社会理論を直接考察の対象としているわけではない。

従って、モダニズム以降の社会理論に見られた都市の考察における「空間概念の軽視を前提とするような、つまり時間による生成的なものをより重視した諸分析」の傾向を大きく修正する契機となったといわれるH・ルフェーヴルやD・ハーヴェイ、M・カステル、あるいは速度学者の

P・ヴィリリオなどの論考を参照しながら、主に都市の空間にかかわるディスクールを中心に見てきたのである。

ここでもう一度、そうした観点からH・ルフェーヴルのいう都市のイゾトピー（同域）とヘテロトピー（異域）を取り上げて、同質性、異質性と都市空間とのかかわりを再度確認したい。

都市のイゾトピー（同域）とヘテロトピー（異域）

比較可能な空間の諸部分——というより、比較が可能になるようなやりかたで（括弧内省略）語られ、読まれる空間の諸部分——、われわれはそれをイゾトピー〔同域〕と名づけた。たとえば、国家の合理主義によって形成された諸空間の顕著なイゾトピーが存在する。すなわち、まっすぐな幹線道路、幅広くがらんとした並木道、見通しのきく眺め、下層人民の権利や利害関係や訴訟費用をかえりみず、先住民を一掃する土地の占有、などがそれにあたる。（中略）

イゾトピー Isotopies〔同域〕：同じものの場であり、同じ場でもある。近い秩序。ヘテロトピー Hétérotopies〔異域〕：排除されると同時に、うろこ状に並んでいる、異なった場であり、異なったものの場でもある。遠い秩序。さらに、両者のあいだには、中性的な空間——すなわち、交差点や通行場所のような、役に立たないわけではないが、無差異的《アンディフェランス》な（中性〔立〕的な）場——が存在する。

（アンリ・ルフェーヴル『都市革命』前掲）

H・ルフェーヴルによれば、こうしたイゾトピー（同域）とヘテロトピー（異域）の差異は、実際には都市空間の変動の中では、ダイナミックなやり方でしか捉えられないという。つまりその諸差異や対照は「抗争にまで進むか、あるいは弱体化し、侵蝕され、腐蝕するのである」(前掲書)とされる、きわめて流動的な状態としてある。

例えば、かつては平穏な農村空間に対して、すべての都市空間は騒々しく不安定で不条理な異空間としてのヘテロトピー(異域)そのものであった。第一の都市の時代[★228]では、都市の城外《じょうがい》地区が、都市に組み入れられなかった怪しげな人々による胡散臭い曖昧な空間、つまり都市の(周辺にある)ヘテロトピー(異域)となり、やがてこうした人々や集団を同化させることにより都市が強化されたユニテ(結合体)となる。今度は強化された都市からさらに周辺的なヘテロトピーに放出された人々は、このヘテロトピー的空間において、見事なまでの同質性に彩られたイゾトピー的である郊外空間を形成するようになる。こうしたダイナミズムにおいては、イゾトピーから見たヘテロトピーはある意味でアノミー状態[★229]そのものを指しているともいえる。

このようにヘテロトピーは(アノミックな集団がつくる)無秩序な場、権力(機構)からは遠い秩序であり、イゾトピーは(国家や体制がつくる)秩序化された場、権力に近い秩序であるとH・ルフェーヴルは分析する。

イゾトピーは、都市においてきわめて政治的に統制された場の空間化であり、第一の都市の時代の歴史的な都市においては、何といっても世界最強の国家であったローマ帝国が、征服した各地の都市に構築した、統一された様式を持つ建造物や都市インフラ群[図52]による都市の中枢空間がただちに思い起こされるであろう。近代以降の都市においては、工業化の合理性や資本が果たす都市機能の高効率化による近代化の要請、全体主義などのさまざまな政治的な一元化(同質化)の志向などが、都市空間の主要な空間的同質化の資源となる。

★228 第一の都市の時代→p.017
★229 →p.182 ★131

図52 ポン・デュ・ガール。フランス南部のガルドン川に架かる古代ローマ時代の水道橋(紀元前19年頃)

イゾトピー的な場としての都市空間は、外観的にはK・リンチ[★230]のいうイメージアブルな都市、[★231]つまり見てわかりやすく、首尾一貫し、明晰な景観をもつという都市イメージに、あるいはG・エクボ[★232]のいう注意深く実施された細部にわたる配置の調整による景観が、感性的・知性的満足を生み出すような都市のイメージへと繋がっていく。

従って都市のイゾトピーは、そこにかかわる権力や統治の技術としての政治（都市計画なども当然これに含まれる）などの照射によって現前する場、その空間的展開に他ならず、イゾトピー的な空間の見栄え（外観）や質は結局それらへのかかわり方次第ということになる。また、そこに通底するイデオロギー＝パラディグム[★233]が共通していることから、都市のイゾトピーでは一般にどこでも似たような、場にかかわらない（汎風土的な）空間の同質性が生成され、均質空間が共有されることになる。

他方、都市のヘテロトピーは、政治や権力から距離を置く遠い秩序によって、何らかの流動的な混沌や混乱（アノミー状態）を含みながら、そこにイゾトピーからはみ出した異質性、誘惑、欲望、闇、迷路性、迷宮性などを囲い込み、まさにJ・ボードリヤール[★234]のいう都市の断片的、不可視的な深みをここで担保するのである。

ただ、このヘテロトピーには「いずれ主導的な実践が取り返しにやってくる」（前掲書）ことから、ヘテロトピー的な都市空間は、その流動的な状況において、常にイゾトピー的な同質空間に吸収されていく可能性があり、そうでなければ遺棄され、うち捨てられるのである。

ヘテロトピーの異質性はこうした都市のイゾトピー的な空間への示差的な反逆であり、そこにおいて、人はあらゆる非農性、無耕作的心情の発露である都市性のシニフィエ（共示義[★235]）としての一方の本質、すなわち権力を始めとするあらゆる束縛から逃れた自由の砦としての都市の姿を

★230　→p.139★74

★231　イメージアビリティとは何か→p.143

★232　→p.217★188、本文中の指摘は『景観論』引用文参照→p.217

★233　→p.154★89

★234　→p.135★64

★235　「シニフィエ」（共示義）は、言葉（記号）から連想、イメージされる間接的な意味作用（記号表現と記号内容→p.150）

垣間見るのだ。

都市の無域（全体性への眼差し）

ところで、ユートピー u-topie〔無―域〕も忘れないようにしよう。ユートピーとは、非―場所 non-lieu、生起しないもの、場をもたないものの場所であり、他所の場所である。（中略）それは、大都市を支配するまなざしの場、うまく確定されてはいないが、うまく理解され、うまく想像され imaginé（イメージされ imagé）た場、意識の、つまり全体性についての意識の場なのである。一般的にいって、想像上のものではあるが、現実のものでもあるこの場は、欲望、権力、思惟の次元である垂直〔性〕の領界に位置する。（前掲書）

しかしながら、都市、あるいは都市空間において、イゾトピーとヘテロトピーは常に弁証法的に止揚され続けているというわけではない。もう一つの域である「ユートピー（無域）」がそこにはある。このユートピーが全体性への眼差しとして、イゾトピーとヘテロトピーの空間を繋いでいるとH・ルフェーヴルは分析する。

このユートピーは、例えば有徴的[★236]（トラヴェリング志向）でありながら無徴的なニュートラル空間として都市の中に透けて見え隠れする、むしろM・フーコーのいうヘテロトピア[★237]にも似た概念である。

ユートピーは、まさに全体性についての意識の場であることによって、また思惟の次元における垂直性[★238]の領域で、近い秩序としてのイゾトピーと、遠い秩序としてのヘテロトピーを結合させ

★236 無徴と有徴／経過と到達→p.166 トラヴェリング＝道行きとは→p.168

★237 M・フーコーのヘテロトピアについて→p.243

★238 並置、連結、対立といった思考の平面性に対して、超越的な、立体的思考の立ち位置をここでは「垂直性」と表現している

るという。このような現実の場に重なって透けて見えるという状態としての域（トピー）というイメージからは、Ｈ・ルフェーヴルのいうユートピーは、例えば高所から俯瞰する都市の様相、日本における道《みち》空間やイゾトピー化されていない西洋の広場などの空地を通して、あるいはそのただ中に透けて見えてくるイメージアブルな、メタフィジカルな想像的空間（何らかの全体意識を回復させる契機）として捉えられているのではないか。

近代以降、第二の都市の時代において、都市の政治性は、工業化の合理性や資本の高効率化を通して権力を行使する仕掛けとして、あるいはさまざまな時代の中枢性そのものとして語られる。そして、その機能や様相を都市の空間に照射し、自らのパワーの行使の度合いにおける強域[★239]としてのイゾトピーや弱域[★240]としてのヘテロトピーを現前させる。あるいはこれらの照射された空間の捉え返し、断片化された全体性の意識回復の想起的な契機であるユートピーを含んだ三つの「域＝トピー概念」として分析されるのである。

こうした都市のトピーは、理想都市の項[★241]で見てきたように、Ｈ・ルフェーヴルのいう都市現象の中に埋め込まれ、見い出される「都市的なるもの[★242]」、あるいは神話、イデオロギー、ユートピアを生成する空間的な資源ともなっているのである。

都市の織目としてのアーバニズム

生産手段の集中にともなって、人口の集中が起る。都市の織目が繁殖し、拡がって、農業生活の残滓を腐蝕させるのである。（前掲書）

★239　「強域」とは、権力との接近性において、よりその影響を受ける近い存在としての域を指す

★240　「弱域」とは、権力との接近性において、よりその影響を受けにくい遠い存在としての域を指す

★241　ユートピアの政治性と理想都市（神話・イデオロギー・ユートピア）→p.129

★242　都市的なるもの――いくつかの概念規定→p.073

同域、異域のほかにもH・ルフェーヴルは、農業的なるもの、工業的なるもの、都市的なるものの間にある不可視の中間領域のことを指す「盲域」や、「都市の織目」という概念を用いている。特にこの都市の織目は、生態学的アナロジーのイメージに近く、都市現実の中で、都市的なるものに付加されるさまざまなネットワークの寄せ集めの結合として、明らかにその活動の実体の一部となるものである。

あるいは、この都市の織目は、まさにL・ワースのいうアーバニズムの狭域における表出空間である。H・ルフェーヴルによれば、田舎のどまん中にあるセカンドハウス、自動車道路、スーパーマーケットなどが都市の織目の部分を成すとされているが、今日では、そこにコンビニやフランチャイズ化した飲食施設などが含まれるであろう。つまり断片的なイメージとしての都市性を体現した都会らしさが表出した空間やそのエリアが、この都市の織目である。

「いくぶん緻密で、いくぶん厚みのある、活動的な都市の織目は、《自然》に捧げられたあまりふるわない衰弱した地方だけを、のけておくにすぎない」(前掲書)というH・ルフェーヴルのいう都市の織目は、日本でもごく日常的な風景、しかも大都市、地方中核都市などを除くほぼ全国どこでも見られるおなじみのローカリティに接ぎ穂された、極小のアーバニティの表出による都会的な光景であろう。

この都市の織目は、ルーラリズムに対する優位性★243を発揮し、農業生活の残滓を腐蝕させ、そこに盲域、あるいは未完成のイゾトピー、つまり一種の生物学的繁殖のイメージにおける中途半端な空間を表出させるような、広い分域を逃れさせる不揃いな網目の網★244を指しているともいえよう。

★243 都鄙連続体説としてのアーバニズム→p.038

★244 都市(的な部分)がまだらに見い出されること

異質性の本質

都市空間におけるイゾトピーやヘテロトピー、あるいはユートピーは、空間テクノロジーの支配を基盤とする政治の照射によるきわめて強度な「空間の政治」の産物であり、その様相は結局のところいつの時代においても権力とのかかわり方次第、あるいはその流動性は常に政治そのものの流動性によってもたらされてきたことは明らかであろう。

来るべきポストグローバル化社会において、第二の都市の時代以降の、すでに総イゾトピーと化した地球上の都市空間は[★245]、一体どのように再編されていくのか、それは繰り返すようにまだ誰にもわからない。仮にそうした時代が、すべての人々が都市に暮らす時代としてあるならば、やはり住まうことの全体性の回復[★246]や獲得こそが都市の最大のテーマとなろう。その時、初めてイゾトピーとヘテロトピーはまったく別の次元で、例えば「農的なるもの」をも包含しつつ新たなフレームが構築されていくのかもしれない。

しかしもはやユートピアは実現することはなく、存在するはずもない。どのような時代においても必ずヘテロトピーは全体性への捉え返し、アンチテーゼとして、ある種の異域性を担保していくはずである。それが常に空間の支配に抗い、同質性を相対化するヘテロトピーの強靭さであり、異質性の変わらぬ役割でもある。

★245　終焉――時空の圧縮の果て、第三の都市へ→ p.102

★246　住まうための都市――都市の全体性の回復→ p.074

M.フーコーのヘテロトピアについて

ポストモダニズムにおける空間の時代を宣言した思想家のひとりであるミシェル・フーコー★247のいう「ヘテロトピア」は、有域な、存在する場、域の概念として規定されていることから、空間の関係性における両義的な側面を除けば、「ユートピア＝存在しない場所」とは別の概念となろう。ただし、その異質性、異他性の内容は、周囲の言説空間や実在する諸空間（の概念）との比較が不可能であるとされていることから、容易にはこれを確認しがたい面がある。要は、ヘテロトピアは断片的な可能性の集合に共在する不可能性を合わせた空間（または言説）の概念であり、それは明らかにモダニズムの空間の割り切り方の方向、意味とは異なる、つまり不条理性によるものと解釈される。

あるいはそれもM・フーコーのいう「外の思考」★248の一部をなすものであるとすれば、それはあきらかに現実の空間に外在（外側に在り）し、その捉え返しとして現実の空間に対して何らかの意味として機能する可能的な異質性を帯びており、幻想としての「別の現実」となる。実はそれもまた、つまりヘテロトピアも結局は一つのユートピアではなかろうか。

従って本書では政治による具体的な場の性格分析としてのヘテロトピーの言説において、M・フーコーのヘテロトピアを取り上げることはしていない。

★247　→p.027★41

★248　「外の思考」についてM・フーコーは「あらゆる主体＝主権性（シュブジェクティヴィテ）の外に身を保って、いわば外側からその諸限界を露呈させ、その終末を告げ、その拡散を煌めかせ、その克服しがたい不在のみをとっておく、そんな思考」と言っている（『外の思考』［豊崎光一訳、朝日出版社、1978年］より）

第3章 都市のある風景へ

建築が書物であった時代
——空間の読み手の喪失がもたらしたもの

物語の喪失

建築がかつて、人類の偉大で壮麗な書物であった時代がある。★1

例えば、中世までに建てられた西欧のカテドラル建築は、それ自体がそっくりそのまま書物でもあった。数えきれないほど繰り返される豊饒《ほうじょう》な彫刻群、絵画、壁画、ステンドグラスなどのイコン★2や空間の設えも含めた多様な仕掛け（メディア機能）によって、あたかも百科全書の如く、神の生涯やそのエピソード、そしてあらゆる世界像や世俗の知識などのメッセージを語りかける色彩豊かな書物そのものであった。文字など読めなくても、人々はそこへ行きさえすれば、そこにある空間に包まれさえすれば、まさにメディアそのものである建築を通して文字通り世界を読むことができたのである。図1

建築はかつて、このように書物そのものであったのだ。建築自身が読解の対象となっていた時代、より正確には、テクストを一体的に内包していた時代、すなわちコードを共有し、それを理

★1　ヴィクトル・ユゴー『ノートルダム・ド・パリ　ヴィクトル・ユゴー文学館』（辻昶・松下和則訳、潮出版社、2000年）、清水徹・山口勝弘『冷たいパフォーマンス』（朝日出版社、1983年）などより

★2　英語表記はICON。本来はキリスト教の崇敬の対象である彫刻や絵画、形象などの宗教芸術のこと。現代ではアイコンと読み、事物の記号化された表現、形象を指す

解する読み手がいて、建築の空間を通して世界を読むことが、ごく自然な行為として成立していた時代、建築がすべてのメディアの中心にあった時代、それは建築自身にとってもどれほど美しく、また信じがたいほど至福の時代であったことだろう。だからこうした時代の建築はとてつもなく輝いており、歴史的建造物となった今でも変わらずに、その輝きの余波が人々の心を強く打つのである。

しかしながら、11世紀頃に考案されたといわれる活版印刷技術が、15世紀半ばにはドイツのグーテンベルク★3などによって決定的に広められ、複製された大量の書物が、人々の手に行きわたり、個別のメディアが主流の時代になっていくと、やがて書物は時間や空間＝場所を選ばなくなる。そして書物としての建築とその空間は、ついに終焉を迎えたのである★4。その時、かつては書物であった建築に残されたものは一体何であったのだろうか。

建築が世界を読む砦としてのメディア性を喪失した時、実はそこには具体の場所に建てられるという建築の最も本質的な事柄である特定の場所とかかわった固有の時間、そこから生み出される固有のエピソード（神話）だけが残されたのである。

すなわち、本来どのような建築も、それが実在の建築物である限り、基本的には場所を超越することはできない。誕生してから消滅するまで、建築はいわば具体の土地の「囚われ人」となる。従ってひとたび地上に構築された建築にとっては、その場所に刻まれる固有の時間とそこで構築され、継承され、あるいは伝承されていく神話、伝説だけが自らの物語性のすべてだったのである。つまり場所こそは建築を捕え、地上に縛り付ける枷《かせ》であるのと同時に、一方で具体の場所として捕えた建築に固有の物語を与える唯一の源泉でもあったのだ。

場所に構築され、構造化された時間が、トポスとしての建築（有意味の場）における空間の意

図1　バチカン市国のサン・ピエトロ大聖堂内部の天井。彫刻、フレスコ画などにより、建物全体がキリスト教の書物となっている

★3　ヨハネス・グーテンベルク（1398頃-1468年）＝活版印刷技術の発明者とされるが、伝聞とされる説もある。「グーテンベルクの聖書」が世界で初めて本格的に活版印刷された書物といわれる

★4　ヴィクトル＝マリー・ユゴー（1802-85年）の小説『ノートル＝ダム・ド・パリ』（決定版、1832年）の「これがあれを滅ぼすだろう」の章では、建築がもっていた石の書物の役目が紙の書物にとって代わられることについて詳しく述べられている（『ノートル＝ダム・ド・パリ　ヴィクトル・ユゴー文学館』[辻昶・松下和則訳、潮出版社、2000年]などより）

味性を支える。建築の有意味性とは、空間に刻まれ、空間と一体となった時間の意味性に他ならない。

しかしながら、歴史的な建造物などで、すでに場所の固有性に囲い込まれている、あるいは生きられた時間が十分認識・共有され、空間の有意味性が獲得されているような場合を除けば、そうした固有の建築の物語性を見つけ出して、多くの人々がそれを共有するという状況を求めること自体が、今日ではかなり困難になってきている。

なぜならば、場所の持つ固有性自体が、人々の周囲から失われてきているからであり、代わって都市空間のイゾトピー化★5などによる場所のない風景とも呼ぶべき様相が、人々の周辺を覆っているからである。こうした状況は人々の心情のコスモポリタン化★6を促し、あらゆる場面で具体の場所とかかわった都市や建築の神話を崩壊させ、固有の物語を喪失させつつあるのだ。

読み手の喪失

建築における場所の持つ固有性が失われつつある状況は、人々の生活の主要な舞台である都市をめぐるさまざまな背景事情からきていることは言うまでもあるまい。人々が定住空間として創造した都市は、元来地理的なテリトリーに加えて、人間の生業《なりわい》としての場を峻別する意識の領域を支える独自の意思を持ち、その語りとしての伝説が都市を都市たらしめていた。つまり本来、都市は共通の領域意識や他所者に対する意識（排他性）、非言語的な契約（禁忌）★7などを共有する人々の沈黙の規範の固有性の上に、そしていくつものそうした個別の有機的コミュニティの集合体として成立していたのである。

★5　同域、近い秩序（都市のイゾトピー［同域］とヘテロトピー［異域］→p.236）

★6　「コスモポリタン化」は一般に汎国家的、超国家的、世界主義的な傾向、さらには世界市民化などの意味である。ここではグローバル化社会の市民像といったイメージで、人々の国家や場所などの枠にとらわれない生活や信条における傾向を指す

★7　「禁忌」はtaboo（タブー）の訳語。原始社会や古代社会において共同体内部で暗黙裡に共有されていた行為・行動における禁止事項などの規制や、広く文化的な規範などを指す

それはいわば特定の場とかかわった「生活のしがらみ」であり、都市に住まう人々の濃密なドラマの背景には、常にこうした伝説のシナリオや罠（埋め込み）が周到に準備されていた。住むことの意識が希薄な都市では、すでに「しがらみ」自体も希薄であり、同時に多くの人々は、自らの住む都市に利便性や控え目な享楽性、そして資産価値以外にはほとんど何も期待しなくなっている。そして、そのことが都市から都市を語る人々（の層）とドラマとしての都市の読み手の双方を同時に失わせている。今や都市や都市空間は、経済の論理、あるいは単なるイゾトピー化の対象などとしてしか捉えられず、高度情報化の渦中にあって、都市の問題は他の多くの社会問題、例えば「無縁社会」などと呼ばれる人々の関係性の変質の問題などのうちに埋没してしまったのだ。

新たなまちづくりや環境整備が獲得するイゾトピー的空間の同質性、口当たりのよさは、結果として他所者意識を駆逐し、場の固有性を失わせて都市の持つ独自の伝説を崩壊させる。すなわちまちづくりが逆にまちをまちとして成立させにくく作用しているといった皮肉な状況は、いまやごく当たり前の光景であり、まちは、そして都市は、ますますその物語性（神話）を喪失し、あるいは物語としての都市の読み手たちをも同時に失っていく。

結局のところ、人々が関心を寄せるのは、常にイゾトピーにおける同質性のレベル、つまり自分たちの住むまちが、隣のまちと同じか、それ以上きれいに整備されることであって、決して異質性の内容やレベルを問うことなどではないからであろう。図2

都市のある風景——ポストグローバル化社会の都市へ

建築における書物性の喪失による宿命的な場の表出は、このように都市自体がイゾトピー化に

図2　都市部近郊に建設される戸建住宅群。同質性の表出であるサバーバニズム（→p.038★71）が支配する郊外ニュータウンの住宅に必要なのは、建築やまちなみのまさに同質性の担保である

覆い尽くされることによって、今度は建築が場所の囚われ人であるがゆえに解体しつくせない最後の砦として持ち得ていたトポスの豊かな物語性や物語の読み手をも失うことになり、やがて場所とかかわった建築の時代は、場所が「環境」という単なる定量的な記号などに置き換えられて、その終焉を迎えたのである。

　都市における人々の生活は、濃密なドラマの背景にある場の意味性を読み解き、その物語に耳を傾けることで成立していたにもかかわらず、都市はこうした意味性やコード、その読み手を喪失して、住むという機能を失い、都市の生活はますます単なる欲望のシミュラークル★8と化していく。非農・無耕作の都市の人々には、もはや帰るべき故郷さえもないはずであるのだが。

もちろん、実際の都市には、こうした抽象的な風景論では見えてこない、あるいは一般論では切り捨てられてしまうさまざまな顔があり、その表情も千変万化の如くである。際立つ個性、固有性ゆえにたくさんの人々に愛され、支持されている都市、つまりグローバル化によるイゾトピーに対峙するヘテロトピーとしてあり続ける都市も多い。本章ではいくつかの実在の都市を見ながら、その空間言語、つまり個別の都市の空間が語る「ことば」、そして「都市のある風景」について、あらためてそのケーススタディとしてのディスクールを試みよう。

　それは多分、都市そのものが全地球的規模でイゾトピーと化す時代において、あらためて示差的なヘテロトピーとして具体の場所があり続けることの意味や、その実践について考える企てに繋がっていくはずである。そして、こうしたプロブレマティックな諸実践を通して現実のものとなる可能的な都市を、ここでは「ポストグローバル化社会の都市」と呼ぶことにしよう。

★8　→p.028★45

シカゴ、ソラリスの陽のもとに
――モダニズムの生きた証としての都市

夜明けの都市へ

L・A《ロサンゼルス》から深夜便にのると、５時間ほどのフライトで、明け方近く米国第３の都市シカゴに着く。近代以降の第二の都市の時代の黎明期の歴史や建築とは実にゆかりの深い都市だ。オヘア空港から都市の中心に向かって明けてゆく空に追いかけられているかのごとく、タクシーが高速道路をとばす。運転手はバックミラー越しにひとり旅のこちらの様子を見て、こんな時間にこのまちに何をしに来たのか、と尋ねてくる。シカゴという都市を見に来たのだからまあ観光だと言っておこうか、などと返事を考えているうちに「石炭掘りか？」とさらに尋ねてくる。「石炭掘り？」思わず聞き返してしまう。「そう、炭鉱関係者の国際的な会議があって、今週はその関係者を乗せることが多いんだ」と聞いて、ようやく「いや、そうじゃない、観光だ」と返事をする。そういえばシカゴは昔から鉱業のま

図３　米国の主要都市とシカゴ

ち、そしてコンベンション（会議）の都市でもあるのだ、と思い起こす。そうこうしているうちに、薄明かりの中で次第にフロントガラス全面にその輪郭を現し始めたこの大都会のシルエットを見ていると、あたかも見知らぬ異国の巨大な王城の中に吸い込まれていくような錯覚におそわれる。そうだ、確かに都市には外観がある、そんなことを考えているうちにやがて本当に車はこのシカゴのまちに吸い込まれていったのである。

（筆者「場所をめぐる建築論」『GLASS&ARCHITECTURE』１９８４年夏号、旭硝子」を加筆修正）

シカゴ（Chicago）――米国イリノイ州（州都はスプリングフィールド市）の北東部、イリノイ川河口付近のミシガン湖の南西端に面した人口約２８０万人、面積約６０６平方㎞の広さをもつイリノイ州最大の都市である。図3図4 冬の寒さは厳しいが、夏は結構暑く気温の年較差が大きい。周辺を含む都市圏人口は９２０万人（２０１０年国連統計）で、人口ではニューヨーク、ロサンゼルスにつぐ米国第3の都市である。１９８０年代までの都市人口は米国第2位であったが、五大湖工業地帯全体の産業・経済的な地位低下などにより、その後台頭したウエストコーストの都市ロサンゼルスに抜かれた。

しかし、今でも米国の経済、金融の拠点の一つであり、都市の経済規模（ＧＤＰ）は、東京、ニューヨーク、ロサンゼルスに次いで世界第4位であるとされている。大西洋を隔ててヨーロッパに向くニューヨーク、太平洋を隔ててアジアや南米に向くロサンゼルスに比べ、米国中西部にあるシカゴは鉄道、航空、海運など内陸交通の要の位置にあり、アメリカ国内の産業・文化の発展とともに都市形成が進み、人口動態の変遷など、さまざまな観点からイリノイ州とともに最もアメリカ的な、つまり米国のスタンダードな地域、オーソドックスな都市として知られている。

図4　シカゴ鳥瞰。北米屈指のグローバル都市といわれるシカゴには、ミース（→p.253★10）の作品群で埋め尽くされたIIT（イリノイ工科大学）や、郊外のオークパークにフランク・ロイド・ライト（→p.125図17）の住宅群、ユニティ・テンプルなどの作品も残っている。博物館・美術館などの豊かな文化施設と、かつての負の遺産（ギャングや貧困）など、都市の光と影が併存するアメリカらしい都市である

★9　ルイス・ヘンリー・サリヴァン（1856-1924年）＝シカゴ派の代表的建築家。ダンクマール・アドラーと共同でシカゴを中心に１００棟以上のビルを設計した。「形態は機能に従う」の言葉も有名

鉄・機械・黒光りのアーバニズム

古くはネイティブアメリカン部族の交易の場であり、「ニンニク」が自生する地であったというシカゴは、19世紀半ばから、鉄道や運河の整備を契機に交通の要地、穀物の集散地として、畜産や鉱業の発達などによって、急激に膨張を始める。１８３０年の人口は３５０人、ミシガン湖とミシシッピー川を結ぶ運河建設を機に大都市に向けて発展を始め、１８６０年には人口6万人のまちとなったが、１８７１年、大火災に遭い、まちは廃墟と化した。

この被災後、復興にあたってはレンガ、石、鉄骨などの燃えない建材による不燃建築化が法で定められたことによって、シカゴは結果的にアメリカのみならず世界の近代建築、摩天楼のメッカと言われる都市の一つとなったのである。

こうして、19世紀後半、大火による被災を乗り越え、シカゴは摩天楼の林立する大都会へと成長する。１８９３年の万国博覧会の成功の後、都市の急激な成長は、一方で人種や経済格差などによって貧困層を生み、１９２０年代、いわゆる禁酒法の時代にはアル・カポネなどのギャングが裏社会を支配する（今でも中心街の裏通りではその時代の弾痕がそのまま残っていそうな雰囲気がある）。その後１９５０年代から、賢明な都市政策などによって立ち直り、現在でも米国の流通、商業、金融の中心的な位置にある。

シカゴにはルイス・サリヴァン[★9]、ミース・ファン・デル・ローエ[★10]、ミノル・ヤマサキ[★11]、ヘルムート・ヤーン[★12]などの成功した建築家の作品が散見され、カールソン・ピエール＆スコットデパート（ルイス・サリヴァン設計）、ウィリス（旧シアーズ）・タワー（ＳＯＭ[★13]設計）、ジョンハンコック・センター（同）、トランプ・インターナショナル・ホテル＆タワー（同）、トリビューン・タワー（レイモンド・フッド[★14]設計）、レイクショアドライブ・アパートメント[★15]（ミース・ファン・デル・ロー

★10 ルートヴィヒ・ミース・ファン・デル・ローエ（1886-1969年）＝モダニズムを代表する建築家の一人。ユニバーサル・スペース（内部空間を機能で限定せずに自由に使える多目的空間）という概念や「Less is more」（より少ないことは、より豊かなこと）という言葉でも有名

★11 ミノル・ヤマサキ（1912-86年）＝日系2世の米国人建築家。2001年9月11日の同時多発テロで倒壊したニューヨークの世界貿易センタービル（1973年）の設計者

★12 ヘルムート・ヤーン（1940年-）＝ドイツ系米国人建築家。シカゴのイリノイ州センター（1985年）などを設計

★13 スキッドモア・オーウィングズ・アンド・メリル（Skidmore Owings & Merrill）＝1936年にシカゴで結成された米国で最大手の設計事務所

★14 レイモンド・M・フッド（1871-1934年）＝トリビューン・タワー（1923-25年）の設計競技で1位になったことで有名になる。ニューヨークのロックフェラー・センター（1931-39年）のGEビルディングなどアールデコ様式の超高層ビルを数多く設計

エ設計）など、歴史的に著名なモダニズム建築の名所ともなっている。また、本書でも見てきたとおり[16]、R・E・パーク[17]やルイス・ワース[18]らのシカゴ学派が都市社会学の礎を築いた都市でもある。

例えば、ここに示す古い写真[図5]は、Old Chicagoのポストカードからであるが、この写真で実際のシカゴの変遷を見てみよう。①は1871年の大火で瓦礫と化したまちの様子で、写真のグランドパシフィックホテルはスケルトンだけとなっているのが見てとれる。②は1888年の市役所の様子、③は20世紀初頭、1909年のランドルフ・ストリートの様子である。

写真といえば、フランス生まれのドイツ系米国人で、フォトリアリズムの詩人と呼ばれたアンドレアス・ファイニンガー[19]は、1940年代から50年代にかけて、米国のみならず世界のトップマガジンといわれた『ライフ』[20]誌に多くのフォトエッセイを寄稿する著名な写真家であった。そのA・ファイニンガーが未だニューヨークに住む若き野心的な写真家であった頃、1941年にライフ誌のためにシカゴのフォトエッセイを掲載することを思い付き、企画の承認を取ると、20日間で312のショットをものにし、その中からベストショットを選んだが、残念ながらこの企画がライフ誌に掲載されることはなかったという[21]。

その後、1948年に撮影されたショットと合わせてこれらの写真は『FEININGER'S CHICAGO, 1941』という写真集として刊行された。その解説によれば「見たままのシカゴの写真、それらは頭上の高架を走る鉄道（有名なシカゴのループのこと）、シカゴ川に架かる跳ね橋、南のスラム街、広大なユニオンステーション、ユニオンストックヤード（家畜ヤード）、レイクショアドライブ（湖岸通り）の輝き、ワバッシュ・アヴェニュー、ステート・ストリート、マックスウエル・ストリート、貧民街、ミシガン湖畔、シカゴトリビューンビルからの荘厳な眺め、そして、世界でも最も素晴らしい、精力的な都市の表情の写真集は、ファイニンガーによるシカゴの個人

★15　→p.258 図8

★16　都市生態学と都市社会学→p.040

★17　→p.008 ★8

★18　→p.006 ★1

★19　アンドレアス・ファイニンガー（1906-99年）＝フランス生まれ、米国の写真家。1939年ニューヨークに移住

★20　『ライフ』は、1936年創刊の米国の雑誌。写真を中心にした誌面構成の「グラフ誌」

★21　FEININGER'S CHICAGO,1941（Dover Publications, 1980）の解説より

★22　→p.125 図16

★23　ルイス・ワースのアーバニズムへの眼差し→p.034

的な写真記録であるのと同時に、都市と時代のユニークな記録となった」（筆者訳）とされている。

Ａ・ファイニンガーのこの写真集はすべてモノクロ作品であるが、確かにどの写真もみな魅力的である。[図6] 白と黒の陰影の世界に映し出された、当時すでにアメリカの、そして世界の大都市であったシカゴの裏通り。鉄骨の非常階段群を通してビルの谷間のトラックヤードに射す陽光が都市の光と影、喧騒と静寂、陽炎とスチームや埃の粒子に至るまでを幾層ものハーフトーンによって浮かび上がらせている。その何ともいえぬ表情をもった光と影のコントラストは、都市のノスタルジー、あるいはある種の神々しささえ感じさせて、見る者の心に響いてくるのだ。

また、このＡ・ファイニンガーの写真集の65葉の写真を見ていて特に印象に残るのは、何といってもこの都市にあふれていた「目に見える鉄」と当時の「シカゴ・アーバニズム」の存在であろう。ロシア・アヴァンギャルド[★22]的な鉄材、どこか甲虫類を思わせるような都市を埋めつくす不気味に黒光りのする流線型の乗用車の群れと朝の交通渋滞の風景、箱型のトラック群、繁華街を行き交う人々、ループと呼ばれる街路を覆うストリートカーの高架橋、シカゴ・リバーに架かる多くの鉄骨の橋、剥き出しのパーキングタワー、林立するビル群の裏側にとりついた非常階段やダクト群、イリノイセントラル駅の貨車の群れから道端に打ち捨てられたドラム缶にいたるまで、むきだしの鉄の存在と、新たな時代における都市の鼓動の活写は、まさに鉄とアーバニズム[★23]がつくったモダニティの都市の「現場」を的確に捉えていて、実に生々しい迫力である。

シカゴに限るまい。見える鉄の時代は「機械の時代」、すなわち人々が未だその仕組みを眼で見ることによって理解する手だて、その機械は何のために存在し、どういうメカニズムで作動して、その目的に向かってどのように働くのかが理解できる時代の象徴でもあった。あるいはモノが物質としての確かな手ごたえをもって、天然自然とはまた別の美的な存在として、人間に寄り

図5　シカゴの変遷

添っていた美学的様相こそが、機械の時代の風景であった。従って当然ながら鉄は、その存在を誇示するかのごとく、重々しい黒色に近く塗装されていたのである。

透明ガラスの摩天楼

ポストモダニティは、半導体の時代の到来によってその幕が開いたといわれている。そして機械に取って代わったその仕組み、メカニズム自体は、手回し式の計算機がコンピュータに取って代わられたように、ついに人々の眼に見えないものとなってしまった。

一方で、今や世界中の都心部、市街地の現代建築、機能的なカーテンウォールの摩天楼では、構造用シールなどの建築技術の発達で、透明なガラス箱スタイルが流行するようになった。しかし、ここでも確かに中身はよく見えるが、その視線の先にあるものは中心を喪失した大きな空洞、すなわちただの空洞がガラスの鎧をまとっているのに過ぎない。いずれもコンピュータの端末に向かう無言の人々の群れ、単なるコンピュータ・エイドの都市のフラットな沈黙の光景、その羅列が見られるのみである。イゾトピー[★24]としての都市空間は、結局のところ同じように同質化された建築空間を生み出したのに過ぎなかったのである。

ミース・ファン・デル・ローエが、ユニバーサルスペースの果てに夢見た究極のガラスの摩天楼[図7]は、実際にはこうしたモダニズムの都市において、いとも簡単に実現してしまったが、大空間を覆う巨大なガラス皮膜が登場したときには、肝心の内部の濃密な空間はすでに消滅した後であった。

アトリウムと呼ばれる吹抜けの大空間は、当初は東京でもシカゴでもかなり人々に強烈な印象をもたらした。しかしながら、例えばデベロッパー・アーキテクトと呼ばれたジョン・ポートマ

図6 FEININGER'S CHICAGO,1941

トラックヤード17

交通渋滞

タワーパーキング11

ン[★25]が、自ら設計した建築で見せたハリウッドスタイルの派手な仕掛けは、そのエンターテインメント性ゆえに人は一度は目を瞠《みは》るが、こうしたハリウッド的スペクタクルも何度か続けて見せられると、映像と同様に単なるステレオタイプのお約束事になってしまい、すぐに食傷気味となる。もはや人々は濃密な空間の時代に立っているのではない。メディア化され、ファッショナブルな商品としてある、文字通り「空疎な空間」と、その空洞の縁にたたずんでいるのみなのである。

　そうした意味で言うならば、もともと第二の都市の時代[★26]、すなわち近代以降に、果たして濃密な空間はあったのだろうか。むしろ建築物における空間の不在性は、書物としての建築[★27]が失われてからすでに自明であり、その不在性を覆い隠すために用いられた石やタイル、金属などのさまざまな不透明な張りモノが、もはや隠す気力すらなくなったポストモダニティの都市において単に透明なガラスに取って代わられただけではないのか。もしそうであるなら、問われるのは空間の不在性ではなく、むしろ空間とかかわる人々の身体性や「空間―人間」のシニフィエ自体の不在[★28]なのではないだろうか。

　一方で、A・ファイニンガーのシカゴのある種の写真には、アノミー状態[★29]にあるヘテロトピーとして都市から排除された、つまり住まうことから疎外された人々の生活が映し出されており、そこには異域に暮らす都市住民の、フィジカルな意味合いでの身の置き所のなさが見て取れる。大空間に占領された都市は身体や住まうこととかかわらない、単なる一過性の空間として立ち現れる。それはいつの時代でも都市が持つ宿命的な排他性（階層性による囲い）に起因して現れるのだ。非農・無耕作の都市では、人々の階層性という差異への反応は、ただちにあらゆる都市の非情さへと結び付いていくのである。

　ところで、ある時、すっかりシカゴのまちに溶け込み、品格のある落ち着きを見せていたミー

★24　同域、近い秩序（都市のイゾトピー［同域］とヘテロトピー［異域］→P.236）

図7　ミース・ファン・デル・ローエ「ガラスの摩天楼案」（1922年）

★25　ジョン・ポートマン（1924年-）＝米国の建築家、不動産開発業者。デベロッパー・アーキテクトと呼ばれる自ら設計し、自らの資金で建築する建築家。アトリウム型のホテル建築のパイオニアとして知られ、ハイアットリージェンシーなどのデザインコンセプトを確立。写真はポートマン設計によるロサンゼルスのボナヴェンチャーホテル（1977年）のアトリウム上部

スのレイクショアドライブ・アパートメント[図8]の前でさかんに写真を撮っていたら、中年のレジデントの婦人に見とがめられたことがある。何をしているのか、というので、近代建築の名作の写真を撮っているというようなことを言ったら、あきれ返った風で、さんざんこの近代建築の代表作をこきおろした挙句、こういう建築が都市を悪くした犯人だと、文字通り声高に酷評して不機嫌にその場を立ち去った。それでは最近の透明ガラスの摩天楼をどう思うかという点についてはつい聞きそびれてしまったが、ともかくミース建築の鉄材のプロポーションの美しさ、その美学だけでは、都市を救えていないこともまた確かなのであろう。

ソラリスの陽のもとに

早朝、ミシガン湖岸の目的のホテルについて、部屋に案内される。アメリカ合衆国の一人旅のホテルでは、当時習慣的にそうしていたように、ここでも部屋にあるクローゼットやあらゆるドアを開けてまず人が潜んでいないかを確認して、次にすでに完全に夜が明けていた窓辺に行って、何気なく外の様子を眺めようとカーテンを開けたとたんに、その向こうに生まれて初めて窓を埋め尽くすほど間近のレイク・ミシガンを見た。そしてその息をのむほどの、沈黙した永遠を写しとった如くに絵画的な、いわば完璧な美しさに、ほとんど言葉を失ってしまったのである。

（前掲書）

★26　第二の都市の時代→p.018

★27　物語の喪失→p.246

★28　「シニフィエ」（記号内容）は言葉が直接指し示すものにまとわる間接的な意味、イメージのようなもの（記号表現と記号内容→p.150）。シニフィエ自体の不在とは、ここでは人間が（啓蒙主義やユートピア性、あらゆる権力の明示的な装置などとしての）建築空間の背後に見い出す意味内容の不在の意

★29　→p.182★131

図8　レイクショアドライブ・アパートメント（1951年）。同一平面の建築が2棟、90度向きを変えて建てられている。ともに26階建

異なる生態系への飛翔

晩春のミシガン湖[図9]は、本当に時間の流れを喪失してしまったかのように静止していて、穏やかというよりはどこか沈黙した小宇宙のようだ。風がなければ、翡翠《ひすい》色の水でさえ微動だにしないので、湖面もまるで人工物のように感じてしまう。

レイクショアドライブ、グラント公園、歴史的建造物群や、鉄とガラスの高層アパート群といった点景さえも、見事にピクチャレスクで、実在感に乏しかったが、ともかくそれは美しかった。

ミシガン湖に感じた、その動くことのない静的な美しさ、存在の希薄さは、なぜかどこまでもフラクタル[★30]であったような気がする。一日中都市を歩きまわり、用事を済ませて夕刻に湖岸を散歩している時にも、ホテルの窓から見た絵画的なその光景はまったく変わることがなかった。湖面の水に直に触れた時でさえ、同じようにそれには実在感がなかったのである。

そして湖岸に立って、その背景に浮かぶミース風の大都会のシルエットを眺めたその時、突如、目の前のミシガン湖は、スタニスワフ・レム[★31]の描く「惑星ソラリス」の海へと変貌を遂げたのだ。

地球とは異なる恒星系の惑星であるソラリスは、星一面が海に覆われている。この海は、実はそれ自体が理性をもった有機体、すなわちこの惑星全体がプラズマ状の一個の生命体で、この星を研究するために設けられた、その上空に浮かぶ宇宙ステーション（浮遊するコロニー）を訪れた人間たちの睡眠中（夜）の意識にはいり込み、そこに潜む隠れた記憶や欲望を探り出し、それを物質化して、客（ゲスト）としてそのコロニーに送り込んでくるのである。

例えば地球上で死別した自分の子供や親、自殺した妻といった人々が実在の人間として、過去の記憶を持ったまま関係する人物の眼前に登場する。こうした事態に遭遇して、ノイローゼ寸前となった主人公の科学者は、ついにこのゲスト（自殺した妻）をカプセルに載せて宇宙空間に放

図9　ミシガン湖畔

★30　「フラクタル」は、部分と全体の関係が自己相似となっている図形などを指す幾何学・数学的な概念。入り組んだ海岸線などが俯瞰的に見ても拡大して見ても相似的に複雑さを保っていることを示す概念で、ここでは静止した状況がイメージとして自己相似的に連続しているという意

★31　スタニスワフ・レム（1921-2006年）＝ポーランドの小説家、SF作家。代表作の『ソラリスの陽のもとに』（1961年）はA・タルコフスキー（1972年）、S・ソダーバーグ（2003年）の両監督が映画化した

り出すのだが、しばらくすると、また何事もなかったかのように客は隣に座っているのである。

このSF小説では、こうした潜在意識や不可逆的な過去に無理やり対面させられた研究者たちのさまざまな反応、つまりそうした状況に溺れ切って、もはや現実の世界にはまったく興味を示さない、あるいはやがて絶望して自ら命を絶つなどの行動や緊張感、苦悩などが描かれているのだが、アンドレイ・タルコフスキーが1972年に映像化した『惑星ソラリス』[図10]では、驚くべきラストシーンが準備されている。

もはや地球には帰らず、ここに住み着く決心をした主人公は、睡眠中ではない昼間の意思的な自らの深層意識の伝送をソラリスの海に試みる。これに応えて、ソラリスの海がそのプラズマ状の表面の一角を変化させて表出して見せたのは、なんと彼が地球に残してきた故郷の家と森と空、そしてそこにたたずむ彼の父親であった。主人公は、手を広げて迎えてくれた、実際には客であるにすぎない惑星ソラリスが実体化した父親と固く抱き合う。そこにはいつものように雨のあと、朽ちかけた納屋の屋根から滝の如く流れ落ちる水しぶき（と思われる、タルコフスキーの映像のキーワードでもある水）もそのまま再現されていたのである。

このシーンは、例えば「人間が長い間に築き上げた農耕的（全感応的コミュニケーションによる）生態系によってつくられた心理と、科学技術に支えられた人工的な生態系の心理の間には大きな溝があり一方から他方への離陸にははかりしれない痛みを伴う★32」というテーマと重なり合うだろう。

つまり本書でもたびたび取り上げた非農・無耕作が生み出した都市的生活様式★33は、まさにこの「科学技術に支えられた人工的な生態系の心理」と同義であり、そうしたライフスタイルの側から再び彼岸に、つまり本来の「故郷」という名の農耕的世界、全感応的コミュニケーションの世

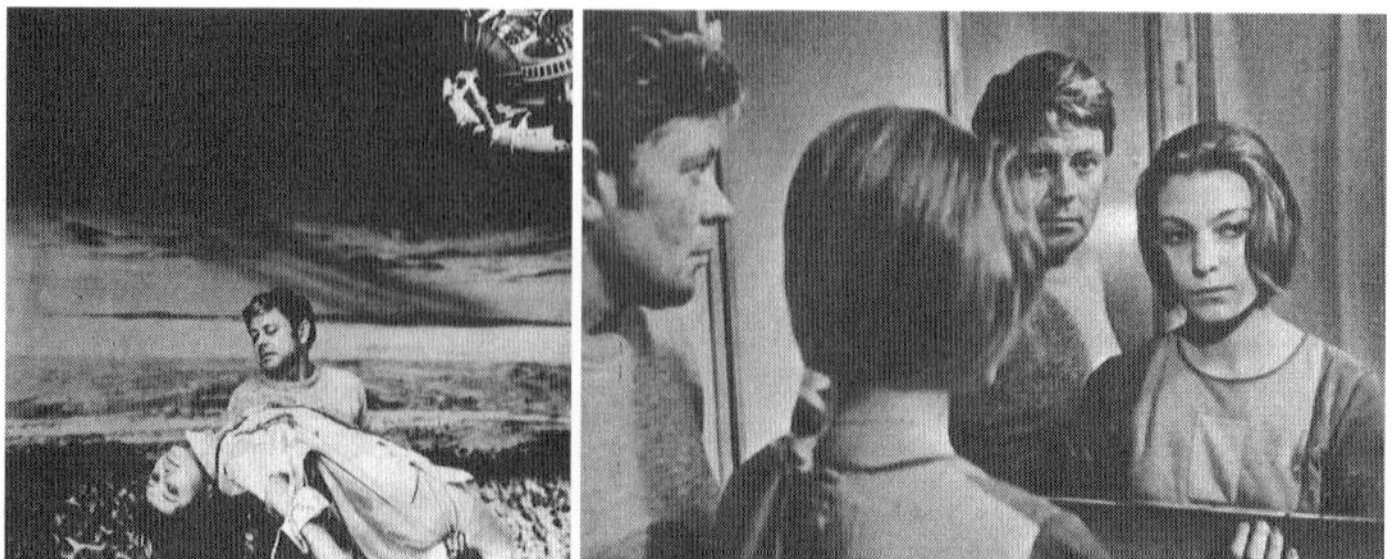

図10『惑星ソラリス』（A・タルコフスキー監督、1972年）の場面（劇場パンフレットより）

界に舞い戻ろうとするとき、人は現在の故郷である科学技術的に支えられた世界や都市を失い、あるいはアーバニズムの放棄などによって癒されるのと同時に、その過程で、異なる生態系への飛翔によって深く傷つくのである。それは逆のコース、つまり農耕的世界から工業文明を基盤とする人工的な生態系の世界へと飛翔する場合においてもまったく同様であろう。

モダニティの幻影——非実在の彼方へ

元来、文化という概念は場所と深くかかわっていた。しかし科学技術や大衆社会を支える産業社会の発展は、こうした場所とかかわった文化にも大きな変化をもたらした。文化の基盤が空間的差異から時間的差異へ、場所から出来事へ移行したのである。大量の複製に支えられた共時的なマス・カルチャーは、場にかかわらない文化を大量に複製し、まさにシミュラークル[★34]の世界を構築する。

ここがどこであっても成立する文化とは一体何であるのか。そもそも人が都市や建築を場所とのかかわりにおいて求める根源的な理由は何であったのか。

本来それは、消費財としての浮世の虚像の記号群に対峙する、より根源的な生存にかかわる生産財としての実像の構築、そしてその継承であったはずである。つまり、それは人間がその英知（脳）をもってしても御することのできないエロス（心臓）、すなわち生存への限りない欲求の象徴としてあったのだ。ヴァーチャル・リアリティーの仮想世界では、人は脳も心臓もその姿を探し出すことすらできないのである。

文化が本来の空間的差異に根差すという記憶を失いつつある時代は、場所にかかわるこうした永遠性の神話を崩壊させ、同時に例えば、前述[★35]のごとく建築を書物の時代の終焉からその本質で

★32 日向あき子『視覚文化』（紀伊國屋書店、1978年）より。ひゅうがあきこ（1930-2002年）＝詩人、美術評論家

★33 非農・無耕作の選択→p.046

★34 →p.28 ★45

★35 物語の喪失→p.246

ある「具体の場所の囚われ人」として復活させて間もなく、今度は完全にこれをも失墜させたのである。都市についてもこうした事態はまったく同様であった。

「惑星ソラリス」のドラマの主な舞台は、科学技術に支えられた完全な閉空間である宇宙ステーション、つまり大地をもたない浮遊する世界である。これはまさにモダニティ以降の地球の、都市の、そして建築のアナロジー、それらの暗喩であろう。しかし、人類史の大半を占める場とかかわった文化が深層に残す永遠の望郷の念は、人々の心から消えることはない。人が共通の回帰願望として、あるいはその共示義として持ち続ける農耕的な生態系が築きあげた全感応的コミュニケーションは、科学技術文明などによる場にかかわらない生態系がもたらす望郷の心情との離反を強制され、人々はそのことで傷つきながら、やがて第三の都市の時代以降、全地球的な規模で、次の時代のフォークロアを紡ぎ出すであろう。それは太陽系全体といったスケールでの偉大な民話となるのかもしれないが、その展開はまだ誰にもわからない。少なくともポストモダニティで終焉を迎えるであろう第二の都市の時代から、次の都市の時代、ポストグローバル化社会に向けたその過渡期に現在の様相はあるのかもしれない。

「ソラリスの海」は、欲望の物質化の可能性が無限に拡大していった時代に、一体何が最後に、人々の前に立ち現れるのか、つまり精神文明が出会う未知の苦悩や可能性を暗示していて実に興味深いが、このミシガン湖のほとりに立つと、突如シカゴという都市の、喧騒や欲望、摩天楼群や人々の見果てぬ夢もすべて、その存在自体が希薄に、モダニティが生み出した幻影の如く見えてしまう。

この巨大な都市シカゴは、実はミシガン湖が人々の心の奥底に潜む隠れた欲望を地上に照射した幻影、その実体化（ゲスト）ではないかという白日夢が脳裏をかすめる。ミシガン湖の静寂とそれ自身の絵画的な非実在性、奇妙な美しさの奥底に潜む妖気を見たとたんに、それはみごとにソラリスの海に重なったのである。
この世界は果たして現実なのか、それともこれは単なる欲望のイマージュなのか、その判別は難しい。あるいはそのいずれもが実はシミュラークルとしてのモダニティのミラージュであるのかもしれない。

時代に先駆けた近代建築の都市、もっとも米国らしいスタンダードな都市、かつてギャングが暗躍し、マシンガンの銃弾が飛び交った都市、鉄と人いきれに包まれたアーバニズムの都市、A・ファイニンガーがその光と影を切り取った都市、ミシガン湖[図11]はそれらのすべてを陽炎の如く包み込み、人々を非実在の彼方へ、惑星ソラリスへと誘う。

アメリカ合衆国の都市は広大な国土にあって、エッジ（縁《へり》）がはっきりしていることから、常に明瞭な都市世界のイメージ（外観）を喚起する。喧騒のリアルである都市シカゴと、どこまでも実在感の希薄なミシガン湖のどこかちぐはぐな取り合わせ、それこそが、実はイゾトピーの都市を想像力で乗り越え、ヘテロトピーの空間言語として見い出していく契機となるものであり、こうした契機を見い出し得るということ自体が、まさに人々を住まうことの多元的なイメージに駆り立てる想像力の源泉であり、都市への興味が尽きないゆえんではないか。

図11　ミシガン湖の静寂は、都市の現実感を希薄にする

セレニッシマ・ヴェネツィア
——世界でも稀有な異域、そして究極のペデストリアン都市

都市ヴェネツィアの歴史と終焉

凝固した歴史都市

朝まだき、あるいは霧のふかい夕暮にサンマルコ広場につづく総督宮の前から、海上に浮かぶサン・ジョルジオ教会のシルエットをながめるとしよう。そこには鉛色のしずかな海原がどこまでもつづいており、わずかに波立っているという風景が展開している。

しかし、ここは外洋ではない。リドとよばれる細い砂洲によってアドリア海とへだてられた内海であり、その広さは南北30マイル、幅5～8マイルの、おそらくイタリアでもっとも大きな内海であろう。ヴェネツィアをとりまく外洋と見えた海面は三つの水路でアドリア海につながっている沼沢地である。（中略）

これをラグーナ・ディ・ヴェネツィア *Laguna di Venezia* という。

図12　ヴェネツィアは、現在でも多くの歴史的建造物で構成されている

霧のはれまに見れば、浮き島のように点在する島々には砂漠のミラージュ（蜃気楼）のように教会があらわれるという風景なのだ。

（持田信夫『ヴェネツィア　沈みゆく栄光』徳間書店、１９７６年）

Venezia ——ヴェネツィア図12（ヴェニスとも呼ばれる）、それは現存する第一の都市の時代★36の、もっとも完璧な「歴史都市」の再現前の一つであり、地上を持たない沈みゆく都市を表出させた人類史の奇跡である。アドリア海の女王と呼ばれたこの稀有な都市への限りない称賛、また水上都市の止むことのない沈下、沈みゆく過ぎた栄光への嘆息、水辺の脆弱な環境や閉環境の危うさへの懸念、あるいはアックア・アルタ（高潮）や倒壊による水没、滅びのカタストロフィー的イメージ、どれをとっても世界で最も尋常ならざるこの都市について、これを語り尽くすことのできる言葉を人々は永遠に見い出すことはないであろう。

　この小都市ヴェネツィアには、年間１２００万人の観光客が日々世界中から訪れて、決して雑踏が途切れることはない。日本を訪れる外国人は近年でも年間約８３０〜８６０万人前後★37であることをみれば、この数字がいかに驚異的なものかがわかる。そしてこのヴェネツィアは、都市がどのように誕生し、そしてどのように滅びていくのか、都市の魅力とは何かなどを考える上で、あるいは歴史的景観などの事例研究においても、その極上のサンプルとなる都市の一つである。実際に膨大な研究がなされ、この都市を巡る多くの歴史的ディスクールが既に記述されている。

　都市としてのヴェネツィアは、持田信夫★38の引用にあるように、実際には陸上のメストレ（工業地区）と水上都市を合わせたエリアを指している。図13つまり、メストレに面して南北約30M《マイル》、幅約５〜８Ｍの内海状のラグーナ、リドと呼ばれる砂州に囲まれた広さ約５５０平方kmの沼沢地であ

★36　第一の都市の時代→p.017

★37　日本を訪れた外国人の数は、2008年は835万人、2010年は推計値で861万人、2006年以前は600〜700万人前後である（日本政府観光局 JNTO による）。国別では、上位は韓国、中国、台湾など

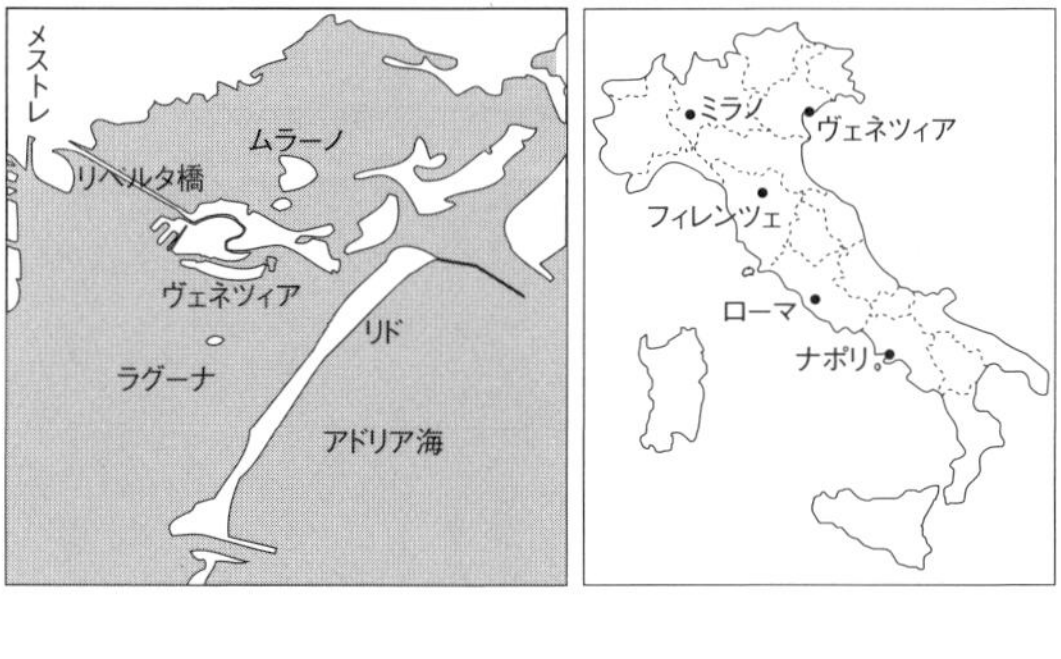

図13　イタリアの主要都市とヴェネツィア

るラグーナ・ディ・ヴェネツィアが広がっており、ここに浮かぶリアルト島、ジュデッカ島、ムラーノ島、ブラーノ島などからなる水上都市を合わせた延べ面積約412平方㎞がヴェネツィアという都市域なのである。

一般的にはヴェネツィアを象徴する存在である水上都市部分（リアルト島を中心としたヴェネツィア市。メストレとは鉄道や架橋で繋がっている）は、沼沢地にある大小の人工的に形成された島々によっており、運河、歩道、広場、建築物からなる都市である。より具体的には123の島々、176ものカナーレ（大運河）とリオ（小運河）、400以上の橋、一つの広場ピアッツァと多くのカンポ（小広場）をもった1300年の歴史ある都市だ。一方で、すでに16世紀にはその歴史的繁栄を終えた「凝固した都市」、生きた歴史都市の博物館でもある。

紀元5世紀、中国侵略に失敗した遊牧民族のフン族★39が、今度は西方に向けて侵略を始める。テュートン人★40とスラヴ人★41はこの侵攻を逃れるため、今のフランス、イタリアに向けて移動を始めた。いわゆるヨーロッパの民族大移動である。もともとアドリア海沿岸のヴェネト地方にいたヴェネト族★42は、こうしたフン族やテュートン人から逃れて、押し出されるようにポー川のデルタ地帯に浮かぶ島々に避難する。

海辺に暮らす勇敢な船乗りでもあったヴェネト人は、悪臭漂う蚊だらけの干潟であったと言うラグーナに点在する島々（この時点ではまだ軟弱でぶよぶよな島状の砂州）を、水に不慣れな敵の侵略に対して最も安全な避難場所と定め、ここに杭を打って葦の家や木造建築を築くことから始めて、徐々に石を敷き詰めたいわば人工土地を整備し、やがて歴史上類まれな堅固な水上都市を築きあげたのである。図14 抜け目のないヴェネツィア人と呼ばれた人々は、塩と香辛料などの貿易によって地中海にまでその勢力を拡大し、紀元697年には初代総督を出して共和制統治に、

★38　もちだ　のぶお（1917-86年）＝持田製薬（東京都新宿区）の2代目社長。紀行文、随筆、翻訳の著作でも知られる

★39　「フン族」は紀元前4～5世紀頃、匈奴（きょうど）と呼ばれた中央ユーラシアにいた遊牧民族の子孫と言われるヴォルガ川東方から起こった遊牧民族。騎馬弓射を武器に4世紀頃にはヨーロッパに大帝国を築き、民族大移動を誘発して西ローマ帝国崩壊をもたらした

★40　「テュートン人」はテウトネスともいう。ユトランド半島（デンマーク）に住んだ部族。キンブリ族とともに南下したが、紀元前102年にローマに滅ぼされる

★41　「スラヴ人」は、中欧・東欧に住んで共通の言語（インド・ヨーロッパ語族スラヴ語派）を共有する民族集団。ゲルマン人に続く民族大移動によりヨーロッパ全域に拡がる

★42　「ヴェネト族」のヴェネトの名は、この地にいた古代のヴェネティ族に由来するが、ヴェネト人は紀元前に東方からヴェネト地方に移住したと言われる

887年にはリアルト島からヴェネツィア市（公国）となり、11世紀にはビザンティン帝国（東ローマ帝国）と肩を並べるまでに力をつけ、14世紀から15世紀にその繁栄の頂点を極めた。13世紀末ごろにはヴェネツィアン・ガラス、造船、絹織物などの高い工業技術を持つようにもなっている。また16世紀半ばには、ヴェネツィア史上最多となる人口20万人弱が記録されたという。

しかし、15世紀からの世界的規模の地理的な発見が、ヴェネツィアの繁栄に影を落とし始める。ヴァスコ・ダ・ガマ★43の喜望峰ルートなど新航路の開拓によって、ヴェネツィアが独占していた東方貿易のルートが紅海やエジプト経由で行われるようになると、16世紀からは地中海地方における地理的優位性の失墜とともに、オスマン帝国との確執やフランス革命の影響などもあって、その勢いに陰りが見えるようになり、17世紀には完全に覇権を失う。1797年にはナポレオンに、1815年にはオーストリアに支配されるなどしたが、1866年に統一イタリア★44に加わって今日に至っている。

都市としてのヴェネツィアは、共和国として697年から1797年まで、ちょうど1100年間の歴史を刻んだのである。また9世紀から16世紀までに都市としての繁栄の階段を上り詰め、17世紀にその繁栄を終えたことから、16世紀には歴史的な繁栄の幕を下ろし始めたといってよい。そして、その様相は現在まで大きく変わることのない状態で、すなわち16世紀で停止した空間が、今日まで凝固したまま継続しているのである。ヴェネツィアを例とするならば、人がつくり上げる一つの都市の寿命は、概ね千年余りということになるのだろうか。

翼ある獅子と国際都市

ヴェネツィアのシンボルであるサン・マルコ寺院図15は、紀元832年に、総督アグニェロ・パル

図14　ラグーナに木杭を打つ18世紀の絵画

★43　ヴァスコ・ダ・ガマ（1469頃-1524年）＝ポルトガル人の航海家・探検家。1497年にリスボンからサン・ガブリエル号他4隻の船で出航し、アフリカ南端の喜望峰を経由してインドのカリカットに到着し、喜望峰ルートを最初に発見したヨーロッパ人とされた

★44　統一国家としてのイタリアは19世紀に誕生した。イタリア半島はオーストリア、スペイン、フランスなどの後ろ盾による都市国家によって分裂していたが、やがてナポレオン・ボナパルトが統一する。その統治が終わった1814-15年のウイーン会議から1870-71年の普仏戦争時までが、イタリア王国に統一されるまでの統一イタリア運動の期間とされ、その後も「未回収のイタリア」問題などが残り、最終的には第一次大戦後までその処理は続いた

テチパツィオの命により、異教徒による聖体の凌辱の阻止を理由としてつくられた。ヴェネツィア人の船乗りが、アレキサンドリアから聖マルコの遺骸を盗み出して総督宮に運び込み、その遺骸を納める礼拝堂づくりを起源として建設が始まったといわれる。つまり、一つの都市（国家）として人心がまとまるためには、あるいは自治都市が国家としての体を成すためには、どうしても誰もが納得する何らかの象徴的アイデンティティとなるシンボルの存在が必要だったのである。

　奪い取ったとはいえ、こうして象徴的アイデンティティを得た都市ヴェネツィアは、さっそくこの象徴を祭る名目でサン・マルコ寺院を建設した。ヴェネツィアで最もポピュラーな文様、ヴェネツィア共和国の紋章でもある「翼ある獅子」図16は、この伝道者聖マルコの象徴である。サン・マルコ寺院はその後、976年には火事罹災したが、1073年に改築されるなどして、今日までその威容を誇る。寺院の内部は金色のモザイクに輝いて、かつてのヴェネツィアの栄光と繁栄を象徴しており、その外観は、貿易立国として長い間海上交通の要衝であった国際都市の建築物らしく、ギリシャ、ビザンティン、バシリカ様式などが混在する不思議な建築物となっている。★45また島々にはそれぞれ成功した商人や豪族を中心としたコミュニティが形成されて権勢を誇り、それぞれが規模と芸術性を競い合うか

図15　サン・マルコ寺院の外観（右）と内部中央（左）

図16　サン・マルコ広場の「翼ある獅子の彫像」（1865年撮影）

★45　現在のサン・マルコ寺院は、東ローマ帝国の都コンスタンティノープルにあったユスティニアヌスの聖使徒教会堂をモデルとして建てられた（1063-95年頃）。平面はギリシャ十字形で、中央と四つの腕にはそれぞれ、ビザンティン建築の特徴であるペンデンティヴ・ドームが架かっている。ドームの外観は玉ねぎ形をしており、その後のイスラム建築の影響が見て取れる。

のように寺院などを建設して互いの威容を誇示しあった。図17 それらの建築物は、やはり交易都市ヴェネツィアらしいコスモポリタンな意匠、様相を見せており、西洋風、オリエンタル（アラブ・イスラム）風がない交ぜとなった独特なもので、歴史的建造物となった現在でも極めて特徴的なヴェネツィアの都市の主要な外観を形成している。

水運の要として、リオ（小運河）で活躍する名物の黒いゴンドラ図18は、今でも15世紀の法律で大きさや重量、色などが規定されており、その特徴的なシルエットや、ゴンドラが行き交う風景は、観光地としてのヴェネツィアのイメージとして定着していることから、恐らく世界中で知らない人はいない存在であろう。しかしながら15世紀には1万艘あったといわれるこのゴンドラも、その漕ぎ手（ゴンドリエーレ）の減少とともに現在では４５０艘程度になっているという。

奇跡の生成都市

ヴェネツィアが地上の奇跡といわれる理由はいくつもある。水上にこれだけ壮麗な都市を築き得たこと（地層的には１００フィートまでは柔らかい土、そのあとは10フィートの粘土層、その下はシルト層である）図19、歴史的な変遷によって政治や通商、経済の覇権を失った後、さらに時代に乗り遅れて都市国家の首都機能と地域の中心機能などを次々に失ったが、その後も国際都市、歓楽都市、劇場都市、そして仮面・仮装で有名なカーニバルをはじめとする祝祭都市★46として生き残ったことなどが挙げられよう。つまり政治や経済などの覇権を手放した後、まさに本来は脇役であった享楽的な文化やアミューズメント性がその後の観光の誘因となって、結果的に都市を救ったことになる。さらに、水運とまちの狭隘さゆえに水上都市の地上部分は歩く以外の移動手段を導入できなかったことで、つまり自動車が入れなかったことで、16世紀までの車のない時代に築かれた都

図17　サン・ジョルジョ・マッジョーレ聖堂（1565-1610年）。イタリア・後期ルネサンスの代表的建築家アンドレーア・パッラーディオ（1508-80年）の設計で、同名の島の大部分を教会が占めている

図18　ゴンドラ上から。前方は観光名所の「ため息橋」

市の様相がほぼそのまま残ったことなどのさまざまな要因が重畳的に作用した結果によって、奇跡が引き起こされたといわれている。

　そして、1100年も続いた、セレニッシマ共和国といわれるその独特の政治体制もまた一つの奇跡として知られている。もっとも静謐《ひつ》な、という意味の「セレニッシマ」とは、都市国家ヴェネツィア独特の政治のシステムによる統治の成功を指しており、それはライバルであった絶え間ない動乱の都市フィレンツェなどと比べられたもので、厳格、非情な正義と冷静な寛容、厳しい掟と開放性の許容など、相反するルールを絶妙なバランスで両立させながら、自由と独立を維持して権力の偏りを防ぎ、世襲を避けて権力の移行や継承がスムーズにいくために考え抜かれた共和制の政治システムであった。このシステムによって、千年にわたり国内で権力闘争などの内乱がほとんどなかった奇跡的な都市であり続けたヴェネツィアを指して、他国の人々は「セレニッシマ」と渾名《あだな》したのだ。

　また都市構成の特徴としては、自然の地形を転用した埋め立て地であること、つまり構築的な理論や理性によってではなく、むしろ都市計画のない生成的な都市の成り立ちゆえの特殊性、道路の代わりに水路を都市インフラとしたなどの他の都市にはない人工的かつ非計画的な様相（武基雄★47のいう雑然の美★48、カオス的秩序などによる界隈性）によるまちなみ形成などが挙げられよう。

　自由と独立を誇り、華麗な文化を開花させたヴェネツィアは、いつの時代にも人々の憧《あこが》れの的《まと》だった。中世の早い時期から、聖地エルサレムへ向かう巡礼者や、東西世界を結ぶ交易商人たちがこの水の都に数多く集まったが、誰もがラグーナに浮かぶ特異な都市の美しさの虜になった。

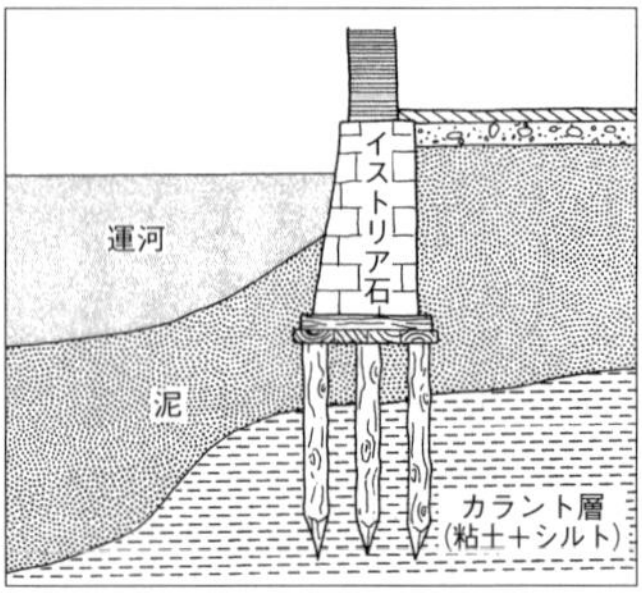

図19　ヴェネツィアの建築の基礎構造。柔らかい土の層であるにもかかわらず、一見すると水際から基礎・建築物が直接立ちあがっているように見える。カラント層と呼ばれる粘土・シルト層が実際の構造的な支持層（地層）であり、そこまで木杭を打ち込んでいる

★46　祝祭都市（Festival City）は、都市自体が本質的に祝祭性（祭り）を内包する存在である。ここでは文字通りさまざまな祝祭を継続的に準備し、都市を挙げて祝祭に特化した空間構造を維持し、その補強を図るという状況を指す

★47　→p.173★113

★48　→p.178★125

十六世紀に、フィレンツェがメディチ家の独裁におちいり、ローマが外国軍隊に蹂躙《じゅうりん》され、自由を失った頃も、ヴェネツィアだけが輝かしき共和制を貫《つらぬ》き、自由と独立を謳歌《おうか》していた。この都市は表現の自由を求める思想家や芸術家にとって、ある種の逃避の場ともなったのである。都市全体が海の上に浮かぶ巨大なアジール空間（保護区または解放区）だったともいえよう。

（陣内秀信[★49]『ヴェネツィア　水上の迷宮都市』講談社、１９９２年）

世界でも稀有な異域、ヘテロトピー[★50]としての都市、それこそがまさにヴェネツィアであった。

都市ヴェネツィアの魅力の源泉

ここで、ヴェネツィアが世界中で最も美しく特徴的な都市の一つであるといわれる理由をあらためて検証してみたい。こうした分析は、都市が真に魅力的な都市として存在するためには一体どのような条件が必要なのか、といった「魅力的な都市」を構築する要件に繋がっていく。もちろん地上の奇跡といわれるヴェネツィアをそのまま模倣することはできないが、この都市を参照しながら、都市の魅力の要件を特定していくことは、都市の空間言語を見ていく上でもきわめて重要である。ここではそれらの要件を10の任意のキーワード、すなわち永遠性、幻想性、神秘性、物語性、劇場（再現）性、祝祭性、迷宮性、界隈性、意匠性、記念性に分けている。

固有性やイメージアビリティ[★51]、さまざまな意味性などを背景とした究極のヘテロトピー＝異域としての都市ヴェネツィアの魅力の源泉を以下に見ていこう。

★49　じんない　ひでのぶ（1947年-）＝建築史家、専門はイタリア建築・都市史など。法政大学教授

★50　異域、異なったものの場（都市のイゾトピー［同域］とヘテロトピー［異域］→p.236）

★51　都市のイメージアビリティ→p.142

永遠性——静止した歴史と時間の凝固による生きた歴史保存の頂点としての都市の様相

16世紀から続く「すでに滅んだ都市ヴェネツィア」には、かつての栄光の輝きと、さらなる滅びに向かう有徴性★52、あるいは都市としてはすでに滅びているという喪失感が何の違和感もなく同時に存在し、それらは常に交錯しており、またきわめて明示的でもある。

遺跡や遺構ではなく、生きたまちに漂うこうした「はじめから終りまで」の完結した歴史感覚は稀有のものだろう。ここでは誰もが等しく永遠性に思いを馳せる。つまり持田信夫が言うように「都市をつくろうと、島や砂洲に人間の力がいくら積み重ねられても、それは自然の力、つまり自然の変化のなかに、わずかな痕跡をとどめるにすぎない。はかない人間の業《わざ》といえようか」（『ヴェネツィア　沈みゆく栄光』前掲）という泡沫《うたかた》の夢という儚《はかな》さに慨嘆し、喪失感を噛みしめ、一方でそうした圧倒的な力（有限性）の前にあってもなお永遠の輝きを求めてこれに抗う人間の永遠性（無限性）の希求、そのすさまじい激情の痕跡を目の当たりにするのである。

見えない未来に対して、人はいかなる妄想をも抱くことができよう。しかし、歴史的な建造物やまちなみなどにあるのはまさしくすでに体験された未来、その結果としての生きられた場所なのである。ここヴェネツィアで都市の全生涯を眼前にしたとき、人々は他所の歴史としてではなく、自らの存在とかかわった時間と比較しながら、その永遠性としての都市の存在に思いをはせる。

ヴェネツィアにある数多くのリアルの現前、再現前、その湿り気を含んだ世界の凝固した永遠性は、恐らくこの都市を築いた瞬間から始まったと思われる「いつ潰えるのか」という変わらぬ不安とともにあり★53、人々のイメージによる補完の次元をはるかに上回る都市自らの圧倒的な存在によって、ポンペイなどの乾いた遺跡、遺構[図20]が示す想像力による永遠性とはまったく別の次元を表出させる。「永遠性」こそは、生きている都市の儚さの対極にある隠れた欲望の頂点（ユート

★52　「有徴」とは見る、見えたものを主体が認識すること（無徴と有徴／通過と到達→p.166）。本文中の「滅びに向かう有徴性」の例として、サン・マルコ寺院の鐘楼がある。912年に建設されたが、1902年に一度完全崩壊した。現在の鐘楼は建設後1000年経った1912年に再建されたもの。ヴェネツィアでは、いずれ崩壊するであろう傾いた鐘楼や崩れかかった建築などを随所で目にする。またアックア・アルタ（北アドリア海で定期的に発生する異常潮位現象で、ヴェネツィアは特に水位が高くなる）のたびにサン・マルコ広場や周辺の商店などは完全に床上浸水する。これらはいずれも滅びが現在でも継続していることを明示的に印象付ける

★53　ヴェネツィアでは特に水際の構築物は開口をたくさん設けて軽量化を図ったと言われる。この都市が印象として軽快に見えるのはそうした理由による。沈下による消滅を恐れてフィジカルに軽量化を図った都市というのも歴史的にはきわめて特異であろう

ピア願望）を暗示させるキーワードなのである。

幻想性――海上の蜃気楼・浮島という幻想と神秘の都市の様相

地球上で、水辺にある都市、つまり土地のエッジ（縁）にある都市はさほど珍しくない。古代ギリシャやローマでは水に対する畏敬の念などから、神殿は水辺に建てられた。しかし同じ水辺にありながら、このヴェネツィアの風景には、やはりどこか通常の水辺の都市にはない不思議な緊張感、違和感がつきまとう。地上をもたない都市という先入観がそうさせるのか、陸と水のインターフェイスが他のどこことも共通していないという感覚、つまりある種の唐突感にとらわれるのである。壮大な建築物が水から立ち上っているように見えるのは、水上の人工土地であること、つまり水と建築物との間に陸地という緩衝空間がないことにもよっているのであろう。ヴェネツィアではこうした大地と隔絶された浮遊感が常に伴う。さらに初冬にかけて発生する濃霧などのラグーナ独特の気候による印象もあって、ここでは蜃気楼、あるいは浮島という幻想的なイメージが加速される。いわば重力に支配されたフィジカルな現実を裏切る幻想性は、都市の魅力に欠かせないあらゆるドラマ性の源泉でもある。眼に見えないものの奥深さが、人に本来見えない風景を垣間見せ、絶えざる幻想を抱かせるのである。それは想像力の駆使という人々の都市的実践を絶えさせることがない。

神秘性――不安と怖れと狂気、都市の不条理の様相

ルキノ・ヴィスコンティ★54の映像化による『ベニスに死す★55』は、神経症的な漠然とした終焉に向かう不安（疫病の蔓延の恐怖）を背景とした漂う神秘性（美少年）と、それが導いた現実の終焉（主

図20 古代都市ポンペイ。現在のイタリア・ナポリ近郊にあったが、79年に写真の背後のヴェスヴィオ火山噴火による火砕流によって地中に埋もれた。18世紀から発掘が開始され、現在は主要部分が公開されている

★54 ルキノ・ヴィスコンティ・ディ・モドローネ（1906-76年）＝イタリアの映画監督、脚本家。代表作に『郵便配達は二度ベルを鳴らす』『揺れる大地』『山猫』など

人公の死）の交錯を描いて、ヴェネツィアのもつ一種の不可視性に起因する不安や不気味さ、人々を美の狂気に駆り立てる都市の意思のようなものを表現してみせた。幻想性や神秘性は常にこうした漠然とした怖れや不安と一体であり、それは同時に何らかの浮遊感に裏打ちされているのである。ヴェネツィアほどこうした奇妙な感覚にふさわしい都市はそうざらにはないであろう。浮島が醸し出す幻想性と神秘性は、死と隣り合わせの「不安定さ」が生み出す都市の浮遊感覚の体現としてのキーワードであり、それはまさに非農・無耕作を起源とする都市の漠然とした不安[★56]、そして、そこで美の狂気に殉ずる人の不条理をそのまま体現した都市的感覚に他ならない。

物語性——共有された栄枯盛衰の歴史ドラマとその現前としての都市の様相

都市の歴史やさまざまな由緒は、学習され、共通認識として人々に共有されることによって初めて単なる印象から有徴的な経験になるという。圧倒的にリアルな歴史の再現性[図21]や、地理的な狭隘さの感覚は、こうした学習を通した経験に現実感を与え、ヴェネツィアでは、人は誰でもみずから歴史が紡ぐさまざまな物語の主人公になれるのである。通常の都市では、特に著名な事物でなければこうした意識や感覚が広く人々に共有されることは稀である。仮にそれがあっても、都市のごく限られた場所で点的にしかその再現性は担保されていないことが一般的であろう。ヴェネツィアでは、訪れる人の多くが面として都市全体の歴史、つまり水上に築かれた浮島という歴史的な楼閣都市の存在を学習して熟知しており、それはどこでも、いつでも再現され得ることから、この都市自体が人々の深い体験となって胸に刻まれるのである。こうした鮮やかな再現性は、究極の具体（ディテール）や風景論[★57]の体験と重なり、濃密な物語の明示的な契機となるのだ。

★55　『ベニスに死す』は1971年に製作・公開されたイタリア・フランス合作映画。トーマス・マン（1875-1955年）の同名小説が原作。写真は劇場パンフレット

★56　非農・無耕作の選択→p.046

劇場（再現）性——実際の都市以上の舞台装置は存在しないという劇場としての都市の様相

ヴェネツィアは、人間の感性や身体を悦《よろこ》ばす何か魔術的な力を秘めている。ラグーナの浮島として生まれたこの街には、現実と虚構がどこかない混ぜになった独特の非日常的な気分が漂っている。その舞台の中で自分が演ずるという快楽を、存分に味わうことができる。（前掲書）

都市は見られるものであり、都市的な出来事は常にスペクタクル性に満ちたものである。従って都市自体が本来、人が集まり散じて、ひと時、一体的な高揚感を共有した後に、再び観衆が入れ替わるという高い劇場的空間特性を有している。そして、劇場におけるどのような豪華な舞台装置であっても、それは現実の都市という本物のセットにかなうはずはないのである。例えば、そこにある広場、うらぶれた路地や壊れかけた小さな橋、スタッコが剥げたレンガ積みの外壁、古い建物の粗末な扉、洒落た店の看板とほのかな灯りなど、どれ一つとして見逃すことのできない潜在的な有徴性を湛えたさまざまなドラマに向かう演劇性の契機が随所にある。こうした都市に劇場性が芽生えないはずはないのである。特に豊かな物語性と都市構造による高度な演劇性は、ヴェネツィアをたちまちにして中世の都市劇場と化し、人々を魅了する。その魅力は「繰り返し語られる」都市の重要な、つまり高い再演の可能性に繋がるキーワードでもある。

加えてヴェネツィアは、都市としてはその歴史的な繁栄の幕を下ろした16世紀以降、今度は自らの生き残りを賭《と》して、市を挙げて「劇場都市」としての存在を世界に向けてアピールしていった。劇場としてのサン・マルコ広場[図22]やカンポ空間、海に浮かぶ世界劇場（移動劇場）の催し、フ

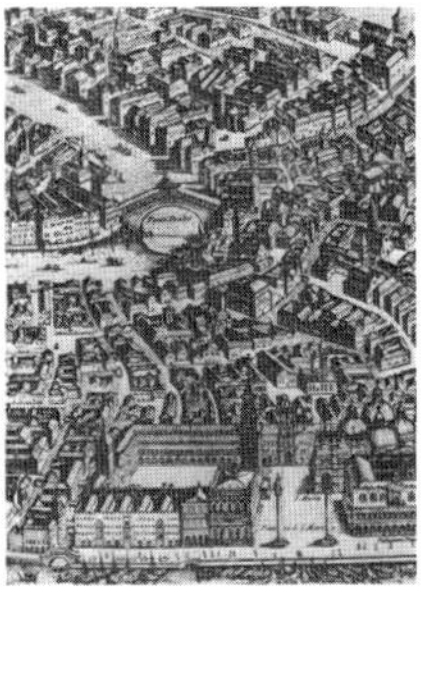

図21　16世紀初頭、歴史的な繁栄期を迎えたヴェネツィアの鳥瞰図（右）と現在のまちなみ（左）。その様相は大きく変わっていない

★57　風景論とは何か→p.209

エニーチェ劇場のオペラ上演など、魅力の尽きない都市の実際の劇場空間と連携して、その機能をネットワークとして最大限に発揮させ、都市の顔として発信することによって、世界中から多くの人々をこの場所に惹きつけたのである。

祝祭性――祝祭都市・カーニバルシティとしてのイベント都市の様相

国際都市ヴェネツィア、開かれたコミュニティとしての港湾都市、交易都市ヴェネツィアは、世界中の人々によって持ち込まれた文物が織りなす歓楽都市、そして猥雑なカフェ文化や半年も続くカーニバルの都市でもあった。あらゆる階層の人々が祝祭の名のもとに仮装や仮面[図23]の下で身分の違いを超えて逸楽にふけり、同時にこうした祝祭を通して装飾芸術や音楽、劇場文化の華が開いたのである。こうしたイベントの伝統は、水にちなんだ「海との結婚」の祝祭、レデントーレの舟祭り、ゴンドラ・レガッタなどをはじめ、現在でも継承されているものがあるという。カンポを舞台にした祝祭やイベントも盛んである。都市の行事やパフォーマンスは、それ自体がどのようなステレオタイプであろうとも、基本的には偉大なるマンネリズムに列せられて、それを心待ちにする人々を繰り返し惹き付けるのだ。祝祭の持つ神話性は、軽率な近代化を避けるヴェネツィアのような都市では、劇場性や再現性とあいまってなおさらその威力が衰えることはない。今後もそのスペクタクル性の魅力は変わらないであろう。

迷宮性――水路と路地による迷路のまち、自己増殖による構造なき隘路の都市の様相

ヴェネツィアが醸し出す幻想性は、その迷宮性に、あるいは交易都市、港湾都市の持つコスモポリタンなまちの性格などにも由来している。

図22　サン・マルコ寺院の前にひろがるサン・マルコ広場

図23　サン・マルコ広場周辺の店舗にはカーニバルの仮面が並ぶ

ヴェネツィアは西欧の都市というより、どう見てもオリエンタルな性格をもった都市である。「西欧の中のオリエント」といってもよい。（中略）街の仕組み自体に、どこかオリエンタルな要素が感じられる。イスラム都市のバザールのようなリアルト市場の雰囲気や、街全体の迷宮空間そのものが、中東や北アフリカのアラブ都市に相通じるのだ。（中略）迷宮のような街をつくることは、地中海の古い都市文明に共通した知恵だったともいえよう。紀元前二〇〇〇年頃に繁栄したメソポタミアのウルの都市が、中世以後のイスラム都市の迷路と同じ構造をもっていたことが、考古学の調査でわかっている。外敵から身を守るのに都合がよく、住民にとって居心地のいい縄張《なわば》りをつくりやすい迷宮空間というのは、都市の普遍的なモデルだったのである。（前掲書）

形象を直線化するためのさまざまな技術的基盤がまだ不十分であった中世以前に都市空間が形成されたヴェネツィアは、基本的に全体計画（都市計画）や、近代以降の都市で盛んに採用された直線的な都市デザインがほとんど見られない都市である。すなわち、ラグーナの水流や、地形を最大限に利用する島や運河の整備が、必然的に幾何学によらない迷宮空間をつくりだしたのだ。カッレと呼ばれる路地やカンポ、位置の食い違った道を無理やり繋げた水路上の曲がった橋、都市を埋め尽くす住居の中庭や屋上空間（アルターナ）というボイド（空隙）などによる迷路的空間は、常に新たな発見が途切れることがなく、学習の欠かせない都市の戸惑いと期待感を、また移動や行為とかかわった複雑なレイアウトや流動的な都市の魅力を生み出す。しかもヴェネツィアの袋小路の多くは、運河で行き詰まるのである。

しかし、この都市の路地裏を抜け、角を曲がるたびに変化し、さまざまに移り変わるシーンを見い出す体験を繰り返し、あるいは包みこまれるような不思議な光と影のドラマ、路地や水路に面した窓辺の空間の豊かさや賑わいなどを堪能していると、陣内も指摘するように、ヴェネツィアの迷路歩きは決して退屈することがない。図24 むしろ狭隘さや迷宮空間こそがヴェネツィアらしさではないかとさえ思えてくるのだ。ケヴィン・リンチ★58が、広大な都市スケールでは生存の恐怖に繋がるとして排除した道に迷う「LOST」のスリリングな感覚が、まさにここにはある。

合理的に計画され、幾何学的に単純化された近代以降の都市空間が、結果的に獲得したレジビリティやヴィジビリティ★59は、歴史的な奥行きのある都市にはあまり縁のない概念であるのだろうか。あるいはヴェネツィアにある幻想性、神秘性、物語性、迷宮性などは、すべてモダニティの合理主義によってつくられたイゾトピーとしての都市空間が、その見栄えの良い同質的な整備の対価として失ったものなのであろうか。

水路と水辺と路地による非計画性の都市ヴェネツィアは、K・リンチが望ましいとした都市の空間構造を裏切って余りある存在であるが、そこにこそ、つまり迷宮性＝究極のわかりにくさの中に、実は世界でも稀有な、大いなるヘトロトピーの都市としての魅力の源泉があるのだ。

界隈性——歩行圏都市、適度なスケールによる究極のペデストリアン都市の様相

車のないこの街は、特に子供にとっては天国だ。広場や中庭はどこも自分たちの遊びのテリトリーとなる。広場のカフェでくつろぎながら、サッカーに興ずる子供たちの喚声を聞くのも気持ちがよい。千鳥足でも車にはね飛ばされる心配がないから、酔っ払いにとっても天国である。中には、カンツォーネを朗々と歌う名物男もいる。（前掲書）

図24　迷路のような路地

★58　→p.139★74

★59　レジビリティ＝わかりやすさ、ヴィジビリティ＝見やすさ（都市のイメージアビリティ→p.142）

観光客でごった返すサン・マルコ広場に対して、住み手たちの生活空間の中心は、都市の日常的な喧騒と活気に満ちたリアルト市場の周辺である。都市の狭隘さと親密性や界隈性には何らかの相関があるのだろうか。広大で茫洋とした都市空間、イゾトピー的な秩序に界隈性を見い出すには、つまり、そこでトラヴェリング状態[★60]の契機を捉えるのには、相当な苦労がいる。イゾトピー空間は、一般的には単なる通過路[★61]の集合に過ぎないからである。

近代以降、資本の効率的な投下と回収の事情などを背景に、人はさまざまな空間テクノロジーによる革命的な移動手段や移動時間の短縮による恩恵を手にしたが、結局のところ、人はその生理的、身体的な限界からくるスケールや領域感覚をそう簡単に飛び越すことはできない。これは資質や能力によって、あるいは習慣や学習によっては乗り越えられない、二足歩行人類であるホモ・サピエンスという種の宿命でもあるのだろう。ヴェネツィアにおける実際の都市生活の困難さは、自動車の類による移動が一切不可能であり、しかも水路をまたぐ渡橋などアップダウンが結構きつい空間構造に起因していることも事実だが、少なくとも仮にフィジカルな意味で自動車が入れる都市であったら、今日のヴェネツィアはまったく異なった様相を呈していただろう。今の都市の姿は、むしろごく限定的な空間としてしか残し得なかったかもしれない。こうして見れば、第一の都市の時代というのは、空間テクノロジーとしての「自動車を持ち得なかった都市の時代」と言い換えることができるのかもしれない。

大まかには歩くことによって生活が可能である都市、すなわち歩行圏都市としての魅力の創出、それは、日常生活のレベルで自動車に意識をそらされずに快適に歩くこと、移動することができる環境による高い界隈性の構築によって実現可能となる。ヴェネツィアの場合は、水や地理的条件の偶然性によるものとはいえ、都市の界隈性の魅力の源泉には、あきらかに「種の尺度」に合

★60 トラヴェリング＝道行きとは
→p.168
★61 無徴と有徴／通過と到達→p.166

致した速度とスケールによる移動環境の構築という前近代の法則、自明な理由がその背景にあるような気がする。

世界中の魅力的、個性的なヘテロトピーとしての都市で、自動車というイゾトピーの先兵に辟易としたことはないだろうか。人が集まるためにはモノが必要である。モノの集散には自動車も必要であろう。こうした循環に果たして工夫の余地はないのであろうか。界隈性＝高いトラヴェリング状態の創出は、人の意識をあらゆる叙情・叙景に集中できるような環境構築にかかっている。それは車社会で強いられる意識の集中とは基本的に異なったものである。

優れた意匠性――魅力ある建築物・構築物による統一感のある都市の様相

どのような都市であっても、そこに存在する空間の意匠、つまり建築物やさまざまな構築物、都市施設などに魅力がなければ、その興味は半減し、多くの人々を引き付けることはできないであろう。トラヴェリング状態を発生させる契機としても優れた、あるいは個性的な意匠性は、都市に欠かすことのできないものなのである。

あらためて、15世紀に透視図法によって描かれたピエロ・デッラ・フランチェスカ派による「理想都市の光景」[図25]を見ると、理想都市においても、やはり理想的な意匠、つまりそこにおいて配置される建築物などによる「都市の美」自体がユートピアの重要な要件として捉えられていたことが理解される。ただし、その美は、あくまでA・コルバン[★62]の言うその時代の「空間の評価基準」にかなう美であったのはもちろんであるが。

都市ヴェネツィアの意匠性、美的現前のキーワードはいくつかある。その一つは、やはり国際性であろう。都市そのものは陣内も言うように、「西欧の中のオリエント」とも呼ぶべき様相を

図25　ピエロ・デッラ・フランチェスカ派「理想都市の光景（ウルビーノ）」（15世紀）。ピエロ・デッラ・フランチェスカ（1416年頃-1492年）はイタリア初期ルネサンスの美術家。数学や遠近法に関する理論家でもある

呈している。

例えば、サン・マルコ寺院の意匠はまさに混成系である。観光客のお目当てでもあり、ヴェネツィアの海の玄関となっているサン・マルコ広場や総督宮[図26]（9世紀にビザンティン様式で建設、その後火災による再建などを経て、15世紀頃までに現在のゴシック建築となる）、フラーリ聖堂（15世紀頃のゴシック様式）、サン・ジョルジョ・マッジョーレ聖堂（17世紀頃のルネサンス様式）、サンタ・マリア・デッラ・サルーテ聖堂[図27]（17世紀のヴェネツィア・バロック建築）、カ・ドーロ（15世紀の三階建てのヴェネツィアの代表的な貴族の館）など、いずれも国際性、時代性豊かな、実にさまざまな様式建築の宝庫であり、水辺に映える輝きを持ち、ヴェネツィアの栄光の時代を感じさせる。

そして多くの侵略や戦争の歴史を経てきたにもかかわらず、こうしたランドマーク的な建築物の意匠自体はさほど戦闘的ではなく、都市の開放的な性格を反映して、むしろ優美でさえある。さらには海洋都市、交易都市としての多くの施設群も圧巻である。税関や穀物倉庫、国際的な商館建築（フォンダコ）、ゲットー（ユダヤ人のコミュニティ空間）、オスピツィオ（慈善施設）などの都市施設、どれをとっても、何世紀もの長きにわたって現存してきたことによる「生きられた時間の獲得」によって、輝く都市の意匠に恥じないものとなっている。

ゴンドラに揺られてリオの水上から眺めると、ヴェネツィアの住宅は、矩形の四、五階建て、玄関は水に向かって開かれ、路地に面して勝手口がある。[図28] 艇庫や中庭のある住宅を見ることもできる。二階はメインのサロン階で、リオに向かって花を飾ったバルコニーや出窓の突出しが見られる。今は外壁の綻びなども目立ち、修復されていない裏通りのような印象を与えるが、かつてはフレスコ画による装飾が施されるなど、それぞれにきらびやかな意匠を誇っていたのであろう。

ヴェネツィアにおいて、確かに都市そのものは生成的につくられざるを得なかったが、そうし

★62 →p.207★168

図26 総督宮の中庭。奥はサン・マルコ寺院

図27 サンタ・マリア・デッラ・サルーテ聖堂（1681年）。主にヴェネツィアで活躍したバロックを代表する建築家バルダッサーレ・ロンゲーナ（1598-1682年）の設計

た地理的制約（むしろ地盤的制約というべきか）が、数を束ねる住居系の建築物においては概ね軽量で水とかかわった統一的な意匠性を実現し、個性的でありながら一体的なまちなみを形成している。「凝固した都市」は、まさにこうした技術に支えられた魅力的な意匠性のアイデンティティによって成立しているのである。

ヴェネツィアの持つ都市の意匠性は、計画的な都市基盤の上に自由な様式で自在な建築物を配置し、結果的に雑然としたまちなみを形成してしまうという近代以降の都市との外観の対比を検証する格好のスキーマに満ちているのである。

図28　リオから見た住宅

記念性の演出——さまざまな記念性による記憶される都市の様相

その都市を訪れること自体が一つのステータスであること。記憶を再生産するメディア、つまり持ち帰れる特産品や土産物などが質量ともに十分であること。あるいは一年を通じて濃密な時間を体験できること。生活を濾過した非日常性がたやすく手に入ること。単なる印象ではなく、深い体験や経験が刻まれる豊富な場やエピソードを常に用意していること。すべてのものは叙情的にも叙景的にも満足度が高く、いつもトラヴェリング状態を誘発し続けていること。

こうした輝かしい記念性のアウラを演出し尽くした都市に、訪れる人が絶えることはあるまい。都市は見られるものであるのと同時に記憶される存在でもあるのだ。

実際の都市ヴェネツィアは、現在においても、アックア・アルタや水質汚染などのあらゆる環境問題、都市の利便性の欠落や生活環境の問題、住み手の階層化の問題など、まさに都市が生きているが故に起こる数えきれないほどの都市問題を抱え続けている。しかしながら、それにもかかわらず、それらを補って余りあるほどの、世界で唯一の都市としての強固なアイデンティティ★63

★63　地域アイデンティティとは→p.181

を持ち、高いイメージアビリティ★64を誇っている。そのヘテロトピー的空間や都市自体が、まさに世界中の人々を魅了し、多くの訪問者をこの異域に引き付ける。ここでは滅亡の香りさえ愛おしいのである。

今や洋の東西を問わず、移動時間の克服によって身近になった世界中の都市が、自国の人々や外国人の受け入れに躍起となって、盛んに自らの存在をアピールしている。だが、そうした都市が実際には単なる観光地を含めたイゾトピー的空間の羅列によっているのであれば、人々が興味を示すことはあまり期待できまい。示差的な固有性の構築による記念性の演出や、差異を活用する気概こそが、都市に残された最後の活性化の資源に連なるキーワードなのである。

ユートピアとしての都市ヴェネツィア

ヴェネツィアの貴族たちは、季節のいい四月から十月までは田園のヴィッラの生活を楽しみ、冬場は都市に戻ってカーニバルや祝宴、オペラに熱を上げたのである。

そもそもヴェネツィアの夏は、蒸し暑くて、とても街の中にはいられない。今でも多くの市民は、七月から八月にかけて、リドの海辺やコルティーナなどの近郊の山にある夏の家に逃げ出す。個人の別荘をもっていなくても、賃貸の夏の家を簡単に利用できるのである。

水の都、ヴェネツィアの市民は車に縁がない、と考えるのは早計だ。ある階層以上の人々はたいてい、街の北西にある、近代につくられたピアッツァーレ・ローマ（ローマ広場）やトロンケットの駐車場に自分の車をもっていて、週末の楽しみに利用する。　（前掲書）

★64　都市のイメージアビリティ→p.142

本書において、すでに都市のイメージ言語として取り上げた「理想都市」は、その具体的な様相として、例えばプラトンの描くアトランティス★65などがそうであったように、基本的に自らの周囲にひたすら自然とかかわって永遠に生産し続ける「生産の拠点である農村的な結合」を背景に持った「政治的中枢である都市」を指していたという。その都市中枢では、終局へと向かう時間や、光り輝く空間の中に調和を持って配置された宇宙のイメージが見られるが、アトランティスのように、結局そのユートピアとしての都市は滅びることによって語られる存在となる。同時に、農村と都市（中枢）の微妙な結びつき、緊張関係によって成立しているユートピアこそが理想都市であるとアンリ・ルフェーヴル★66は指摘している★67。

ヴェネツィアという都市は結局のところ、生産をまかなう周囲のラグーナの島々や後背の陸の田園と、中枢としての水上の政治都市の組合せ、セレニッシマというイデオロギー、神話にあふれた祝祭性、劇場性、神秘性、そして水上の楼閣というユートピア（無い場所）性などからすれば、まさにこのアトランティスになぞらえることができるのではないか。地上にではなく水上にあるヴェネツィアこそは、西欧社会のユートピア、理想都市の現前であり、ヴェネツィア市民自身が長い間そう感じていたと言われるように、この都市こそは特別なものに導かれた稀有な存在、すなわちユートピアのモデルそのものであったのだ。

実際のヴェネツィアは多少朽ちかけ、多くの都市問題などの現実を孕《はら》んではいるが、少なくとも今は、この都市は確実に存在しているのである。誰であろうと、この奇跡、この幸運、すなわち地上に残された希少なユートピアのほぼ完全なる遺構を見ることができるという幸甚さを見逃すことはできまい。

それこそが毎年1200万もの人々を世界中からここに惹きつける最大の理由でもある。

★65　→p.119★18
★66　→p.008★5
★67　ユートピアの政治性と理想都市（神話・イデオロギー・ユートピア）→p.129

東京、都市のある風景へ
――ポストグローバル化社会の歩く、そして住まう都市

「水辺の近未来都市」の風景

東京――水辺へ、海へ

今から半世紀ほど前、「東京計画１９６０」[図29]という都市改造の歴史的な計画が構想されている。当時、東京大学建築学科で教職にあった建築家丹下健三[★68]が主導し、東大の「丹下健三研究室」が１９６１年にまとめたものである。

「東京計画１９６０」の構想は、江戸から続く東京の都心構造、つまり一極集中の求心的構造と放射状の交通網からなる都市構造を根本的につくりかえることを意図したもので、東京都中央区の晴海から千葉県木更津までの間の東京湾上に、サイクル・トランスポーテーション・システムと名付けられた立体的な環状交通網の組合せによるリニアな三層の格子状の構造物を架け渡し、建築、交通インフラを一体とした人口５００万から６００万人を収容する複合体都市、海上都市を構築するという、当時としてはなかなか壮大な計画であった。

図29　東京計画1960（丹下研究室、1961年）

★68　→p.125★40

この「東京計画1960」で展開されたサイクル・トランスポーテーション・システムなどの考え方は、その後1971年に提起された『21世紀の日本　その国土と国民生活の未来像』(21世紀の日本研究会[代表・丹下健三] 編著、新建築社、1971年)にも引き継がれている。

現在の東京は、相変わらず求心的な都心構造を維持し、放射状の交通網を基本としているが[図30]、一方ではサイクルシステムとしての環状迂回路網の整備や副都心整備などの中枢の分散による多焦点化、東京湾アクアライン（中間地点のパーキングエリアである「海ほたる」[図31]で知られる。起点は「東京計画1960」による晴海ではなく、首都高速と接続された神奈川県の川崎エリアから千葉県木更津までの海上・海底道路となっている）など、丹下の構想の一部は辛うじて実現されたともいえよう。

東京港周辺は現在、お台場付近を中心に人工島や架橋などによる新たな空間、ネットワークづくりによって着々と整備され、臨海副都心として徐々に近未来都市東京の顔を形成しつつある[図32]。かつては未来都市東京を象徴していた新宿副都心[図33]（こちらは浄水場の跡地を中心としたもので、同じ丹下の設計による東京都庁舎がそのシンボルであるのだが）に代わって、いまやこの湾岸エリアこそが、まさに水辺の空間の再編によって臨海都市東京の未来風景を描き出す。東京はさらに水辺へ、海へと向かっているのである。

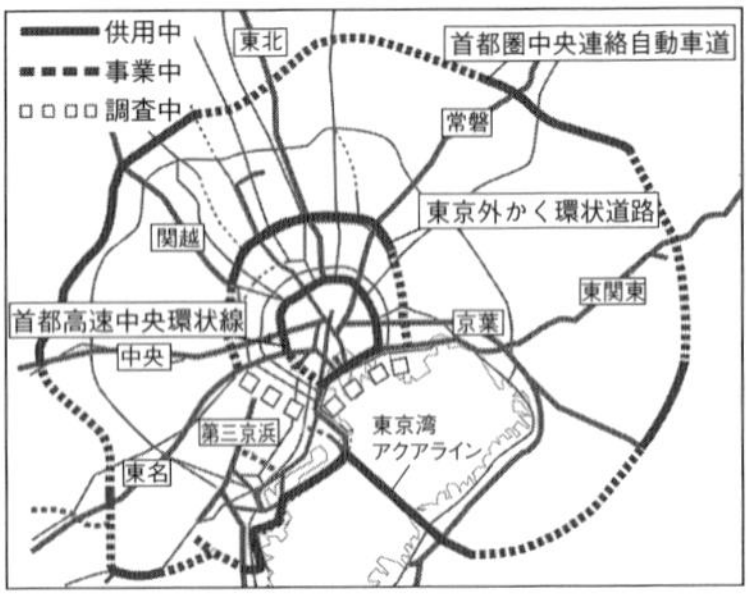

図30　東京の道路計画図

図31　海ほたる

図32　臨海副都心

図33　都庁展望室から見た新宿副都心

モダニズムと夢のヴィークル——臨海都市東京

ＪＲ山手線「新橋駅」からいったん外へ出て、高架の「新橋」を始発駅とする無人自動運転のモノレール「ゆりかもめ」に乗る。たまたまであろうか、平日の昼間の車内はさほど混んでいない。数人が座れずに立っている程度だ。

最初の駅「汐留」を過ぎて、しばらくすると車体が大きく左へ傾き、クランク状の軌道を曲がると「ゆりかもめ」は東京湾沿いを走る。この辺りから海が見え始め、さらにしばらく行くと、やがて東京港のパノラマ、そして水平線が目に飛び込んでくる。この光景は、やはり何度見ても圧巻である。広大で茫洋とした東京という捉えどころのないメガシティが、東京湾の、そして太平洋の水辺を得て、一瞬にして臨海都市のイメージを浮上させたかのようだ。繰り返しの日常に、いささかくたびれたように俯いていたサラリーマンたちでさえ、自然と車窓のダイナミックな風景に眼が向くのか、この辺りで一斉に顔を上げる。

さらに水辺に沿って、無人運転のモノレールは進む。次の圧巻は、「芝浦ふ頭」駅を過ぎて間もなく、車体が高度を上げるために大きなループを旋回する際の車窓の眺めであろう。眼の前で、ほぼ３６０度、周囲の風景の大パノラマが展開するのである。

以前、この近くにあるオフィスビルの高層階で、このループを行き来する「ゆりかもめ」の様子を外側から眺めたことを思い出す。ゆっくりと円を描くように螺旋運動をする豆粒のような高架のヴィークル、それは１９６０年代頃までに世界中の人々が思い描いていたモダニティの未来都市の風景そのものであった。この湾岸エリアは、東京のみならず、地球上のあらゆる国々の初期モダニスト達が夢想した未来都市の現前、その最先端の風景、様相なのである。図34

首都高速と並行してレインボーブリッジを渡り、「お台場海浜公園」駅に向かう。

図34　映画『50年後の世界』（D・バトラー監督、1930年）の未来都市（右）と臨海副都心（左）。ともに多層交通システム（臨海副都心では、車道、歩道、モノレール）が採用されている

「ゆりかもめ」からの風景と臨海副都心の施設

汐留駅、高層ビルの間を走る

日の出駅周辺から海が見えてくる

レインボーブリッジへ続くループ

有明—新豊洲は建設予定地が多い

高層住宅が建ち並ぶ豊洲駅

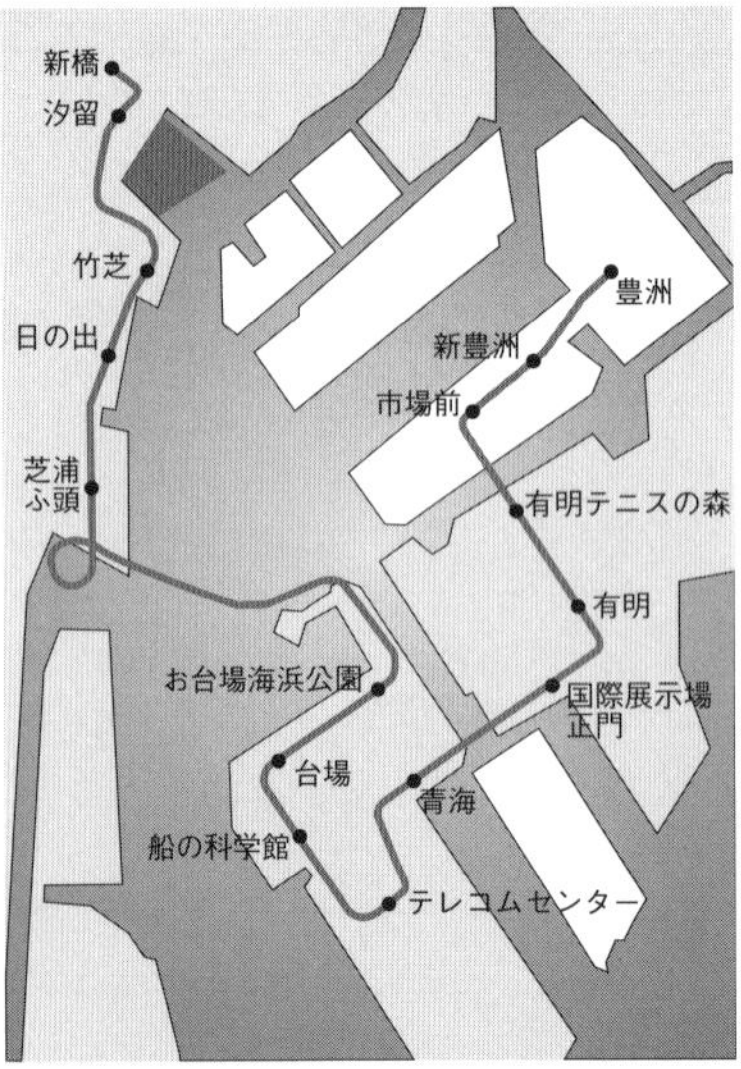

ゆりかもめの路線図

観光スポットの自由の女神像

フジTVとアミューズメント施設

ビッグサイトを横切るゆりかもめ

ここが臨海副都心の入り口だ。付近にはいくつかの海浜公園や人工ビーチ、テレビ局、複数のホテル、なぜか小さな自由の女神像★69などもあって、平日でも世界中からやってきた観光客で賑わっているお台場観光の目玉地区でもある。そして、埋立地や大規模再開発によって新たに誕生したエリアが、莫大な投下資本回収のためにそうならざるを得ないように、ここでもテレビ局というメディアの神殿（特に妻側の大階段が目を引く。そういえば、この建物も丹下事務所の設計であった）とアミューズメント施設、リゾートと業務空間、コンベンション、情報施設やショッピングエリア、高層住宅、スポーツ施設に学校、病院、港湾施設など、何でもありの混成系の空間、ミニ・シティが一帯に展開する。図35

「ゆりかもめ」は、この埋立地をゆっくり回遊して、「台場」「船の科学館」「テレコムセンター」などを巡る。次の「国際展示場正門」駅で降りて、東京ビッグサイトを正面に見る幹線道路を跨ぐ横断橋の上に立つと、この巨大な展示・会議施設へ続く基壇（大階段）を水平に横切る「ゆりかもめ」が、まさに一対の逆四角錘の神殿にささげられた貢物のように見える一瞬がある。この辺りも最先端の都市景観、つまり少なくとも今後しばらくの間は未来都市の先取りとして、その風景を担うであろう世界的なレベルの建築、施設群が軒を並べ青空に映える。図36

そして、それらはほとんど似たような、つまり支配的な工業化の合理性というモダニズムの記号、そのシニフィアン★70に彩られている。透明ガラスのファサード、構造部材ではないガラスを内部から支えるバックフレームの意匠、歩車分離を徹底したオープンバルコニーやペデストリアンデッキ、工夫を凝らした屋上庭園や人工自然、サスティナブルな施設づくり、それぞれが開放的な外観や地球環境への配慮などの建築的メッセージをそのまま企業のイメージやCSR★71的な姿勢にシンクロさせ、後期近代に結実した技術の粋を駆使してつくりあげた施設群として覇を競う。

★69　お台場の自由の女神像は、1998年に日本のフランス年事業の一環として1年間設置され、その後、2000年からフランス政府公認のブロンズ・レプリカとして置かれている

図35　お台場海浜公園。後方には高層住宅群（左）、ショッピングエリア（右手前）、オフィスビル（右後方）などの施設が建ち並んでいる

しかし、繰り返すようにその具体の形象はすべてモダニティの時代に開発された合理性やイゾトピー[★72]志向によるモダニズム意匠の技術的洗練の産物である。工業化の時代、そして、その後に続いた脱工業化の都市の時代において、二つの時代を隔てる新たな都市の空間言語は未だどこにも見当たらない。

時系列的な意味での時期による洗練の度合いの差はあるが、結局のところポストモダニティ、後期生産主義の時代の都市は、モダニティに含まれていた生産主義的諸実践による工業化の時代の意思の継続であり、第二の都市の時代[★73]はまだそのまま引き続き存在し、継続している。確かにここでは工業そのもの、工業空間的な匂いは払拭されているが、それは生産や流通の技術がさらに高度化して不可視的になり、新たな都市中枢が（電源や機器の間をつなぐケーブルワイヤさえ隠蔽すれば）小奇麗になった空間として表出しているだけで、つまりコンピュータ・エイドによるスペース利用の効率化によって、以前より若干洗練された意匠の空間が出現する余地が生まれたのに過ぎない。後期近代以降の人々の生活の諸様相を大きく変えた脱工業化や情報化といった変革に対して、都市や建築の空間的様相、あるいは表現がそうした状況に追い付いているというわけではないのである。

そして、それは単なる空間のグローバル化[★74]による新たなイゾトピーの拡大、今の時代の空間評価様式による見栄えの良い同域の増殖に過ぎないのだ。こうしたアラン・コルバン[★75]のいう現在の評価様式による未来を先取りした空間は、いつしか時間の流れの中で次の時代の空間評価様式が獲得され、そのことによって古びてくすんできた時に、周囲の環境が示す新たな時代、別の新奇さの中でまさにそこが異域化した途端に、今度は別の新たなイゾトピー空間に取って代わられるのである。

図36　東京ビッグサイト周辺の景観

★70　「シニフィアン」(記号表現）は言葉が直接指し示すもの（記号表現と記号内容→ p.150）

★71　Corporate Social Responsibility の略。企業の社会的責任の意。企業は利潤の追求以外にも自らが社会に与える影響に配慮し責任を持つという考え方による。ＣＳＲは現代の企業イメージをはかるステータス・シンボルでもあるイゾトピーの空間は、住まうことに向けたさまざまな空間言語によって成立しているのではない。古びてしまったら、つまり社会的耐用年限を過ぎたら更新されるという意味で、それはあくまで無徴性（無関心）と有限性（到達・交換の必然）という二重の意味での通過時間、すなわち時間そのものが空間化された形象、その現前に過ぎないのだ。

「ゆりかもめ」はさらに、施設の建築や移転が大幅に遅れて荒涼とした草地となっている建設用地などを抜け、やがて、実際には海を挟んで出発地の新橋とそう遠くない位置にある終着駅の「豊洲」に着く。「ゆりかもめ」からはき出された多くの人々は、無言のまま再び次の目的地に向かうべく乗換口に吸い込まれていく。

もちろん、この「ゆりかもめ」で巡る東京近未来都市ウオッチングにおいて、人々は概ね失望することはないであろう。ここに見られる都市デザインの空間言語（ヴォキャブラリィ）は、実に豊かで洗練されており、落ち着いた好ましい佇まいを見せている。臨海副都心で見られる光景は、全般に適度なスケール感によるほとんどモダニズムの完成形に近いものなのである。日当たりが良く、海風が心地良ければ、海浜公園などは都心からも手ごろな距離にあるリゾートとして、多いにくつろいだ気分にもなれる。大型船が行き交う東京港の風景も美しい。こうした水辺の景観が、公共財としての都市環境の充実の一つの成果であると考えれば、この結果には大いに満足すべきであるのかもしれない。

しかし、ここに人の居場所はない。どこかで見たモダニティの都市風景の寄せ集めに、人々は落着きを失い、やがて退屈してくる。ここは住まうための都市ではないのだ。「有明」駅周辺には高層住宅群などもあるが、ここに生活の匂いはなく、人の住む気配すらない。やはりイゾトピー、すなわち「近い秩序」は必ずこうした類の洗練をたどる。イゾトピーの空間は、いつしか都

★72 同域、近い秩序（都市のイゾトピー［同域］とヘテロトピー［異域］→p.236）

★73 第二の都市の時代→p.018

★74 →p.020★17

★75 →p.207★168

市の住まう空間を時間の中に置き去りにしてしまう。人は時間に住むのではない。空間に住むのである。

結局のところ、ここはあくまで東京湾を跨いだ彼岸の世界であり、この風景は単なる埋立地、浮島の眺めにすぎない。図37 近未来都市東京を先取りした臨海副都心は、実はモダニティの生み出した近い秩序という全体性に彩られたイゾトピーとしてのユートピアそのものなのだ。つまりここはもともと無い場所＝海の底だったのである。

「住まう都市」の風景――江戸の夢

江戸・東京――首都の変遷

今から1万年ほど前、縄文前期の東京周辺は、いわゆる温暖化による海進（海面上昇）によって概ねその半分は海であったという。★76 貝塚などをたどると、この辺りには原始時代から海沿いの集落が多く存在していたようだ。古代の大和政権時代は武蔵の国の一部であったが、浅草湊を中心に集落の範囲は拡がって、12世紀に豪族の江戸氏が登場している。15世紀には江戸湊、品川湊などの海沿いの海運の要衝が港湾都市として発展しはじめ、太田道灌が江戸氏を追放して江戸城を完成させたのは１４５７年といわれている。しかしながらこの当時の江戸は、西日本の諸都市に比べればまだまだ相当な田舎であったという。

１６０３年の江戸幕府の成立と同時に江戸を起点として、放射状のいわゆる五街道（東海道、中山道、日光道中、奥州道中、甲州道中）が制定、整備された。徳川家康が乗り込んできたころは、かなりの部分がまだ葦の繁茂する湿地帯であった江戸では、開府後、約70年間にわたって埋立て

図37「ゆりかもめ」から見る臨海副都心の眺め

★76　鈴木理生『東京の地理がわかる事典』（日本実業出版社、1999年）などより

や治水、インフラ整備など都市空間の度重なる大改造が実施され、一方で火災や地震などの災害も多かったが、そうした危機を跳ね返して海運と陸運の要とすべくさらなる都市整備が進められた。食料の供給は近郊・周辺の農業地帯などに支えられながら、中央集権による政治都市として日本の中心となり、やがて世界レベルで見ても近世稀なる大都市に発展していったのである。

ほぼ無血革命であった江戸時代の終焉を告げる１８６７年の大政奉還後、明治政府によって基本的な骨格はそのままに、江戸は東京、そして現在の東京へと整備されていくが、１９２３年の関東大震災、１９４５年の東京大空襲を頂点とする太平洋戦争の戦禍で、都市の多くの部分が焼土と化した。[図38] しかし、ここでも戦後復興による都市の回復は目覚ましかった。東京は、早くも日本の敗戦後7年目、サンフランシスコ平和条約が発効された１９５２年に夏季オリンピック大会の開催地に立候補し、１９６０年の開催地としては落選したが、１９６４年にはようやく第18回夏季オリンピック大会の開催地となる。これと前後して、さまざまな近代化に向けた都市整備が実施された。例えば１９６２年には京橋—芝浦間に首都高速道路が開通し、またオリンピック直前の１９６４年10月１日には東海道新幹線が開業するなど、敗戦から20年足らずで、世界に向けた首都東京の戦後復興のアピールに成功し、戦後日本は世界の仲間入りを果たして、高度経済成長の頂点の時代を駆け抜けたのである。

このように東京は、前身の江戸も含めて政変や震災、戦争などによって、折々に大きく変貌を遂げてきたが、21世紀の現在、人口は１３００万人余、都市圏人口（横浜を含む）では３５２０万人で、２位のジャカルタ（２２００万人）、３位のムンバイ（２１２５万人）など他の都市圏を引き離して世界第１位であり、[★77] 人口のみならず、グローバル化に彩られた時代の最先端を行く都市として、また世界のイゾトピー化をリードする存在ともなっている。

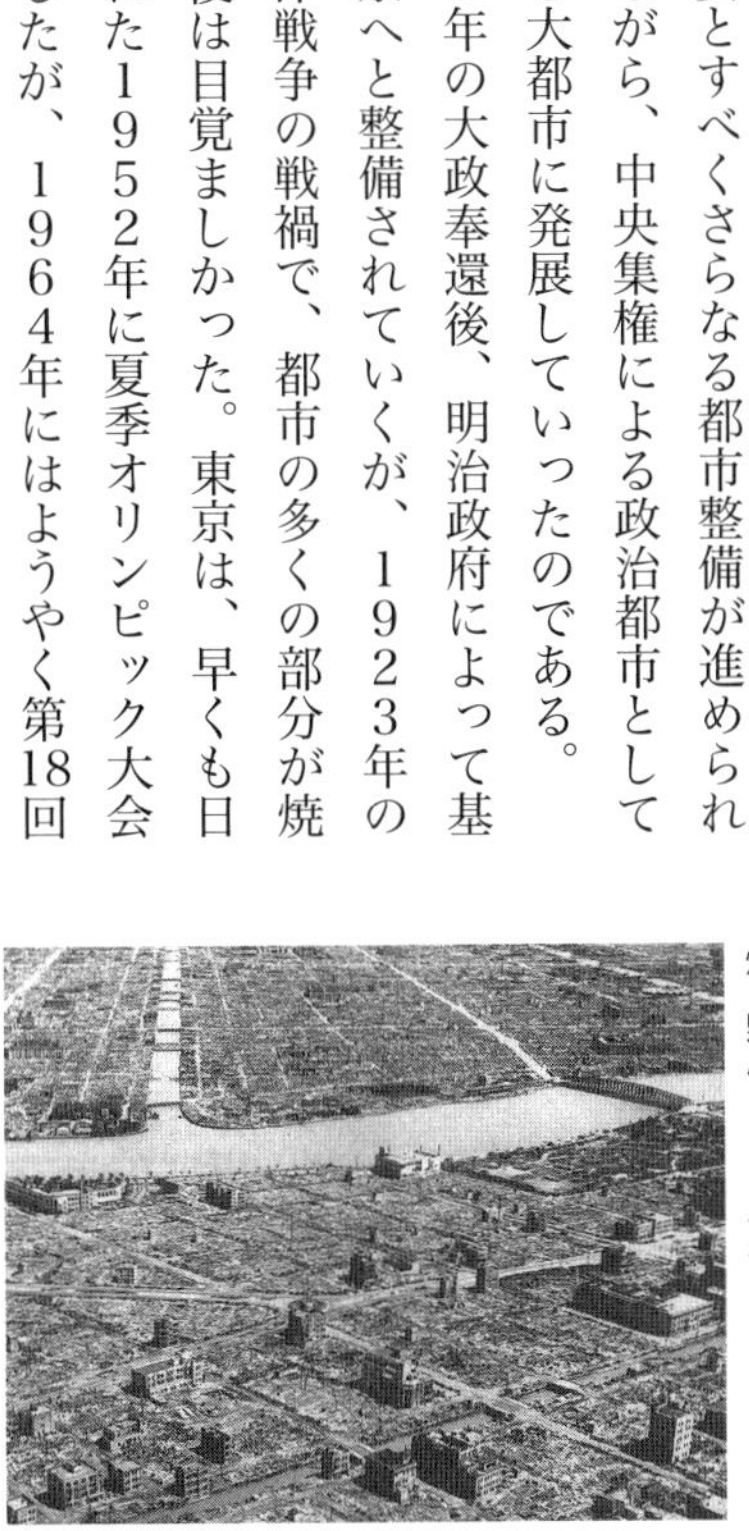
図38　東京大空襲（1945年）により焼け野原となった東京

★77　世界の都市圏人口（人口集中地区、大都市圏など）は公表資料によってばらつきがある。ここではDemographia 2010年版推定値を取り上げているが、例えば国連統計局の世界都市化予想値によれば2010年の東京都市圏人口は3,660万人余とされている

江戸・東京——裏まちと表まち

江戸・東京論、つまり江戸を空間的な下敷きとして発展してきた東京、という視点による都市のディスクールは、古くて新しい日本における都市論の主要なテーマの一つでもある。

東京という世界屈指の巨大都市、モダニティ以降の第二の都市の時代を代表するこの都市空間は、第一の都市の時代[★78]のメガシティであった江戸をそのまま下敷きにしているので、現在でも実際にあちらこちらで「江戸的なるもの」がひょっこり顔を出しており、文明開化の明治期や震災、戦災を経てもなお生き残った江戸の地理的、視覚的構造が随所に見てとれる。特に近年は江戸時代ブーム、あるいはまち歩きブームで、こうしたスポットが多くの人々の注目を集めている。

もちろん、世界中で数百年の歴史を経てそのまま残っている都市などは特に珍しくないが、東京の場合、敗戦国の首都であったこともあり、戦禍によって焼土と化した歴史がある。また、戦後復興においても、生活空間の再建のために、あるいは土地の資産としての流動的な活用などで、空間利用をいつでもリセットすることをいとわない土地（＝不動産）志向的な国民性や高率の相続税制などによって、都市の施設や建築物は物理的耐用年限など待たずに常に新奇な建築物に置き換わることが常態化しており[★79]、その変貌がきわめて激しかったので、江戸と重なる東京、という響きはむしろ、かなり新鮮な感じを与える。

ずいぶん前の話になるが、別役実[★80]の「黒い郵便船」（『別役実童話集』三一書房、１９７５年）という物語の中に、ある一つのまちが「表まち」と「裏まち」という二つのそれぞれ微妙にズレた別々の地図で描かれていて、その地図を物語の主人公が重ね透かして見たとき、ある一点だけが完全に一致しており、その地点からのみ、こちら側である「表まち」からあちら側である「裏まち」へ入っていくことができる、というプロットがあって、そのアイデアにいたく感心してしま

★78　第一の都市の時代→p.017

★79　こうした用の次元などによる建築物の変化への対応の考え方については、例えばメタボリズム理論がある。1959年に日本のメタボリズムグループが提唱した建築の運動論によるもので、文字通り新陳代謝（メタボリズム）を語源とし、建築の中にある変わらない部分と時間や社会、家族の変化などに合わせて変わっていく部分（設備空間など）を峻別し、変わる部分については部品のように取り換えることによって建築は新陳代謝していくという考え方。1970年の大阪万国博覧会を境として、その後は廃れたが、近年再評価されている

★80　べつやく　みのる（1937年-）＝劇作家、童話作家、随筆家、日本の不条理劇の第一人者といわれる

った記憶がある。

別役が提示する一つのまちにおける「表まち」と「裏まち」というダブルイメージとしての二重都市は、実にさまざまな寓意、あるいはシニフィエ[★81]に満ちていて興味深い。例えば、表現としての都市と意味としての都市、現在の都市と記憶の都市、権力の都市と民衆の都市、生者の都市と死者の都市、住み手の都市と訪問者の都市、見える都市と見えない都市など、一つの都市における表裏の存在こそは、まさに都市的な場における時間と空間の有意味性の表出の契機そのものであるといってよいであろう。

あるいはそのことを、「それぞれのものに一つの時間と一つの場所がある[★82]」という表現になぞらえて「一つの場所には必ず表の（見える）意味と裏の（見えない）意味がある」、または「一つの場所には時間と空間のそれぞれにおいて必ず異なる性格の場が重層化されて存在している」と言ってもよいであろう。そしてその表裏はそっくりある瞬間にひっくり返すことができる。場所とは常にそうした攪乱を含む概念なのである。

「表まち」としての東京に潜む「裏まち」としての江戸、その発見は都市の深みを垣間見る契機として多くの人々の心を捉える。それは、人が非農・無耕作の都市において生み出し、日々更新する都市的生活様式の中で、場の重層性による懐古や既視感などの感覚を担保し、都市住民の階層性の分化と並置による二重都市（デュアルシティ）とはまた別の、縦の歴史のコンテクスト、その発露としての奥行き（重層性）を持った二重都市（ダブルシティ）のイメージを生成するのである。

こうしたいわば想起的なタテ型の都市の重層構造は、ポストグローバル化時代の「都市のある風景」へ向かう豊かな可能性を秘めており、アンチ・イゾトピー的空間（同域の中の異域＝らしさ）[★83]の発見の契機ともなるものであろう。

★81 「シニフィエ」（記号内容）は言葉が直接指し示すものにまとわる間接的な意味、イメージのようなもの（記号表現と記号内容→p.150）

★82 ピエール・ブルデュ『実践感覚』（今村仁司・港道隆訳、みすず書房、1988年）より。D・ハーヴェイ（→p.009★10）による引用（『ポストモダニティの条件』吉原直樹監訳、青木書店、1999年）。P・ブルデュ（1930-2002年）はフランスの社会学者

★83 →p.178★126

江戸・東京——住まう都市

戦前までは、東京の大半は長屋であった。徳川家康は江戸に幕府をおき、江戸を武家都市として発達させるため、日本橋を中心に町造りを始めるが、街道の表側には商家が並び、裏側には長屋が建てられた。この地域は、江戸城の城下町であったため、下町の呼称も生まれた。

明治以降も、東京に出てくれば何とかなるとして、上京する人々は後を絶たなかった。下町はそれらの人々を常に包容して、特有の文化や気質を作りあげたが、それには長屋という構造や環境が、人々の連帯感作りに大いに役立ったようだ。それは、長屋では、何もかも突つ抜けの生活だから、見栄も外聞もない本音の生活が行え、お互いの気心も知れて、〔遠くの親戚より近くの他人〕といったさわやかな心のやりとりが営まれ、必要な文化や気質が定着したのであろう。

下町は、関東大震災（大正12年9月1日）、東京大空襲（昭和20年3月9日・10日）という二度の大きな災害に遭遇し、建物の大半を失った。そのことはまた、大事な文化や気質の喪失にも関連してくる。

今の生活は、豊かだが心が貧しくなったといわれている。それはかつて、長屋に育くまれた心のようなものが影をひそめたことにつながらないだろうか。

（「江戸・明治を伝える下町の長屋」台東区立下町風俗資料館編集、台東区教育委員会発行、平成9年版）

図39　江戸時代の長屋風景（式亭三馬作「浮世床」より）

巨大都市東京でも、昭和50年代までは池之端、根岸、橋場などに震災や戦災をくぐり抜け、江戸下町の風情[図39]を引き継ぐ明治初期の長屋[図40]などの建築物がまだ残っていたという。また、上野公園の裏手にあって、現在「谷根千」とよばれる谷中、根津、千駄木近辺にもこうした面影が一部残っており[図41]、寺や坂、路地のまちなみ、漂う下町情緒[★84]に触れようと、あるいは江戸の夢を追う人々などで、このエリアは平日でも結構な賑わいを見せている。

すでに世界的にも近世の大都市であった江戸で、特に都市インフラである集住施設としての長屋などの人情の機微あふれる下町の住まいは、住まう都市として欠かせない多くの生活の豊かさの感触を持っていたようだ。それは和辻哲郎[★85]のいう日本人の風土的特性である「距てなき結合の含んでいる激情性」と、「仕切りなき恬淡な開放性」の共存そのものであったといえよう[★86]。

江戸における遠い秩序としての長屋的なヘテロトピー（異域）は、都市中枢であるイゾトピー（同域）としての江戸城下にあって、むしろイゾトピーから距離を置くことによってリアルな下町的生活空間を生成し、現代から見ればかなりアノミー的[★87]環境の中で人々は暮らし、そこにおいて住まうことの実相を生の状態で手に入れたのである。

こうした感触は、決して単なる長屋礼賛としてではなく、住まうことの生身さを空間的に実践する都市のプロブレマティックに直接的にかかわること、イゾトピー化された空間において、遠い秩序に向かう意思の継続を実践すること、異質性としての「らしさ」を獲得することなどによって、都市において住まうことを回復するというポストグローバル化社会の生活の先取り的な様相、すなわち回復されるべき「都市的なるもの」[★88]の可能的な実践の対象として理解されなければならないであろう。

例え現代とは比較にならないほど階層化の徹底した封建社会であっても、個々人が土地や建築

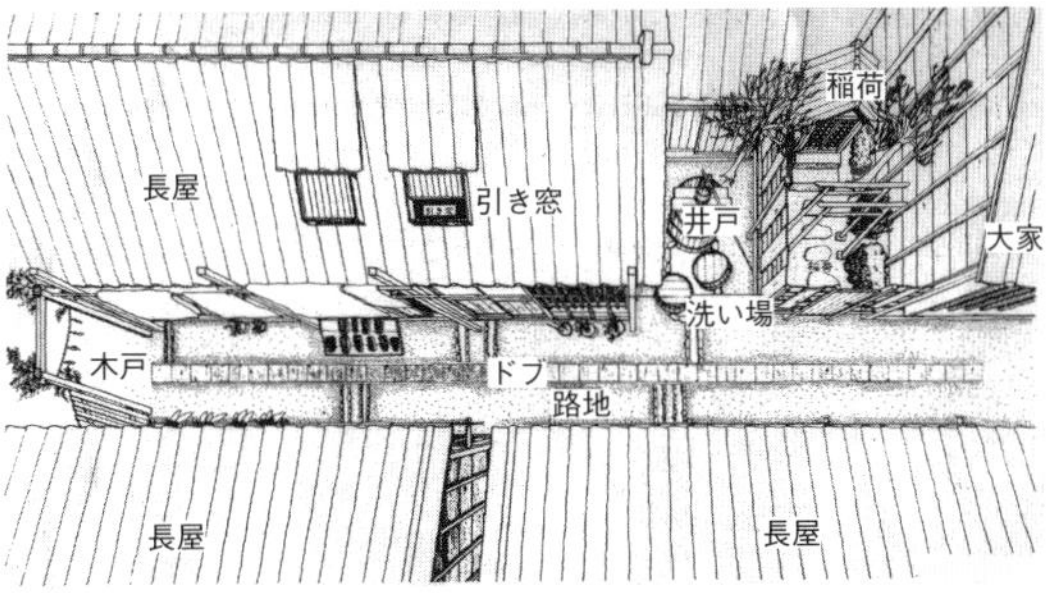

図40　明治の長屋路地

図41　根津に残る長屋路地

物を所有しない借りものの住環境でも、さほど物質的にめぐまれた設えでなくても、このような感触を持った場所が住まう空間として、十分な生活の豊かさを創造し得たことは極めて示唆的である。

結局のところ、手に届くスケールと身の丈の設え、貧しさの中に支え合う思いやりや他者への関心に満ちたこうしたイゾトピーから遺棄されたヘテロトピー的な空間こそが、時代を超えて住まう都市の実践となる可能性を秘めた場となりうるのである。

主に1960年代の高度成長の喧騒の中で、周囲の潜在的な環境悪化の可能性に対処する都市住宅の方法論として有効性を発揮した「ディフェンス（防御）」というキーワードでつくられるようになった住宅群が、長屋的な縁（＝しがらみ）を自ずと人々の生活から駆逐し、都市の住まいを孤立させていった。こうした「まち」は、イゾトピー空間の生産ラインに組み込まれ、空間的同質性や孤立化によってむしろ人々が「しがらみ」をより疎ましく思う心情を積極的に育んでいったのである。

日本の場合、マンションなどと呼ばれる集合住宅も実際は単なる重層化された戸建住宅群であり、決して集住体などではなかった。従って、1960年代に描かれた近未来住宅の形態である「個室群住居」、つまり家族関係の多くが崩壊した将来の日本では、住宅は単身者のユニットによる個室の集合として建築されるであろうという近未来予測★89は、1980年代にいとも簡単に実現され、すぐに個室群住居が日本中を席巻した。それこそが「ワンルームマンション」であり、すでに長屋的な本来の集住が失われていた日本では、この居住形態は何のためらいもなくあっという間に全国の都市に広められたのである。

後期近代にある今後の日本社会は、やがて全世帯の四割超が単身世帯となるという。人々はつ

★84　日本で言う下町には、地理的特性（川や水辺など低地にある）と社会的特性（商業地・庶民的なまち）の二つの意味があるとされている。東京の下町は日本橋、京橋、浅草、神田など。また谷根千のうち、谷中は寺町、根津は下町、千駄木はむしろ武家町的な色彩が濃いが、いずれも戦災や開発を生き延びた江戸の風貌が比較的残っているといわれる

★85　→p.196★157

★86　都市と家の「うち」「そと」→p.202

★87　→p.182★131

★88　都市的なるもの——いくつかの概念規定→p.073

★89　黒澤隆『個室群住居』住まいの図書館出版局、1997年

いにそこ（単身者としての個）から戻るべき場所を失い、個は、集（家族や帰属社会）という背景を持たない文字通りの「孤」となって、すなわち「個人」からもはや「孤人」となって、あらゆる年代にわたるそうした膨大な数の孤人は寄る辺もなく、誰にみとられることもなくひっそりと孤独死を迎える可能性があるのだ。家族ではなく孤族の時代[★90]は、住まうことの感触を失ったイゾトピー空間による都市の生み出す一つの過酷な現実なのである。

ポストグローバル化の時代、あるいは来るべき第三の都市[★91]の時代には、超高層化した戸建住宅群に隣接して形成される新たなヘテロトピー的空間、つまり遠い秩序の中で、住まうことだけが目指され、他者との差異の中でしか生活の豊かさの指標を見い出せないような生き方を強制しない、排除でも過剰包摂でもないまさに長屋的ヘテロトピー、住まうことの感触を得て孤がむしろ集を背景とした個の尊厳において見い出されるという孤人による新しい居住形態が都市に見られるようになるかもしれない。その時、人々はヘテロトピーにおける個人とイゾトピー空間の孤人のはざまで、一体どちらに住むことを望むのであろうか。

ポストグローバル化社会の住まう都市

たぶんマンションに住んでいる方は、上で子供が暴れてうるさいとか、一戸建てでも、疲れて家に帰ってきたときには、もう人と話したくないという人が結構多いと思うんです。でも長屋に住んだら、極端なことをいうと、ちょっとコップをひっくり返しても音は聞こえますしね。そのかわり、外へ出ると植木が置いてあって、隣のおばあちゃんが水をやっていると、必ず「おはようございます」とか言わないと生活が成り立たない。（中略）

★90 「家族に頼れる時代の終わり『孤族の国』」（朝日新聞 2010年12月26日朝刊）より

★91 終焉——時空の圧縮の果て、第三の都市へ →p.102

僕は、住まいというと、単に外見だけではなくて、そこにどんな生活があるかということのほうに興味があります、（中略）壁が薄くて隣の音が聞けるところのほうが、かえってお互いの思いやりというのが生まれると思います。相手に物音が聞こえたらいけないから遠慮するし、逆に親しみもある。不便な中に親しみが出てくる。そういう点で、路地も大好きです。路地がなくなったら、東京は本当に住みにくくなるのじゃないかと思います。
（桐谷逸夫「ふるさと東京の風景——画家の眼、外国人の眼からみた都市景観の魅力」『都市の近未来を語る』明治大学地域行政学科開設記念連続公開講座２００２年度、明治大学政治経済学部）

長屋の生活ですが、十七年間二人で大正時代の長屋に住んできました。お湯もなかった。もちろんお風呂とか、洗濯機も置く場所がなかった。非常に不便な昔ながらの生活で、とても素晴らしい経験でした。とても好きだった。

そしてだんだんわかるようになったのは、にぎやかな幸せな人生は、住んでいる建物のデザインと関わっているということです。（中略）

二十年間東京の下町に住んできましたけれど、その前の三年間ぐらい、日本のニュータウンとか、新しいマンションに住みました。あちこち引っ越しました。日本は大好きです。日本人も大好きですけれど、どこへ住んでも近所の付き合いがなかった。私、これはまずいと思いました。どうして日本人は周りの人と話さないのかと。（中略）日本は好きですけれど、近所の付き合い、人の付き合い、コミュニケーションがない。だから、私の生き方に合わない。

アメリカの場合には、どこへ引っ越しても、どこへ住んでも、近所の付き合いがありま

す。あいさつをするとか。下町へ引っ越してきて、これこそ日本の一番ぜいたくな、いい近所だと思いました。（中略）

私の意見では、日本の現代の建築のデザインは、明らかに西洋人向けにつくっている。西洋人向きのデザインで、日本人の性格を全然考えてなくて、日本の伝統的な生活の中にあったコミュニケーションのための大事なものは全部捨てて、西洋人向きの建物を建てている。だから孤独なところになります。

（桐谷エリザベス、前掲書）

特に日本の新しいまちでは、人々は「周りの人と話さない」あるいは「近所の付き合い、コミュニケーションがない」という桐谷エリザベス★92の指摘に、当の日本人は一体どのように答えるのであろうか。仮にこうした傾向があるとすれば、それは辺境の島々に暮らすという島嶼《とうしょ》性などによる内向的な性格に起因している、風土的特性による、あるいは都市や建築のつくりようそのものを誤ってしまったなど、実際の答え方や考え方は人によってさまざまであろう。

桐谷エリザベスは同じ公開セミナーの中で、日本に来て初めて日本人の都市の住まいを直に見たとき、これはまさに「戦時国家の様相」だと感じたという。つまり家々の敷地は各々周囲に強固な囲いを設け、他人をまったく寄せ付けないような設えになっているというのだ。「日本人はいま一体誰と戦争しているのですか」と桐谷は聴衆に問いかけていた。

日本人の一番贅沢な、いい近所を持った下町の日本人の生活こそが本来の日本人のありようではないのか、という桐谷エリザベスは、その舌鋒の矛先を現代の建築デザインに向ける。そうした日本人の良さを全部捨てて、なぜ都市における人の住まいを、あたかもディスコミュニケーションを前提にしたかのような孤独なつくりとしてしまうのか、建築設計者たちの思考、行為はま

★92 きりたに　えりざべす＝フリージャーナリスト。アメリカ、マサチューセッツ州ボストン出身。1979年に来日、東京・谷中の長屋に17年暮らした。テレビのキャスターや新聞にコラムなどを執筆。主な著作に『消えゆく日本』（桐谷逸夫訳、丸善、1997年）、夫で画家の桐谷逸夫（きりたに　いつお）との画文集『東京・出会いと発見の旅』（日貿出版社、2008年）など

ったく理解できないというのである。

周辺環境を悪しき侵入者と捉えて「ディフェンス（防御）」主体に家を構えるといった方法論の実践による、高度成長期以降の都市住宅に満ち溢れたまちの様相は、外国人の眼にはまさしく敵が侵攻してくる戦時中の都市のように映ったのであろう。

日本人に向けて、米国生まれの桐谷エリザベスが日本人的感性を説く。日本人は都市生活における共棲の良い伝統を持っていたはずで、それを捨てて西洋人的になる必要はないのではないか、という。ここでいう西洋人的、日本人的な感性とは何か、あるいはそうした類型や差異自体が本当に存在するのか、といった問いかけには、答えを見い出し難い命題や内容が多く含まれている。しかしながらこうした場所の特性（地域性）と人間類型や生活様式のかかわりが問題になること自体、例えば和辻哲郎のいう人間存在の風土的規定による類型の形成・存在★93といったテーマや問題意識が、実は現在でも変わらずに人々に認識されており、今後も多分消滅することはないということを暗示しているのではないか。

地球上の多くの人々が直接かかわる都市の住まいの空間や居住形態などについてもまったく同様である。現実の都市のようないわば複雑系の視点からは、イゾトピー、ヘテロトピーという場の概念ですら抽象的で、実際には生活パターンの多様性の中でそれほど明確に同質性や異質性を認めたり、それらを識別したりすることは困難であるように思われる。しかし、そうであればこうした一般化、抽象化が不可能な個別性の中にこそ、資本のグローバル化の中にあってなお染めきれない不均質さ、つまり「異質さ」の示差的現前の可能性、ポストグローバル化社会へ向かうさまざまな可能性や原点のイメージが垣間見えてくるのではないか（デヴィッド・ハーヴェイ★94はこの点をやや過小評価しているように思われる）★95。

★93　人間存在の風土的・歴史的類型→p.199

★94　→p.009 ★10

★95　生きられた場所の回復——空間の細分化・断片化→p.097

世界の都市の様相

ローマ（イタリア）

プラハ（チェコ）

マラケシュ（モナコ）

バルセロナ（スペイン）

バラナシ（インド）

イスタンブール（トルコ）

上海（中国）

ソウル（韓国）

リオ・デ・ジャネイロ（ブラジル）

ラスベガス（アメリカ）

「都市的なるもの」の表出として捉えられる都市現実も、実際には多様な相を持って立ち現われる。すでに80年以上も前に柳田國男[96]や和辻哲郎が看破したごとく、アジアの諸都市とヨーロッパの都市の様相は、風土性、地域性や文化の基層の相違など、その背景となる理由はさまざまだが、やはり大きく異なった様相を持っている（あの「上海」を見よ。遅れてきたグローバル都市、放恣のデザインによる流動する巨大都市でさえ、やはり濃密なアジアを内包しているではないか）。グローバル化社会におけるイゾトピー化の極にある世界最先端の都市東京に代表される日本の諸都市も、そのディテールにおいては、アジア的、あるいは生きられた空間としての重層的な様相（例えば歴史的、農村的様相など）を垣間見せることがある。日本人は、結局のところ都市の創造においても、どこかで西洋とは異質の原風景を持っていることなどによって、和辻の言うように牧場型の風土的類型の仲間入りをすることはできないのかもしれない[97]。

他方、今日ではグローバリゼーションの進行によって、空間のイゾトピー化と同時に、あるいはむしろそれと裏腹に人々や個々のコミュニティが、ポール・ヴィリリオ[98]らの指摘の如く民族主義、排他主義、宗教的な排斥思考や極端なナショナリズム、つまりより閉鎖的なディフェンシブな社会に向かう傾向が世界中で見られる。テロや内戦、聖戦と呼ばれる戦争状態は恒常化し、近年はさらに大きな戦争の影さえちらつき始めている。圧倒的に思えるグローバリゼーションの定向性ですら、このように一方的なイゾトピー化に向かうといった特定の反応のみを引き起こすというわけではないのである。

しかしながら、グローバリゼーションの流れ自体は直ちに止むことがないとすれば、少なくとも個々の都市は今後とも住まうことのできる都市として、さらに存続や継続が可能となるような方策を見い出し、それを実践し続けなければなるまい。

★96　→p.021★20

★97　人間存在の風土的・歴史的類型　→p.199

★98　→p.099★227

ヘテロトピー（異域）やアンチ・イゾトピー（反同域）としての空間の存在が、すなわち場の固有性や濃密な空間性の確保が、住まうことを可能にするポストグローバル化社会の都市、今後の第三の都市以降の都市において、どこまで「都市のための都市」の空間の獲得に向けた有効性を発揮するのか、今の時点では必ずしも見えない部分もあるが、少なくとも都市に寄せる住まうという目的の実現に向けた全体性への眼差しを放棄しないための多くの知恵が、ディスクールが、そして諸実践が、まさに現在の都市において求められているのである。

「歩く都市」の風景――歩行圏都市の可能性

歩行圏都市へ

歩行者空間構築による歩行圏の拡大は、都市に新たな利便性と魅力を、さらには「まち」「みち」を復活させる有力な手がかりを与えることになる。そのためにはさまざまな歩行者施設に加えて、歩行圏を心理的に拡大するための環境整備、利便性を高める各種公共サービス施設、ショッピング施設、文化施設、部分的には宿泊や居住のための施設などが、この歩行者世界に一体的に集積され、整備される必要がある。ここでは、年少、高齢世代を含めたあらゆる世代が歩行を基軸とした移動行為を実践出来ることなどを目的として、歩行行為と共存し、あるいはその補助的な移動、輸送手段としてのファン・ライド（Fun Ride）などが導入され、こうした歩行者世界はネットワーク化されて整備される。そこにはたとえば、従来の鉄道駅を「人間を基軸としたステーション」という概念に置き換えて、駅空間が基本的に持っていた広場性、多人数集合空間としての性格、さまざまな乗物や速度の変換装置的な機能などを、人間の歩行速度を基準にした空間として再編し、その転換を図ることで、歩行者空間による「総駅化」、つまり駅と駅の間は基本的に楽しみながら歩いて移動できる空間とする、といった都市のダイナミズムを象徴する新たな空間構造物の創造の試みも含まれる。

（筆者ら「道空間論」［『近代建築』１９７４年5月号、近代建築社］を加筆修正）

右の引用は、すでに40年近く前に筆者がかかわった歩行圏都市の研究、そしてその具体的な計画案として提示した「東京線状核プロジェクト」の提案部分の一節であるが★99、現在、日本では、ようやく鉄道などの実際の駅空間がこの提案に含まれるイメージに追いついてきたのではないか。

例えば「駅ナカ」「駅チカ」「駅マチ」とよばれる空間に、さまざまな店舗や行政機関まで含めた多様な都市的スペースが積極的に設置されるようになってきた図42。人間にとって身近な速度変換装置である駅ほど興味深い空間はないという筆者らの当時の確信は、半世紀近くたってようやく現実の課題となって展開されはじめたように思

★99　東京線状核プロジェクト（1972年、左上図はマスタープランの一部）は筆者ら「道空間ゼミナールグループ」による。山手線のすべての駅をペデストリアンデッキや歩行経路でつなぎ、東京の歩行ネットワーク拠点（線状核）を形成しようとする提案。当時議論となっていた遷都論に対して、歩行を主体とした線都計画による東京の住まう都市としての復権などを唱える。計画案には歩行圏都市づくりとしての性格のほかに、駅空間の再編や24時間都市などの提案を含んでおり、成長経済を踏襲したかなり楽観的な部分も見られたが、歩行による主体意識の回復と都市計画に認識論的基礎を導入しようとする意図など、現在においてもなおいくつかの有効な視点を含んでいるのではないか。歩行圏都市のプロジェクト（左下図はアクションプログラムの一部）は東京線状核プロジェクトのディテールとして、部分的に計画されたもの

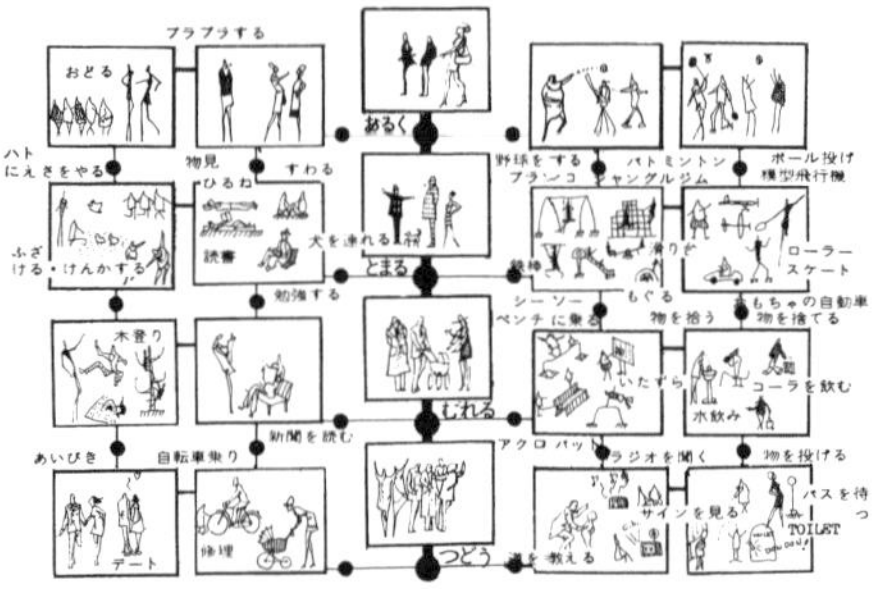

う。都市のスケールでは、実際の都市的諸実践には膨大なシステムの変更や手続きの改変などが必要であり、新たな一歩を踏み出すにはこのように長い時間を要することになる。

　こうした鉄道や自動車などの移動の利便性を飛躍的に高めた空間テクノロジーが支配する近代以降の都市においても、一方では変わらずに「歩くこと」自体が、たとえば人々による最も簡便に実行できる空間獲得のパフォーマンス、身体参加の契機として、あるいは健康維持やまちづくり、まちおこし★100、サブカルチャー集団の目的★101として、さらには震災などの被災時に歩いて帰宅できるまちづくりへの対応など、さまざまな角度から常に人々の関心に上っており、自由な歩行による「歩ける都市」は完全に市民権を得ているのである。誰もが歩くことによって自由にあらゆる空間を占拠できる都市、歩行とこれをサポートする空間テクノロジーのより適切な関係が、今後のポストグローバル化社会の都市におけるこのような空間の基本的な構造を規定するのだ。

都市の中で人が歩くことの意味

「われわれの空間と時間の概念は物質的な諸実践から生み出される」(『ポストモダニティの条件』吉原直樹監訳、青木書店、1999年)と、D・ハーヴェイは言う。つまり、実際の都市において、その空

図42　東京・品川駅のエキュート品川。「駅ナカ」は、駅が持つ集客力や利便性に着目し、単なる商業施設との一体化(駅ビル)ではなく、利用者の動線に合わせて、改札内外にさまざまな店舗を配置している

★100　1970年代に始まった社団法人日本ウオーキング協会による「日本スリーデーマーチ」(現在は埼玉県、東松山市らと共催)は33回目の2010年には9万人近い参加者を得ている。また、同協会は全国各地でウオーキング大会・イベントを開催するほか、「美しい日本の歩きたくなるみち」500選のコースを選定している(一般公募し、約2400件から選考)。自然や歴史を感じさせ、気分爽快にしてくれるみちが、地域振興、まちおこし、村おこしにもなるという考えによるもので、一般向けの観光ガイドブックなどにも紹介されている。

　また、神奈川県小田原市では、「ウオーキングタウン小田原市」として、1970年代半ばから市内全域を対象に歴史遺跡探訪や散策向きなど11の歩行コースを設定・整備し、駅と駅を歩行でつないで飲食店や土産物店を利用することで、歩行者にお金を使ってもらえるようなまちおこしにつながる取り組みを実践している

★101　キリスト教圏、イスラム教圏の巡礼や江戸時代の各種講など、世界の宗教行事の中には、歩く行為を前提としたものも多い。散策や史跡めぐりなどを目的とした趣味集団やサークル活動は世界中に膨大な数があると思われる。先進国ではこれに伴うさまざまな空間的な整備も充実してきている。こうした目的で歩いた多くの人々は再び歩きたいと感ずるようになることが、その集団の活動や継続を支えているといわれる

間や時間を人々が意識するのは、具体的なモノとかかわった行為によるというものである。そしてこうしたモノとかかわった諸実践は、文化的変容と政治経済の変遷との間にある裂け目への架橋となる包括的枠組みの解釈によって見ることができるとされている。★102

さらにD・ハーヴェイは、ヘーゲルストランド★103による「日々の時間―空間経路」の図式化によって、つまり諸個人の生活に伴う移動を生活経路として伝記化し、その伝記から時間―空間における行動原理（距離の摩擦や結合の制約などによる）を探るという方法論★104を紹介しながら、さらにド・セルトー★105、G・バシュラール★106、P・ブルデュー★107、M・フーコー★108らの社会―心理学的、あるいは現象学的アプローチについて触れている。

例えば、ド・セルトーは、都市における人々の「足どり」の分析から始めて、「そうした足どりの群れは、それぞれが独自なものからなっている数ええぬものである。足どりの戯れは空間細工だ。それらの戯れはさまざまな場を織りあげてゆく」としていることから、これはまさに「都市という特有の空間は、無数の行為によってつくりだされており、それらのすべてに人間の意図という刻印が押されている」（前掲書）というものである。つまり、文字通り日々の人々の活動と移動の足取りによって都市がつくり出されているのである。

自動車や鉄道、さらには船舶や航空機など都市内、都市間移動のさまざまな歩行の代替え手段としての空間テクノロジーはあるが、その基本はやはり人々の「足取りの群れ」であり、都市は足取りの群れによって織られた空間細工としてのテクストに他ならない。

１９６０年代以降に注目され、１９８０年代に隆盛を極めた「身体論」的な多くのディスクールの中で、例えば中村雄二郎★109は、「実用性や機能主義の捉える都市の表層ではなく、それに覆い隠された都市の深層」に重要な意味があり、それは人々の意識ではなく、むしろ無意識に訴えか

★102　文化と政治経済といった異なるベクトルをつなぐ包括的な解釈において、これらとはまったく別な枠組みとして、例えば主体の日々の生活記録、実践の記録などによる時間―空間における人の行動原理の研究や心理学的、現象学的アプローチなどを用いることを指している

★103　トルステン・ヘーゲルストランド（1916-2004年）＝スウェーデンの時間地理学者

★104　時間地理学による方法のこと。三次元的な表現で平面に空間、縦軸に時間をおき、諸個人の時間による移動（生活）経路を平面上に場として、それらの複合を領域として立体により表すことで、時間―空間における個人の生活経路を伝記として描き出すもの

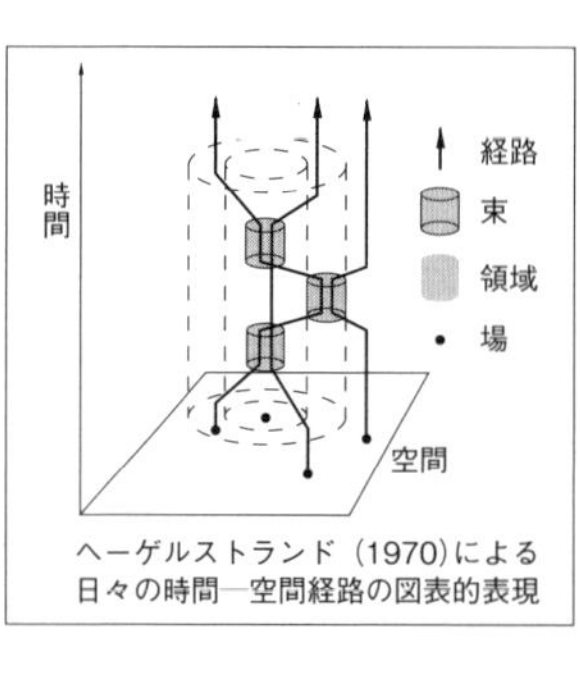

ヘーゲルストランド（1970）による日々の時間―空間経路の図表的表現

けてくるものだと述べている。そして都市の深層はコスモロジー（宇宙論、あるいは心的な配置や分布）とシンボリズム（象徴表現）、パフォーマンス（身体性）を手掛かりとして読み取られるが、そのうちパフォーマンス、特に「歩きまわること」をとおして、おのずと知覚されるあれこれの象徴表現や全体的コスモロジーによってその深層が明らかになると指摘する。

　都市空間においては、こうした「歩くこと＝歩きまわること」によって生成される足取りを掻き消すようなさまざまな代替え的移動（移送）手段が充実しており、それは利便性などの名目で結局のところイゾトピー志向による首尾一貫性と全体化、同時並列的で結合的な空間テクノロジーとなる。

　しかしド・セルトーによれば、こうした空間テクノロジーも実際には人々の寄せ集めの、つぎはぎだらけの、何かの社会的実践を象徴するような語られない部分による断片的で暗示的な物語として理解される「神話的な構造」をもった「歩行のレトリック」の道筋に日々置き換えられているに過ぎないとされる。つまりそうした移動の空間テクノロジーは、都市の深層の理解にとってあくまで「歩行の代替え」以上のものとはなり得ないということになる。

　移動時間の短縮化によってもたらされる変化は人々の空間意識の変容に繋がるが、結局のところ身体の足跡としての空間自体を消滅させることはできないのである。

　D・ハーヴェイは「空間はフーコーが考えていたよりも、より容易に『解放され』うるのである。なぜなら、社会的実践とは、ある特定の社会統制の抑圧的な鉄格子の中に位置づけられるというよりはむしろ、空間をつくりだしていくものだからである」（前掲書）としている。

　しかし、一方ではブルデューやE・T・ホール[★110]らの分析などから「それぞれのものに一つの時間と一つの場所がある」という常識は結局、時間―空間における象徴秩序によって、集団内であ

★105　ミシェル・ド・セルトー（1925-86年）＝フランスの歴史家、哲学者

★106　ガストン・バシュラール（1884-1962年）＝フランスの哲学者、科学的認識論として合理的唯物論を提唱。著作に『瞬間と持続』（掛下栄一郎訳、紀伊國屋書店、1969年）など

★107　ピエール・ブルデュー（1930-2002年）＝フランスの社会学者

★108　→p.027★41

★109　なかむら ゆうじろう（1925年-）＝哲学者・明治大学名誉教授。本文中の指摘は『述語集』（岩波書店、1984年）より

★110　エドワード・T・ホール（1914-2009年）＝米国の文化人類学者。主な著作に『かくれた次元』（日高敏隆・佐藤信行訳、みすず書房、1970年）など

る合理的な枠組みが与えられ、ブルデューによれば「身体と、組織化された空間・時間組織との弁証法的関係」によって「共通の実践と表象は規定されている」ことから、「神話的構造と合致する時間と集団の組織化は、集合的な実践を『現実化された神話』として現す」（前掲書）のだとD・ハーヴェイは分析する。

つまり空間的、時間的諸実践は、それ自体「現実化された神話」として現れるものであり、社会的再生産における不可欠なイデオロギー的構造になり得るものでもあるのだ。ところが実際には「それぞれのものに一つの時間と一つの場所がある」という常識を個別に見い出すことでしか、神話がどのように働いているのかを見極めることはできず、D・ハーヴェイはこのように「空間的、時間的諸実践は非常にとらえ難く、巧妙で、とても複雑なものである。（中略）社会を変革しようとするいかなるプロジェクトも、空間的、時間的諸概念と諸実践の変革という複雑な難問に敢然と立ち向かわなければならないのである」（前掲書）と述べている。

空間的、時間的諸概念と諸実践の変革については、まさに来るべきポストグローバル化社会に向けて、あらゆる巧妙で複雑な諸問題の解決を図るべき具体的な取組みが早急に検討され、実践されるべきであろう。

しかしながら、実際にはそうしたD・ハーヴェイのいう複雑な仕組みにいきなり手を着けることから始めなくても、空間的、時間的諸概念や諸実践の変革に向けた取組みに着手することは十分可能ではないか。そのためには、少なくとも「現実化された神話」としての集合的な諸実践における空間の解放を、前述の「日々の人々の活動と移動によって都市がつくり出されている」という原点に立ち返ることから、つまりその基盤である歩行のレトリックによって都市内部に実現していくことから始めるべきではないだろうか。

それは、歩くことによって感性を解放し、トラヴェリング状態★111（潜在的な有徴性の高まり）の最大化によって、集団の組織化を惑乱することによって可能となる。すなわち空間的、時間的諸概念と諸実践の変革を、近代化を背景とした空間テクノロジーによる身体の空間的、時間的リズムの絶え間ない崩壊によって、はかなく断片的な世界となっている主体の空間と時間に、ある基軸、つまり二足歩行人類の速度によってもたらされる時間的な真空（感性の無限の解放）を、イゾトピー空間において、空間テクノロジーの完全なる支配から逃れた「足取りの群れ」によって主体のあらゆる可能性を見い出すことのできる都市の無域としてつくり出すことである。要は「歩く＝歩きまわる」こと、その目的のために都市を再組織化することなのである。

G・バシュラールのいう「時間を凝縮する」★112という空間の役割を思い起こすまでもなく、記憶や想像力は、空間という統合力を得て活性化する。住まうための都市は、本来こうした場、すなわち生きること自体を活性化するさまざまな空間の構築によってのみ実現され得るのだ。

空間テクノロジーの両義性

歩行圏都市の構想には、都市の内外を問わず多くの社会問題の源泉となっているコミュニティの崩壊・離散などによる縁《えにし》の無化（無縁社会、すなわち個の孤立化の時代や低密度拡散型集落などにおける文字通りの孤立化の状況を指す）、地方都市の疲弊など、人の住まう環境をめぐる現在のコミュニティの危機的状況への対処なども含まれるであろう。

こうした危機の背景には、社会・経済的な理由などの他に、過疎地のように高速鉄道や自動車・道路などの空間テクノロジーの整備によって逆に置き去りにされてしまったことによる衰退という地域的な事情などがある。しかし、空間テクノロジーはこのような生活の道具と格差の刃《やいば》とい

★111 トラヴェリング＝道行きとは→p.168

★112 『空間の詩学』（岩村行雄訳、思潮社、1969年）より。D・ハーヴェイによる引用（『ポストモダニティの条件』吉原直樹監訳、青木書店、1999年）

う両義性を持ちながらも、本来地域を支援し、地域と共存すべきものとしてあったはずである。

空間テクノロジーの両義性については、まず「道路」というテーマから見ていこう。

「道路は地方を救えない」という立場から、日本における今後の不必要な道路整備事業を抑制すべきという主張をするのは服部圭郎★113である。すなわち高度成長期までの都市には道路整備が成長の原動力として不可欠であったが、人口が縮小し始め、社会・経済も成熟化した状況、すなわち面積当たりにするとアメリカの10倍以上を注ぎ込んできた道路投資によって、重要な道路はほぼすべて整備され尽くしている現在の日本では、最近整備された道路、もしくはこれから整備しようとする道路の多くは便益が少ないもの、もしくは工事費がべらぼうに高いものとなっているので、今後は多くの負の側面を併せ持つ道路整備を抑制し、より有効な他の輸送手段の整備などへの投資に向かうべきであると分析している。

服部によれば、具体的な道路整備の負の側面として①自動車への過度の依存体質がもたらす移動の不自由②商店の喪失などの生活環境の悪化③コミュニティの空間的分断と崩壊④子どもの遊び空間の喪失⑤自動車優先型の都市構造がもたらす非効率性⑥失われる風土と地域アイデンティティ⑦観光拠点だった場所が通過地点になることで生じる観光業の衰退⑧家計の負担大――などが挙げられ、さらには道路整備によって歩行者の危険の増大、交通事故、大気汚染、公共事業への依存体質などの課題が生じると指摘する。

２０１１年3月11日に発生した東日本大震災は、マグニチュード９.０の大地震と大津波によって、東日本太平洋側を中心に大きな被害をもたらしたが、この大災害時においては当初、自動車輸送は道路が寸断され、燃料が不足し、経路に障害物が散乱するなど混乱した。道路は確かに平常時は人々の生活の生命線ではあるが、災害に脆く、少なくとも被災の初期には民間ヘリコプ

★113 はっとり けいろう（1963年-）＝都市計画家、都市デザイナー、明治学院大学准教授

ターなども動員して、空からの支援を中心に輸送手段を確保するなど立体的・複層的な空間移動システムを早期に構築すべきという意見は、防災の専門家からも提起されている。

そして服部の批判の矛先は、こうした道路の主な使用者としての、そして空間テクノロジーの両義性における次のテーマである自動車に向かう。

日本の商店街はモータリゼーションが展開する以前につくられたものが多く、その結果、ヒューマンスケールのアメニティに富んだ公共的な空間を実現した。しかし時代が進むにつれ、駅前にバスターミナルなどを設置したり道路を整備したりして自動車を導き入れたことで、多くの商店街がその空間的魅力を喪失してしまった。

そもそも、自動車がなぜ商店街の魅力を失わせるのか。それは、自動車が高速度で行き来することによって、その道路を安心して歩けなくするからである。特に商店街の顧客の中核となる主婦や高齢者に、その道路を歩かせることを躊躇させる。

（服部圭郎『道路整備事業の大罪』洋泉社、２００９年）

歴史を変えた空間テクノロジー、すなわち19世紀後半に発明された自動車については、人間の身体性を飛躍的に拡張してきたこと、そしてそのことによって人々がいかに新しい視点、つまりモダニティの速度や時間そのものを自らの身体性において獲得、構築してきたかという点など、その功績はいくら強調してもしきれないであろう。近代以降の移動する主体、身体という概念は、すでに自動車移動を含んだ概念であるといっても過言ではあるまい。古くは黒川紀章のホモ・モーベンス論[★114]、そして近年でもM・フェザーストンらによるオートモビリティ論[★115]などのディスクー

★114　建築家・黒川紀章（1934-2007年）は、交通機関や自動車をフルに使って新しい生活をし始めた人たちのことを、1960年代にホモ・モーベンス（動民）と呼んで、こうした動民をモダニティ以降の都市活動の中核に据えている。『ホモ・モーベンス』（中央公論社、1969年）

★115　マイク・フェザーストン、ジョン・アーリ、ナイジェル・スリフト『自動車と移動の社会学』（近森高明訳、法政大学出版局、2010年）より

ルに見られるように、自動車は単なるモノとして、あるいは空間テクノロジーとしての存在をはるかに超えて、人間の身体性の拡張として、運転する身体として、運転者と自動車の融合による実存の変容[★116]として捉えられるというのである。

一方で、自動車ほど人の身近にあって、身体に直接危害を及ぼす可能性のある危険な空間テクノロジーもないであろう。交通戦争などと呼ばれる如く、自動車による殺戮の犠牲者の累加は戦争による被害などの比ではないのである。

自動車は、都市中心部では禁止されても、郊外の近距離輸送では、長いあいだ輸送の王者の地位をまもりつづけるであろうことは、想像にかたくない。現代人では、自動車が、都市輸送の王者でなかった時代をおぼえているものはほとんどないといっていい。（中略）冷静な目で見ると、自動車というものは、じつに信じがたいおそろしい道具である。正気の社会の、とうてい耐えられるしろものではないのだ。もし、一九〇〇年以前の生まれの人間が月曜の朝か金曜の夕方ごろに、現代都市にあらわれたならば、彼はおそらく、地獄にいるのではないか、と錯覚をおこすにちがいない――そして、事実それは、地獄とそう大差ないありさまなのだ。

（アーサー・Ｃ・クラーク『未来のプロフィル』文庫版、福島正実・川村哲郎訳、早川書房、１９８０年）

モータリゼーションによる社会のあり方の是非は、つまり車優先の社会から人間優先の社会への転換などというディスクールは、すでにかなり古びた相反問題であるような気がしていたのだ

★116　フランスの哲学者モーリス・メルロー＝ポンティ（1908-61年）の指摘（マイク・フェザーストンら『自動車と移動の社会学』より）

が、実際にはそうでもない。道路と自動車は、移動における空間テクノロジーの最も中核的な存在であり、今でも都市やコミュニティのあり方に根本的にかかわる問題なのだ。

「十分に発達した科学技術は、魔法と見分けがつかない」などのクラークの法則で知られるアーサー・C・クラーク★117の未来予測を見ていると、こうした道路を含む自動車の存在の利便性と危険性にかかわる両義性や、相反問題の解消、乗り越えに向けた創造的中道法★118としては、あるいは善か悪か、進歩か停滞か、などという倫理的、二分法的な諸難題の止揚に向けた方法論としては、やはりこの問題の根幹にある空間テクノロジーそれ自身による以外に方途はないのでは、と思えてくる。つまり、もともとそれが科学技術の産物である自動車や道路に起因する問題であるならば、それを解決する道があるとすれば、それは今後のさらなる空間テクノロジー（科学技術）の進歩である、というクラーク独特の楽観的科学主義に賭ける他はないというものである。

アーサー・C・クラークは、雑誌などに連載した科学的エッセイをまとめた『未来のプロフィル』（1962年）というおよそ半世紀ほど前の著書で、こうした空間テクノロジーの展開によるまったく異なった社会の実現に関するいくつかの可能性を挙げている。例えば①重力の制御（現在の科学では荒唐無稽。ただし不可能かどうかは実際にはわからない。もし可能となったら、自動車だけではなく、住宅や都市までが自ら移動するような、とんでもない社会になるだろうという。これについてはぜひアーキグラムの「歩く都市★119」などのイメージを思い起こしてほしい）、②コンベアベルト都市（新たなメカニズム、もしくは速度に応じてその形状を自在に変えられる物質などによって人間の移動が機械的な手段で無限大にサポートされる都市、つまり車なしの都市。これは、すでに各国の都心部では未だぎこちないが、一部「動く歩道」などとして実現されているものの全面展開のイメージである。技術的には十分可能であるが、当面は自動車業界などの社会的な反発が障害となるとされている）、③

★117　アーサー・チャールズ・クラーク（1917-2008年）＝英国のSF作家・科学解説者、20世紀を代表するSF作家の一人

★118　「創造的中道法」とは、こちらを立てればあちらが立たずという二律背反的な相反問題を解決する方法の一つで、まったく違う第三の創造的な道、新たな方法などによって課題を乗り越えることを指す。例えば企業が利益の確保か、高コストだが環境への寄与かといった相反問題に直面した時に、ローコストで環境への寄与を果たすまったく新たな技術開発などによってこれを乗り越えるといった方法である

★119　→p.126 図19

GEM（Ground Effect Machine）の利用（地面に空気を噴射することで浮上し移動する乗り物のこと。つまり一種のホヴァークラフトで、仮にこうした空気クッション型の自動車が地上からほんの数センチでも浮上すれば、車輪文明の時代は終わりを告げ、現在の世界中の道路の多くは不要となり、水上移動もできるので水辺というエッジすら消滅するという。基本的に現在ある世界中のすべての自動車道路は芝生にすることができるであろう。これもきわめて魅力的な提案であり、技術的には十分可能であるとされる）、さらには④完全自動運転の自動車などが、次世代以降の空間テクノロジーの展開として、その可能性や影響などとともに予測されている。

いずれにしてもアーサー・C・クラークは、こうした将来の空間テクノロジーにおいて現在の自動車に代わる新たな移動手段や技術が実現される前提として、都市において、特にその中心部では遠からず自動車の通行が全面的に禁止されることは間違いないという予測を根拠にしているのである。ちょうどローマで、紀元前46年にジュリアス・シーザー[★120]が当時の身動きの取れないほどの交通渋滞を理由に、すべての車両（もちろん荷馬車である）の昼間の通行を禁止したように。

P・ヴィリリオのいうイゾトピー化の進行の果てに、つまり有限の地球の総イゾトピー化の後に残された人間の住まう空間の実現の可能性の一つが、仮に宇宙空間をまたいだ他の星々などの地球外の空間であるとすれば[★121]、それを実現するのもやはりこうした科学技術の進歩、移動、移送という空間テクノロジーによる他に可能性はないのである。

現在は空間のイゾトピー化の先兵であるような、自動車や道路、高速鉄道、航空機などを始めとする人々の移動を支える空間テクノロジーは、明らかに自らのうちに、社会科学的な、つまり分析と調整などによる方法では問題解決の方途を見い出しにくいさまざまな課題要因を内包しているが、それらを基本的な社会問題として解決するカギはまさに技術自体の進化による前進であ

★120　ジュリアス・シーザーまたはガイウス・ユリウス・カエリル Gaius Julius Caesar（紀元前100または紀元前102-紀元前44年）＝共和政ローマの将軍・政治家・軍人、最後はマルクス・ブルトゥスらに暗殺された

★121　異質性の確立とその自覚→p.106

り、問題は技術的にそれをどのように実現するかというよりは、むしろその技術を誰がどう評価し、どうやって都市的な実践に繋げていけるかという政治的、政策的な範疇にあるのだ。

　こうした空間テクノロジーは、その影響力の大きさによって、ポストグローバル化社会においても、引き続き政治的な空間のありようを左右する大きなインパクトを持っていることは確かであろう。いずれにしても、こうした空間テクノロジーにおける時間をまたいだ両義性が、実際には都市空間のさらなる「管理」に向かうのか、それとも無限の「解放」に向かわせるのかについては、確かにまだよく見えない部分もある。

　しかしながらこのことについては、次のようにも言えるのではないか。先に引用した未来の予言書として書かれた『未来のプロフィル』の冒頭で、アーサー・C・クラークが予言に失敗した先人（予言者）たちの、失敗の理由を二つ挙げている。失敗は「勇気」と「想像力」の不足に起因していたというのである。そして、それこそは明日の都市に向かう人々の、まさに最も必要とされる資質と同義ではないかということである。

コンパクトシティと歩行圏都市

> 低密度拡散型の都市構造は（中略）エネルギー効率が著しく悪く、また行政コストが嵩み、さらに公共交通の経営を成り立たせるのがきわめて難しく、モータリゼーションを加速させていく。しかも土地をムダに浪費し、自然環境に大きなダメージを与え、そこで生活する人々の社会的関係性も希薄化させる。（中略）

　このように問題が多い低密度拡散型の都市構造を、より都心を中心に集積されたコンパ

旧鉄道線路跡が緑道になるなど、歩行路は都市内部でも拡大しつつある

地下鉄の連絡路にも、新たに商業施設などが設置されてきている

休憩施設は水道、ベンチなどが設置され、時にはギャラリーにもなる

ストリートピアの基本計画

①個別歩行では歩行者一人当たり3㎡程度の空間を確保する。また群集歩行では都市歩行速度3.7㎞/hで歩行者一人当たり1㎡程度の空間を確保する必要がある
②斜路を設ける場合は、その勾配は5度までとする
③歩行による階段の上り限度は45段までとし、その余は何らかの空間テクノロジーのサポートが必要である
④歩行距離の基本単位は400mまでとし、その余は何らかの空間テクノロジーのサポートが必要である（もちろん長距離歩行を除く日常的な歩行範囲である）
⑤歩行路は平らでよく整備され、舗装されていること、その幅員は一人当たり有効で90㎝程度が望ましい
⑥60ホン（60㏈）以上の騒音は歩行環境にとって好ましくないので除去する
⑦悪臭は排除し、草花や木々などの芳香を活用する
⑧夜間照明50～100lxの確保、また積極的な照明計画による歩行環境の演出が必要である
⑨強烈な日差しや風雨、雪などの気象条件から歩行者を守る設備、装置（木蔭、東屋、パラソル、アーケードなど）あるいは歩行者が憩うスペースや屋外家具、清潔な公衆便所などの設えが必要である
⑩歩行路に沿って気持ちの良い建築物などのファサード、自然度の高い環境、適切なサイン、ランドマーク、さらには経路のわかりやすさなどの整備、配慮が必要である
⑪自動車は歩行環境にとってもっとも相応しくない空間テクノロジーである。従って完全に除去ないし分離する必要がある
⑫緊急時の対応として緊急自動車の、あるいはサービス、ユーティリティなどのヴィークルのアクセスが可能となる配慮が必要である
⑬軌道を備えた低速、無公害、低騒音などの条件をクリアした移動のための各種空間テクノロジーによるサポートが望ましい
⑭歩行路は他の歩行路とのネットワークやサポートとなる移動のためのさまざまな空間テクノロジーと連続的に、すなわち水平にも垂直にも断絶していない状態で一体に利用できることが望ましい
⑮歩行空間はあらゆるタイプの店舗や行楽施設、都市施設を内包し、それらを周囲に位置させ、常に一体的に利用できる環境とする
⑯安全で快適な歩行圏内に日常生活に必要なすべての施設を含むことが必要
⑰すべての歩行路は障がい者、社会的弱者への対応、あるいはユニバーサルデザインの採用による配慮などを実現することが望ましい（順不同）。
筆者らによる「道空間論」（『近代建築』1974年5月号、近代建築社）より作成

クトな都市構造へ転換させていくことが、これからの都市計画政策では求められる。
（服部圭郎『道路整備事業の大罪』前掲）

服部によれば、過疎地などに見られる低密度拡散型の集落や都市構造を転換して、まとまりのあるコンパクトシティ（小さな都市）を実現していくためには、今後の都市政策の中で、長い時間をかけて都市の非効率的な部分を削ぎ落として結果的にコンパクトにしていく、あるいは郊外開発の抑制、公共交通サービスの充実などが欠かせないという。こうしたコンパクト化は、東日本大震災でも明らかなように防災や被災時への対応としてもきわめて重要な課題である。

また、ここでも空間テクノロジーとしての自動車そのものが真に自由な個人の意思に委ねられたものではなく、むしろ他者の自由な選択の結果に強制されたものとなっていること[★122]、技術と社会形態が自動車という形で私有化されることによる街路の設備化、私的活動化が基本的な問題であるとしている。

ここで服部が言うコンパクトシティと「歩行圏都市」はもちろん同一の概念ではないが、コンパクトシティへの志向は、機能的に自動車に依存する割合を減じていくことを目指す都市づくりでもあることから、そこにおける歩行機能の比重は必然的に増してくる。従って何よりも「歩ける都市」を目指す、あるいは可能とする環境づくりが重要となるという点で、両者の検討に際してはいくつかの共通項が見い出せるであろう。

実際の歩行圏都市の環境整備にあたっては、例えば東京線状核プロジェクト[★123]の「ストリートピア（歩行圏都市）の基本計画」によれば、それは概ね前頁のような諸基準によって実現できるとされている。

★122　湯川利和『マイカー亡国論』（三一書房、1968年）より。ここでは個人の自由意思の累積によって、自動車中心となった社会体系の中では、誰もが自動車を所有しなければ生活しにくくなっている様子を示している。すなわち「他者のマイカー所有という自由選択」に強制される社会状況を指す

★123　→p.306 ★99

そして、何よりも重要なのは、こうしたさまざまなマニュアルに基づいたコンパクトな歩行圏を主体とする空間づくりが、新たなイゾトピーと化さないための創意、工夫や演出、個々の「異域としてのらしさ」の発見や継続への人々の意思と公的支援、そして一人ひとりが生身の生活の実感を維持することができる「住まう場所」を創出し、都市の空間がこれを担保していくことであろう。

ポストモダニティ以降の都市において、歩行圏都市（コンパクトシティを含む住まう感触を持った都市）などの実現や整備によって、総イゾトピー化に対峙する空間を、人間の速度による空間のヘトロトピー（異域）化によって再編成すること、繰り返しになるが私的活動の空間を、「足取りの群れ」、その空間細工によって占拠し、街路を設備空間ではなく心的な配置と分布の読み取りを中心とするトラヴェリングの空間として主体的に占有していくことが求められている。

こうした都市的なるものによる都市世界の実現（社会の完全なる都市化）に向けた新たな政策や空間テクノロジーなどの展開とその採否については、イゾトピー化の原理とはまた別のプロブレマティックな都市実践として、政治的な空間においてさらに検討されていく必要があるだろう。

それはポストグローバル化の社会の中心的課題として位置付けられ、むしろ脱グローバリズムに向けた、交換価値としての都市から住むための都市の感触を獲得すること、あるいは住まうことの再構築を目指して、その手段として再編され、推進されていくことによって可能となるのだ。

グローバル化の果てに向かいつつある現在の都市においても、人々がこのような新たな都市に向かう全体性への眼差しと限りない想像力の駆使、そして前に踏み出す若干の勇気を失わない限り、その実現の可能性は決してゼロではないと思う。

おわりに

本書は、社会のグローバル化の果てに、あるいはポストグローバル化の時代において立ち現れる第三の都市以降の時代に向けた都市空間をイメージするために、その準備的なエスキースとして、現在、手に取ることのできるさまざまなディスクールを手掛かりとしながらまとめたものである。

したがって、本書の書き出しは当初からルイス・ワースの引用で、と決めていたのだが、まさに校了寸前の段階で東日本大震災に見舞われた。

本書の内容は震災や防災、具体的な都市にかかわる計画、施策などと直接には関係していない。しかし、都市をテーマとしており、その全体性への眼差しの重要性を柱としてディスクールを拾遺していること、さらに、これからの都市について展望していることなどから、やはりこの現前した未曽有の事態について考えないわけにはいかない、と思い急遽追記したのが冒頭の「はじめに」の部分である。内容はあまり整理されておらず、急ごしらえの感は否めないが、「人が住み続けるための都市と空間」という本書の基本的テーマをむしろより鮮明にすることができたと考えている。

本書では、既に発表されているさまざまな新旧の都市のディスクールをテクストとして検証しつつ、内容については分野、主題ごとの個別のイデオロギー的傾向、テーゼやアンチテーゼなどを特に選別することなく拾遺し、引用して、できるだけ偏らず多角的、広角的な都市イメージの形成に資するよう心掛けた。

また、引用以外の部分については、概ね１９８０年代以降、現在までに筆者自身がさまざまなメディアに発表してきたディスクールに加筆し、それらをまとめたものを骨格としている。

本書の冒頭でも述べているが、農空間、工業空間、情報空間としての都市の変遷を見ていくと、現在はすでに「第三の都市の時代」（例えばアルビン・トフラーのいう「第三の波」の時代）ではないか、という考え方もあり、そうした観点によれば現在がいまだ「第二の都市の時代」である、という本書の視角には違和感を覚えるという反応があるかもしれない。

しかし、後期近代の現代をあえてモダニティ、ポストモダニティの概念から切り離して「第三の都市の時代」と呼ぶには、現在の都市は、特に多くの都市空間はまだその決め手を欠いている。つまり、情報技術の拡大や空間テクノロジーの高度化などによって、たしかに人々の生活や都市の物的環境は大きく変化してきているが、空間的にはモダニティの空間原理によるイゾトピーの都市が相変わらずそのまま継続しているのである。

それは、例えば19世紀にはすでにモダニティのすべての要素があったにもかかわらず、やはりモダニズムの世紀は20世紀であった、と言われているのと近似した歴史的状況などとして捉えることができよう。１９７０年代以降の建築や都市におけるポストモダンブームのから騒ぎへの批判も含めて、本書の中でもさまざまな角度からこうした分析の論拠を示しているので、あらためて参照してほしい。

ところで、人々が具体の場所と呼ぶこの地球の大地は、不動の、あるいは地に足が着くといった表現などで、一般に揺ぎなきものの象徴としてみなされているが、実際には対流を繰り返すマントルという高温の流動体の上に載った動くプレート、脆弱な地殻であるにすぎない。今から二億五千万年後の地球は、現在の五つの大陸が移動や衝突を繰り返して、ついに一つの大陸になるという予測もある。こうした予測に立てば、地殻の激変の影響によって地球自体がとても現在のような温厚な顔ではなくなり、もちろん人が住む環境など望むべくもないということになる。実際にはそうなる以前の大規模な地殻変動によるカタストロフィの時代においても、人々や都市自体が（いずれもそのころまで存在していればの話だが）少なからぬ打撃を被ることになろう。さらに、いずれ太陽の寿命が尽きれば地球もともに消滅する。空間のみならず、地球の有限性は、実際には時間にも及んでいるのだ。

こうした大変動は、宇宙や地殻変動の時間単位からすればほんのわずかな間であるかもしれないが、一方で、人間の時間からすれば億の単位である。それはほとんど気の遠くなるような時間だ。事実上は、やはり地球環境は無限に続くと言ってよいであろう。その間に人々は好むと好まざるとにかかわらず、多くの都市の時代を手にするしかないのである。限られた空間における限られた人間の営み、歩みの中ではあるが、農空間、工業空間の後に来る都市自体の空間がどのように展開されるのかは、人々にとって非常に重大な問題であり、関心事なのだ。実際には、それは自然環境や科学技術、政治・経済的影響など、あらゆる外在的な要因によって左右される問題でもあるが、だからこそ都市の側からも全体性への眼差しによる都市自体の空間への関心を手放すことはできないのである。

都市の時代は始まったばかりであるが、今後、幼年期を脱した都市が一体どこへ向かうのかはまだよくわからない。しかしながら、総イゾトピー化の果てに、あるいはポストグローバル化社会の時代において、重層的なヘテロトピー志向や空間テクノロジーの再編などによる住まう都市への捉え返しは必ずやってくる。人間の共同体における遠心原理と求心原理が、新たな場所性の獲得やネットワーク形成による都市の時代に一体どのような物語を紡ぎ出していくのか、都市をめぐる多様なディスクールの地図からはますます目が離せないのである。

本書の出版にあたっては、市川宏雄・明治大学教授、大森文彦・東洋大学教授、鈴木了二・早稲田大学教授に直接、間接の多大なご支援、ご教示をいただいた。また建築資料研究社出版部編集担当の鈴木康宏氏、出版のお世話をいただいた同社神部覚氏ほか、多くの方々に大変お世話になった。ここにあらためて感謝、お礼を申し上げる。

テクストとして引用させていただいた都市論の先達であるディスクールの著者（故人も大勢おられるが）の方々、そして海外のテクストの引用にあたっては原典の翻訳者の方々にもあらためて敬意と謝意を表したい。

２０１１年5月

後藤伸一

写真・図版出典

p.007 図 1　Luigi Ficacci, *Giovanni Battista Piranesi : Selected Etchings*, Taschen, 2001
p.015 図 1　シートン・ロイド＋ハンス・ヴォルフガンク・ミュラー『「図説世界建築史」第 2 巻　エジプト・メソポタミア建築』本の友社、1997
p.018 ★ 10*1　Fortified cité of Carcassonne © http2007, 2007
p.083 ★ 186　チャールズ・ジェンクス『ポスト・モダニズムの建築言語』a+u 1978 年 10 月臨時増刊、エー・アンド・ユー
p.117 図 4　『未来都市の考古学』東京新聞、1996
p.119 図 5　トマス・モア『ユートピア』中央公論社、1993
p.123 図 7　シートン・ロイド＋ハンス・ヴォルフガンク・ミュラー『「図説世界建築史」第 2 巻　エジプト・メソポタミア建築』本の友社、1997
p.123 図 8　『未来都市の考古学』東京新聞、1996
p.123 図 9　ピーター・マレー『「図説世界建築史」第 10 巻　ルネサンス建築』本の友社、1998
p.123 図 10、11、12　『未来都市の考古学』東京新聞、1996
p.124 図 13　写真撮影：齊木崇人、1988 年 5 月
p.125 図 14、15、16　『未来都市の考古学』東京新聞、1996
p.125 図 17　フランク・ロイド・ライト『ライトの都市論』彰国社、1968
p.125 図 18　『未来都市の考古学』東京新聞、1996
p.126 図 19　アーキグラム編『アーキグラム』鹿島出版会、1999
p.128 図 21　© 彰国社
p.135 図 24*1　My Los Angeles © kla4067, 2007
p.146 図 27*2　凱旋門より © mersy,2010
p.153 図 34　W.W.Copper, *The figure/Grounds*, The Cornell Journal of Architecture, 1983. Fall
p.158（石垣市民会館）　2 点とも写真撮影：古舘克明
p.160 図 37　モーリス＝ベセ『西洋美術全史 11　20 世紀の美術』グラフィック社、1979
p.165 図 40　J.J. ギブソン『生態学的視覚論』サイエンス社、1986
p.169 図 42（小町通り）*2　Rice cracker crowd © gin_e, 2008
p.173 図 44　写真撮影：大久保健志
p.220 ★ 194*1　R0011415.JPG © Tomotaka, 2007
p.221 図 47（CG）　© 日本橋地域ルネッサンス 100 年計画委員会
p.237 図 52　写真撮影：木村直樹
p.255 図 5　*Old Chicago*, Dover Publications, 1977
p.256 図 6　Andreas Feininger, *Feininger's Chikago, 1941*, Dover Publications, 1980
p.257 図 7　Jean-Louis Cohen, *Mies van der Rohe*, Hazan, 1994
p.263 図 11*1　Lake Michigan © Marit & Toomas Hinnosaar, 2010
p.264 図 12*1　Venezia © kainet, 2007
p.267 図 14　持田信夫『ヴェネツィア　沈みゆく栄光』徳間書店、1976
p.268 図 16　Cornell University Library
p.270 図 19　陣内秀信『ヴェネツィア　水上の迷宮都市』講談社、1992
p.275 図 21（右）　持田信夫『ヴェネツィア　沈みゆく栄光』徳間書店、1976
p.276 図 23　写真撮影：木村直樹
p.280 図 25　『未来都市の考古学』東京新聞、1996
p.285 図 29　『JA』63 号、新建築社、2006
p.286 図 30　国土交通省道路局ホームページ三大都市圏の環状道路　首都圏 3 環状　http://www.mlit.go.jp/road/ringroads/domestic/
p.286 図 31*1　R0011965 © smashmedia,2010
p.287 図 34（右）　長澤均『パスト・フューチュラマ』フィルムアート社、2000
p.293 図 38　『20 世紀全記録』講談社、1987
p.296 図 39、p.297 図 40　「江戸・明治を伝える下町の長屋」台東区立下町風俗資料館編集、台東区教育委員会発行、平成 9 年版
p.303（プラハ、マラケシュ、イスタンブール、バラナシ、ラスベガス）　写真撮影：木村直樹
p.303（上海）　写真撮影：山根一彦
p.303（リオ・デ・ジャネイロ）*1　Copacabana Beach © Phillie Casablanca, 2004
p.306 ★ 99　『近代建築』1974 年 5 月号、近代建築社

後藤伸一　p.079 ★ 173、p.113 図 1（写真）、p.114 図 3、p.129 図 22、p.144 図 25、p.147 図 28、29、30、p.150 図 32、p.158（那覇市立城西小学校、金刀比羅宮プロジェクト）、p.247 図 1、p.252 図 4、p.257 ★ 25、p.258 図 8、p.259 図 9、p.268 図 15（2 点とも）、p.269 図 17、18、p.273 図 20、p.275 図 21（左）、p.276 図 22、p.278 図 24（2 点とも）、p.281 図 26、p.282 図 28、p.297 図 41、p.303（ローマ、ソウル）
鈴木康宏（建築資料研究社）　p.113 図 2、p.147 図 31、p.157 図 35、p.159 図 36、p.169 図 42（竹下通り）、p.221 図 47（写真）、p.223（千枚田）、p.249 図 2、p.281 図 27、p.286 図 32、33、p.287 図 34（左）、p.288（写真 8 点とも）、p.289 図 35、p.290 図 36、p.292 図 37、p.303（バルセロナ）、p.307 図 42、p.318（3 点とも）
建築資料研究社　p.225（ハワイ・オアフ島）

＊1　Creative Commons（CC BY 2.0）
http://creativecommons.org/licenses/by/2.0/
＊2　Creative Commons（CC BY-SA 2.0）
http://creativecommons.org/licenses/by-sa/2.0/

本頁および図版キャプションに特記なき図は著者作成

戸沼幸市『人間尺度論』彰国社、1978
日向あき子『視覚文化』紀伊國屋書店、1978
宮川淳『美術史とその言説』中央公論社、1978
芦原義信『街並みの美学』岩波書店、1979
川添登『東京の原風景』日本放送出版協会、1979
モーリス＝ベセ『西洋美術全史 11　20 世紀の美術』高階秀爾・有川治男訳、前川誠郎監修、グラフィック社、1979
1980
Andreas Feininger, *Feininger's Chicago, 1941*, Dover Publications, 1980
アルビン・トフラー『第三の波』徳山二郎監修、鈴木健次・桜井元雄他訳、日本放送出版協会、1980、原書刊 1980
ジャン・ボードリヤール「永遠の砂漠」石木隆治訳『現代思想』1982 年 5 月号、青土社、原文初出 1980
武基雄『杜の樹々　武基雄の作品』彰国社、1980
後藤伸一「レイクミシガン」『建築東京』1982 年 4 月号、東京建築士会
後藤伸一「連載　建築都市批評　ろんだん」『週刊建設ジャーナル』1982 年 11 月 12 日号 -1997 年 1 月 11 日号、建設ジャーナル
清水徹・山口勝弘『冷たいパフォーマンス』朝日出版社、1983
武基雄『市民としての建築家』相模書房、1983
日本建築学会編『西洋建築史図集三訂版』彰国社、1983
後藤伸一「場所をめぐる建築論」『GLASS & ARCHITECTURE』1984 年夏号、旭硝子
鈴木博之『建築の七つの力』鹿島出版会、1984
中村雄二郎『術語集』岩波書店、1984
後藤伸一「表面をめぐるディスクール」『建築文化』1985 年 4 月号、彰国社
後藤伸一「象徴表現へのレクイエム」日刊建設工業新聞 1985 年 10 月 1 日、日刊建設工業新聞社
後藤伸一「石垣市民会館」『新建築』1986 年 7 月号、新建築社
後藤伸一「日本最南端の市民会館」『建築文化』1986 年 7 月号、彰国社
Ada Francesca Marcianò, *Giuseppe Terragni : opera completa 1925-1943*, officina, 1987
福島駿介『沖縄の石造文化』沖縄出版、1987
鈴木秀夫『風土の構造』講談社、1988
後藤伸一「マドと間戸」沖縄タイムス・唐獅子欄、沖縄タイムス、1989 年 1 月 7 日朝刊
後藤伸一「玉陵・場所の作品を守る」沖縄タイムス、1989 年 2 月 18 日朝刊
鈴木恂『光の街路』丸善、1989
1990
オギュスタン・ベルク『日本の風景・西欧の景観』篠田勝英訳、講談社、1990
後藤伸一「君は龍宮城を見たか」『コーラルウエイ』1990 年 5・6 月号、南西航空
デヴィッド・ハーヴェイ『ポストモダニティの条件』吉原直樹訳、青木書店、1999、原書刊 1990
大森文彦『建築家の法律学入門』彰国社、1992
陣内秀信『ヴェネツィア　水上の迷宮都市』講談社、1992
藤田弘夫『都市の論理』中央公論社、1993
山岸健『風景とはなにか』日本放送出版協会、1993
吉原直樹『都市空間の社会理論』東京大学出版会、1994
渡邊欣雄『風水気の景観地理学』人文書院、1994
ドロレス・ハイデン『場所の力』後藤春彦・篠田裕見・佐藤俊郎訳、学芸出版社、2002、原書刊 1995
松本康『増殖するネットワーク』勁草書房、1995
鵜沢隆監修「未来都市の考古学」展カタログ、東京新聞、1996
黒沢隆『個室群住居』住まいの図書館出版局、1997
台東区立下町風俗資料館編「江戸・明治を伝える下町の長屋」台東区教育委員会、1997
片山律「歴史的都市の建築物の高さ規制に関する研究　周辺の山並み景観保全を通して」日本大学理工学部博士論文、1998
高橋康雄『風景の弁証法』北宋社、1998
アーキグラム編『アーキグラム』浜田邦裕訳、鹿島出版会、1999
鈴木理生編著『東京の地理がわかる事典』日本実業出版社、1999
藤田弘夫・吉原直樹編『都市社会学』有斐閣、1999
2000
臼田哲男『建築家武基雄と早稲田大学武研究室の記録』非売品、2000
町村敬志・西澤晃彦『都市の社会学』有斐閣、2000
アラン・コルバン『風景と人間』小倉孝誠訳、藤原書店、2002、原書刊 2001
エンツォ・トラヴェルソ『全体主義』柱本元彦訳、平凡社、2010、原書刊 2001
鈴木了二『建築零年』筑摩書房、2001
秋元馨『現代建築のコンテクスチュアリズム入門』彰国社、2002
桐谷逸夫、桐谷エリザベス「ふるさと東京の風景」『都市の近未来を語る』明治大学地域行政学科開設記念連続公開講座 2002 年度、明治大学政治経済学部
佐藤康邦・安彦一恵編『風景の哲学』ナカニシヤ出版、2002
五十嵐敬喜・小川明雄『「都市再生」を問う』岩波書店、2003
大泉英次・山田良治編『空間の社会経済学』日本経済評論社、2003
佐々木正人『レイアウトの法則』春秋社、2003
西村幸夫＋町並み研究会編著『日本の風景計画』学芸出版社、2003
西村幸夫「転換点にある日本の都市景観行政とその今後のあり方」『都市問題』94 巻 7 号、東京市政調査会、2003
M. フェザーストン, J.アーリ, N.スリフト『自動車と移動の社会学』近森高明訳、法政大学出版局、2010、原書刊 2005
内村直之『われら以外の人類』朝日新聞社、2005
土岐寛『景観行政とまちづくり』時事通信社、2005
ポール・ヴィリリオ『パニック都市』竹内孝宏訳、平凡社、2007、原書刊 2005
三浦展編著『脱ファスト風土宣言』洋泉社、2006
市川宏雄『文化としての都市空間』千倉書房、2007
ジョック・ヤング『後期近代の眩暈』木下ちがや・中村好孝・丸山真央訳、青土社、2008、原書刊 2007
三輪真之『認識論的人間論序説』計画哲学研究所、2008
服部圭郎『道路整備事業の大罪』洋泉社、2009
広井良典『コミュニティを問いなおす』筑摩書房、2009
エマニュエル・トッド『自由貿易は民主主義を滅ぼす』石崎晴己編、藤原書店、2010
福嶋亮大『神話が考える』青土社、2010
村上順『政策法務の時代と自治体法学』勁草書房、2010

引用・参照した主要なテクストとディスクール

著者関連テクストの初出を含む、配列は初版・原書の刊行年順とし、同年の場合は外国語文献アルファベット順、日本語文献50音順とした

1500 トマス・モア『ユートピア』平井正穂訳、岩波書店、1957、同改版沢田昭夫訳、中央公論社、1993、原書刊1516

ヴィクトル・ユーゴー「これがあれを滅ぼすだろう」『ノートル＝ダム・ド・パリ　ヴィクトル・ユーゴー文学館第5巻』辻昶・松下和則訳、潮出版社、2000、原書刊1832

志賀重昂『日本風景論』近藤信行校訂、岩波書店、1995、初版1894

エベネザー・ハワード『明日の田園都市』長素連訳、鹿島出版会、1968、原書刊1898

1900 トーマス・マン『トニオ・クレーゲル　ベニスに死す』高橋義孝訳、新潮社、1967、原書刊1912（ベニスに死す）

マックス・ウェーバー『都市の類型学』世良晃志郎訳、創文社、1964、原書刊1922（経済と社会）

R．E．パーク，E．W．バーゼス，R．D．マッケンジー『都市』大道安次郎・倉田和四生訳、鹿島出版会、1972、原書刊1925

柳田國男『都市と農村』朝日常識講座第六巻、朝日新聞社、1929

Henry-Russell Hitchcock and Philip Johnson, *The International Style*, W.W.Norton&Co, 1966, 原書刊1932

ガストン・バシュラール『瞬間と持続』掛下栄一郎訳、紀伊國屋書店、1969、原書刊1932

和辻哲郎『風土』岩波書店、1979、初版1935

『ヴァルターベンヤミン著作集2　複製技術時代の芸術』佐々木基一編集解説、晶文社、1970、原書刊1936

1940 岸田日出人『ナチス獨逸の建築』相模書房、1943

George Orwell, *Nineteen Eighty-Four*, Penguin Modern Classics, 2004, 原書刊1949

ケネス・クラーク『風景画論』佐々木英也訳、筑摩書房、2007、初版1967（岩崎美術社）、原書刊1949

デイヴィッド・リースマン『孤独な群衆』加藤秀俊訳、みすず書房、1964、原書刊1950

クルト・レヴィン『社会科学における場の理論』猪股佐登留訳、誠信書房、1956、原書刊1951（カートライト編）

ロラン・バルト『零度のエクリチュール』渡辺淳・沢村昴一訳、みすず書房、1971、原書刊1953

ガストン・バシュラール『空間の詩学』岩村行雄訳、思潮社、1969、原書刊1957

鈴木榮太郎『鈴木榮太郎著作集第6　都市社会学原理』未來社、1969年、初版1957（有斐閣）

1960 ギデオン・ショウバーグ『前産業型都市』倉沢進訳、鹿島研究所出版会、1968年、原書刊1960

ケヴィン・リンチ『都市のイメージ』丹下健三・富田玲子訳、岩波書店、1968、原書刊1960

Vincent Scully, *Modern Architecture*, George Braziller, 1961

スタニスワフ・レム『ソラリスの陽のもとに』飯田規和、早川書房、1977、初版1965、原書刊1961

ルイス・マンフォード『歴史の都市　明日の都市』生田勉訳、新潮社、1969、原書刊1961

アーサー・C．クラーク『未来のプロフィル』福島正実・川村哲郎訳、早川書房、1980、初版1966、原書刊1962

クロード・レヴィ＝ストロース『野生の思考』大橋保夫訳、みすず書房、1976、原書刊1962

マーシャル・マクルーハン『人間拡張の原理』後藤和彦・高儀進訳、竹内書店、1967、原書刊1964

鈴木広編『都市化の社会学』誠信書房、1965、増補版1978

Robert Venturi, *Complexity and Contradiction in Architecture*, The Museum of Modern art , 1966

エドワード・ホール『かくれた次元』日高敏隆・佐藤信行訳、みすず書房、1970、原書刊1966

ミシェル・フーコー『外の思考』豊崎光一訳、朝日出版社、1978、原書刊1966

ピーター・クック『建築：行動と計画』相田武文・木島安史訳、美術出版社、1971、原書刊1967

宮川淳『鏡・空間・イマージュ』美術出版社、1967

アンリ・ルフェーヴル『都市への権利』森本和夫訳、筑摩書房、1969、原書刊1968

シアドア・ローザック『対抗文化の思想』稲見芳勝・風間禎三郎、ダイヤモンド社、1972、原書刊1968

ジャン・ボードリヤール『物の体系』宇波彰訳、法政大学出版局、1980、原書刊1968

フィリップ・K・ディック『アンドロイドは電気羊の夢を見るか？』浅倉久志訳、早川書房、1969、原書刊1968

湯川利和『マイカー亡国論』三一書房、1968

吉本隆明『共同幻想論』河出書房新社、1968

アルバート・シュペール『ナチス狂気の内幕』品田豊治訳、読売新聞社、1970、原書刊1969

ガレット・エクボ『景観論』久保貞・中村一・吉田博宣・上杉武夫訳、鹿島出版会、1972、原書刊1969

高橋勇悦『現代都市の社会学』誠信書房、1969

1970 アルビン・トフラー『未来の衝撃』徳山二郎訳、実業之日本社、1970、原書刊1970

アンリ・ルフェーヴル『都市革命』今井成美訳、晶文社、1974、原書刊1970

21世紀の日本研究会『21世紀の日本』新建築社、1971

ジャン・ボードリヤール『記号の経済学批判』今村仁司・宇波彰・桜井哲夫訳、法政大学出版局、1982、原書刊1972

ドネラ・H．メドウズ他『成長の限界』大来佐武郎監訳、ダイヤモンド社、1972、原書刊1972

ダニエル・ベル『脱工業社会の到来』内田忠夫訳、ダイアモンド社、1975、原書刊1973、1974

小此木啓吾編・解説『現代のエスプリ78　アイデンティティ』至文堂、1974

後藤伸一「都市組織論」早稲田大学佐藤武夫受賞論文集1974

後藤伸一ら「道空間論」『近代建築』1974年5月号、近代建築社

磯崎新『建築の解体』美術出版社、1975

後藤伸一ら「セミナー道空間」『都市住宅』1975年4月号、鹿島出版会

別役実『黒い郵便船　別役実童話集』三一書房、1975

ジャン・ボードリヤール『象徴交換と死』今村仁司・塚原史訳、筑摩書房、1982、原書刊1976

持田信夫『ヴェネツィア　沈みゆく栄光』徳間書店、1976

後藤伸一「風土なき建築のゆくえ」『建築文化』1977年3月号

チャールズ・ジェンクス『ポスト・モダニズムの建築言語』竹山実訳、a+u1978年10月臨時増刊号、エーアンドユー、原書刊1977

後藤伸一　ごとう　しんいち

1949年東京・麻布生まれ。早稲田大学大学院修士課程修了都市計画専攻。建築家・故前川國男に師事し、山梨県立美術館、東京文化会館増築、石垣市民会館、独立後は滝乃川学園成人部棟、パサージュいなぎ、沖縄未病ケアセンターなどの設計・監理を担当。現在は千葉工業大学、東洋大学、明治大学および同大大学院、ものつくり大学、早稲田大学芸術学校などで建築デザイン、都市政策研究、建設倫理などの講義を担当している。

都市へのテクスト／ディスクールの地図

ポストグローバル化社会の都市と空間

2011年6月20日初版第1刷発行

著者　後藤伸一
発行人　馬場栄一
発行所　株式会社 建築資料研究社
〒171-0014　東京都豊島区池袋2-68-1 日建サテライト館7F
tel.03-3986-3239
http://www.ksknet.co.jp/book/
印刷・製本　株式会社 日本制作センター

ISBN 978-4-86358-088-6